污泥处理与资源化丛书

污泥表征与预处理技术

李　兵　张承龙　赵由才　主编

北　京
冶金工业出版社
2010

内容简介

本书共分 10 章，主要介绍了污泥的来源、性质与特点，重点阐述了污泥样品的采集、制备以及与污泥性质和特点相关指标的分析和表征方法；详细表述了各种污泥预处理技术的目的和意义，污泥预处理技术的原理和方法，污泥预处理过程中常用的工艺参数；介绍了新型过滤技术在高炉除尘污泥、转炉除尘污泥中的应用；另外，还针对油田含油污泥、医院废水污泥和含放射性物质的污泥的特点及危害，介绍了特殊污泥的预处理技术。

本书是《污泥处理与资源化丛书》中的一册，对从事污泥危险特性鉴别和有害成分的日常监测分析、环境影响评价、环保设施验收、环境污泥事故调查与仲裁工作和环境科学研究的科研工作人员，均有一定的参考价值。

图书在版编目（CIP）数据

污泥表征与预处理技术 / 李兵，张承龙，赵由才主编.
—北京：冶金工业出版社，2010.8
（污泥处理与资源化丛书）
ISBN 978-7-5024-5303-9

Ⅰ. ①污… Ⅱ. ①李… ②张… ③赵… Ⅲ. ①污泥处理—研究 Ⅳ. ①X703

中国版本图书馆 CIP 数据核字（2010）第 122687 号

出 版 人 曹胜利
地　　址 北京北河沿大街嵩祝院北巷 39 号，邮编 100009
电　　话 （010）64027926 电子信箱 yjcbs@cnmip.com.cn
责任编辑 程志宏 美术编辑 张媛媛 版式设计 葛新霞
责任校对 刘 倩 责任印制 牛晓波
ISBN 978-7-5024-5303-9
北京印刷一厂印刷；冶金工业出版社发行；各地新华书店经销
2010 年 8 月第 1 版，2010 年 8 月第 1 次印刷
787mm×1092mm 1/16; 11.5 印张; 279 千字; 169 页
32.00 元

冶金工业出版社发行部 电话:(010)64044283 传真:(010)64027893
冶金书店 地址: 北京东四西大街 46 号(100711) 电话:(010)65289081
（本书如有印装质量问题，本社发行部负责退换）

《污泥处理与资源化丛书》

编 委 会

丛书序言

随着社会经济的快速发展和城市化水平的不断提高，工业污水和生活污水的排放量日益增多，污水处理厂污泥产量急剧增加。据统计，2006 年我国城市污水处理厂产生污泥（含水率 80%）高达 15000 kt，是生活垃圾清运量的 8%。我国环境保护“十一五”规划明确要求，到 2010 年，所有城市的污水处理率不低于 60%。我国住房和城乡建设部计划从 2006 年到 2010 年，新建城市污水处理厂 1000 余座，污水处理能力将由 2005 年的 12000 kt/d 增加到 50000 ~60000 kt/d，污水处理厂污泥（含水率 80%）年排放量将达到 30000 kt。

另外，我国紧邻城市的河流和湖泊已经受到严重污染，含有高浓度重金属和有毒有机物的底泥急需挖掘、疏浚和处理。有些湖泊的底泥，其有机物含量很高，污水处理厂处理污泥的方法也适合于处理湖泊底泥。

为方便起见，本丛书把污水处理厂污泥和受到严重污染的河流湖泊底泥一起统称为污泥。但是，在可能的情况下，仍然会把污水处理厂污泥和河流湖泊底泥分别描述。

我国城市污水处理厂污泥处理起步较晚，与国外先进国家相比，我国的污泥处理和处置技术还有一定差距。我国大多数较早建设的污水处理厂没有完善的污泥处理系统，新建的规模较大的污水处理厂虽然一般都有比较完善的污泥处理工艺，但真正完全投入运行且运行情况良好的污水处理厂还不多，其中，利用污泥消化产生的沼气发电的就更少了。究其原因，一方面是我国经济实力所限；另一方面是我国污泥处理起步较晚，缺乏设计及运行经验，管理规范不健全、资金投入不足，缺少成套处理处置技术设备以及足够数量的管理和科技人才。

污泥中含水率很高，其中高含量有机物寄生着各种细菌、病毒和寄生生物，同时，污泥中还浓缩着锌、铜、铅和镉等重金属化合物以及有毒化合物、杀虫剂等。污泥结构的复杂多变性决定了对其进行高效处理存在一定的难度。

在污泥堆肥方面，通过添加木屑、块状物等材料增加污泥孔隙率，降低污泥含水率，以实现强制通风。污泥堆肥存在的主要问题是污泥所含重金属和盐量往往高于有机肥，使用受到限制。必须指出的是，未经适当处理的污泥，是不允许农用的，也无法作为绿化有机肥使用。

在污泥干化焚烧方面，一般采用相变干化技术，含水率可从 80% 下降到 50% ~60%，热值大幅度提高，从而实现污泥的高效焚烧。不过，因焚烧过程耗能较大,所以限制了干化焚烧的应用。

在污泥厌氧发酵方面,技术比较成熟,一般厌氧发酵厂紧邻污水处理厂建设,厌氧发酵厂的沼液可回污水处理厂处理,也可进一步好氧堆肥后利用。厌氧发酵在我国存在的问题是二沉池污泥含有过多的砂和渣,在厌氧发酵过程中,这些砂和渣沉积在管道和发酵罐底部,严重堵塞管路。

在今后相当长的时间里,污泥卫生填埋仍然是我国污泥处理最重要的方法之一。一个城市在选择污泥出路时,首先应该考虑的就是卫生填埋。卫生填埋场建设周期短,投资相对较低,可以分期投入,管理方便,现场运行比较简单。另外,填埋场污泥降解速度较快,若干年后可进行开采和利用,腾出的空间可用来重新填埋新鲜污泥。因此,填埋场应视为污泥处理的反应器和中转站,而不是最终归宿,是一种低成本的可持续污泥处理方法。然而,污泥填埋作业也存在一些困难:由于脱水后污泥含水率仍较高,污泥在作业机械碾压时呈现很强的流变性,在污泥推铺和压实过程中,压实机和推土机容易打滑甚至陷入泥中;另外,由于污泥中高含量的有机质的亲水性,在雨季进行污泥填埋后,可能导致填埋场成为人工沼泽地,使后续填埋作业无法进行,严重影响填埋场正常运行。

在污泥资源化方面,主要包括制砖、烧水泥、热解等,目前这些处理技术还在发展之中。污泥资源化的主要问题是消纳量偏小,污泥所含的盐影响了产品的质量和使用范围。

在受污染底泥的处理与资源化方面,工程应用实例极其有限。实际中,一些河流和湖泊的底泥疏浚后堆放在岸边而未加无害化处置,造成了二次污染。

近年来,我国陆续出版了几种关于污泥处理的著作,对污泥处理与资源化事业的发展起了重要的推动作用。然而,因缺乏相关资料,一些著作在污泥卫生填埋、堆肥、厌氧发酵方面的描述存在一些欠缺。本丛书根据作者多年来在污泥方面的研究成果,结合国内外的公开报道,系统地描述了污泥处理与资源化各方面的最新进展,力求避免已出版著作中的不足,理论联系实践,重在指导性和应用性。本套丛书主要内容包括污泥管理与控制政策、污泥表征与预处理技术、污泥循环卫生填埋技术、污泥生物处理技术、污泥干化与焚烧技术、污泥资源化利用技术及污泥处理与资源化应用实例等,可供从事污泥处理与资源化研究、技术研发、应用的人员参考。

赵由才

2009 年 12 月

前 言

实现污泥“三化”的前提是掌握污泥的各种性质和特点，懂得用科学的知识和方法对污泥进行分析，并表征其性质和特点，做到“有的放矢”；合理的预处理技术的采用则为污泥“三化”提供技术支持。

掌握污泥的特性，其首要任务就是污泥的取样、制样和存样，通过合适的前处理技术满足污泥样品实际管理和试验的需要。其次，是利用处理好的污泥样品进行目标性分析和表征。污泥有害特性的鉴别和有害成分的分析，其基本任务就是根据环境管理的需要，对污泥污染的产生、贮存、运输及处理、处置等过程实施鉴别和分析，并为污泥的环境影响、综合利用和无害化处理、处置提供科学依据。本书所选污泥表征的技术方法，是在收集、研究大量相关文献资料的基础上，结合课题科研成果精心选编而成的，既保持了技术上的先进性，又考虑了实际应用中的可操作性。

在污泥“三化”处理过程中，预处理技术发挥着相当重要的作用，一直受到环保工作者的重视。预处理技术通常包括脱水、调理、固化、稳定化、浓缩等技术。污泥的脱水就是利用真空、加压或干燥等方法实现污泥的固液分离；污泥的调理就是利用加热或化学试剂处理污泥，使污泥中的水分容易分离；污泥的浓缩就是利用重力或气浮方法尽可能多地分离出污泥中的水分；污泥的固化就是在污泥中添加固化剂，使污泥转变为不可流动的固体甚至形成紧密固体的过程；污泥的稳定化则是将污泥中有毒有害污染物转变为低溶解性、低迁移性及低毒性的物质的过程。与此同时，随着科学技术的发展，新型污泥预处理技术也层出不穷。因此，本书紧扣预处理技术的现状与发展，在众多有关污泥预处理技术文献资料基础上，将实用、新型的污泥预处理技术充实到相关章节之中。

本书分为 10 章，介绍了污泥的来源、性质与特点，重点阐述了污泥样品的采集、制备以及与污泥性质和特点相关指标的分析和表征方法；详细表述了各种污泥预处理技术的目的和意义，污泥预处理技术的原理和方法，预处理过程中常用工艺参数，并通过实例分析，使广大读者能更好地了解和掌握这些污泥预处理技术。本书第 9 章还专门介绍了新型过滤技术在高炉除尘污泥、转炉除尘污泥等中的应用。为了突出污泥的有害性，本书第 10 章详述了油田含油污泥、医院废水污泥、含放射性物质污泥的特点和危害，并介绍了这些特殊污泥的预处理技术。

本书第 1 章由李兵、赵由才编写；第 2 章由李兵、梁思、罗晓波、赵由才编写；第 3 章由李兵、杨宁、赵由才编写；第 4 章、第 6 章由张承龙、赵由才编写；第 5 章由胡佳俊、赵由才编写；第 7 章由甄广印、张承龙编写；第 8 章由孙旭、张承龙、赵由才编写；第 9 章由朱曙光、赵由才、李兵编写；第 10 章由王元庆、赵由才、李兵编写。全书由宁波大学李兵、上海第二工业大学张承龙、同济大学赵由才任主编，李兵、张承龙负责统稿，李兵负责校订。

本书对从事污泥危险特性鉴别、污泥有害成分日常监测与分析、环境影响评价、环保设施竣工验收、环境污泥事故的调查与仲裁以及相关环境科学研究的工作人员，均有较高的参考价值。

由于时间仓促，书中不足之处敬请读者原谅，并提出建议和修改意见。

编 者

2010 年 1 月

目 录

1 污泥的来源、特点及制样

1.1 污泥的来源与分类

在废水的处理过程中，通常要截留相当数量的悬浮物质，这些物质统称为污泥固体，这些污泥固体与水的混合体称为污泥。污泥中含有大量的有毒有害物质，如寄生虫卵、病原微生物、细菌、合成有机物及重金属离子，同时含有植物营养元素（氮、磷、钾）、有机物及水分等。另外，污泥易于腐化发臭，颗粒较细，相对密度较小（约为 1.006～1.02），含水率高且不易脱水，属于胶状结构的亲水性物质。

根据污泥来源的不同，可将污泥分为河道污泥、油田污泥、医院废水污泥和含放射性废弃物的污泥。

在城市河道清淤过程中，会产生大量的河道沉积物——河道污泥，如何恰当地处理处置这些河道污泥已成为城市河道治理过程中相当重要的环节。

在油田的生产过程中会产生大量的油田污泥。油田含油污泥的组成成分极其复杂，一般由水包油、油包水，以及悬浮固体杂质组成，是一种极其稳定的悬浮乳状液体系，含有大量老化原油、蜡质、沥青质、胶体、固体悬浮物、细菌、盐类、酸性气体、腐蚀产物等，还包括生产过程中投加的大量凝聚剂、缓蚀剂、阻垢剂、杀菌剂等水处理剂。

医院污水经沉淀后有 70%～80%的病菌病毒和 90%的蠕虫卵转移到医院污水污泥中，要将含水率高的污泥进行浓缩脱水后再作消毒灭菌处理。医院废水污泥排放时应达到 GBJ48—1983《医院污水排放标准》：（1）蛔虫卵死亡率大于 95%；（2）粪大肠菌值不小于 10^{-2}；（3）每 10 g 污泥（原检样中）中，不得检出肠道致病菌和结核杆菌。

含放射性废弃物的污泥主要来源于核原料生产、核电站和核反应堆、放射性产品废弃物、核试验和核废料处理产物等。含放射性废弃物的污泥，其资源化与处置问题早已引起环境科学界的关注，其技术也得到很大的发展。

1.2 污泥的性质与特点

污泥的种类是多种多样的，污泥的组成、性质和数量主要取决于废水的来源，同时也和废水处理工艺有密切关系。废水来源不同，污泥的组成、性质和数量就截然不同。同一种废水采用不同的处理工艺，其污泥的组成、性质和数量也会有所差异。污水处理厂的污泥包括如下几种：栅渣、沉砂池沉渣、浮渣、初沉池污泥和二沉池污泥。

我国城市污水处理厂的污泥特点包括以下几个方面：

（1）有机物含量。我国城市污水处理厂污泥的有机物含量一般只有 50%左右，属低有机组分类别的污泥，而工业发达国家的城市污水处理厂污泥的有机组分为 70%～80%。

（2）碳水化合物含量。由于我国城市居民生活污水中的 VSS（挥发性固体悬浮物）值较低，有机组分中的淀粉、糖类和纤维等碳水化合物占的比重很大，而脂肪含量很低。因此，我国的城市污水污泥属于高碳水化合物、低脂肪的污泥。

（3）碳氮摩尔比（C/N）。我国的城市污水污泥虽属于高碳水化合物类型，但由于工业废水占的比重较大，尤其轻纺工业发达，污泥中的氮含量较高，消化效果一般较好。

（4）pH 值和酸碱度。我国大部分的城市污水污泥中的 pH 值在 6～7 之间，总碱度约为 20 mg/L，基本属于正常范围。几种污泥的外观特征及脱水性能见表 1-1。

表 1-1　几种污泥的外观特征及脱水性能

污 泥 种 类	特征及脱水性能
初池原污泥	气味恶劣，灰色至棕色，干化场脱水不良，能机械脱水
消化的初次污泥	有霉味，黑色，产生气味，干化场脱水良好
腐殖质污泥	绒毛状，棕色
消化的混合污泥（初次污泥+活性污泥）	气味少，绒毛状，黄色至棕色，难脱水，生物活性很强
剩余活性污泥	气味少，绒毛状，黄色至棕色，难脱水，生物活性很强
好氧消化污泥	黄色至棕色，有时难脱水，有生物活性

（5）污泥固体。污泥中的总固体包括溶解物质和不溶解物质两部分，前者叫溶解固体。总固体、溶解固体和悬浮固体又各分为稳定体和挥发固体。挥发固体是指在 600℃下能被氧化，并以气体产物逸出的那部分固体，它通常用来表示污泥中的有机物含量。污泥固体质量浓度常用 mg/L 表示，也有用质量分数表示的。

（6）含水率。污泥中水的质量分数称为含水率。固体质量分数与含水率的关系如下：

固体质量分数（%）+水分质量分数（%）=100（%）

污泥的体积、质量及所含固体浓度之间的关系可用下式表示：

$$\frac{V_1}{V_2}=\frac{W_1}{W_2}=\frac{100-P_2}{100-P_1}=\frac{C_2}{C_1}$$

式中，V_1，W_1，C_1 分别是为污泥含水率为 P_1 时的污泥体积、质量及其固体浓度；V_2，W_2，C_2 分别是为污泥含水率为 P_2 时的污泥体积、质量及其固体浓度。

例如，当污泥含水率从 97.5%降至 95%时，污泥的体积为：

$$V_2=V_1\frac{100-P_1}{100-P_2}=V_1\frac{100-97.5}{100-95}=\frac{1}{2}V_1$$

可见，污泥含水率从 97.5%降低至 95%时，体积减小一半。

城市污泥的含水率见表 1-2。

表 1-2　城市污泥的含水率

污 泥 种 类		含水率/%	污 泥 种 类		含水率/%
初次沉淀池污泥	原污泥	95～97.5	活性污泥	原污泥	99～99.5
	浓缩污泥	90～92		浓缩污泥	97～97.5
	消化污泥	85～90		消化污泥	97～98
高负荷生物滤池污泥	原污泥	90～95	活性污泥和初沉池污泥	原污泥	95～96
				浓缩污泥	90～95
	消化污泥	90～93		消化污泥	92～94

续表 1-2

污泥种类		含水率/%	污泥种类		含水率/%
高负荷滤池和沉淀池污泥	原污泥	94～97	化学凝聚污泥	原污泥	90～95
	消化污泥	91～93			

（7）污泥相对密度。污泥相对密度指污泥的质量与同体积水质量的比值。污泥相对密度主要取决于污泥的含水率和固体的相对密度。固体相对密度越大、含水率越低，则污泥的相对密度就越大。生活污泥的相对密度一般接近于 1。工业污泥的相对密度往往较大，例如，铁皮沉渣的相对密度为 5～6。

（8）污泥中重金属离子含量。污泥中重金属离子的含量决定于城市污水中工业废水所占比例及工业废水性质。污水经二级处理后，污水中重金属离子约有 50%转移到污泥中。因此，污泥中重金属离子含量一般都较高。所以，当污泥用作肥料时，必须注意污泥中重金属离子含量是否超过国家有关标准。

1.3 污泥表征和预处理的意义

如今，各种污泥的处理和资源化方法层出不穷，但无论何种方法，其成功与否都是建立在对污泥的基本特性了解和掌握基础之上的。因此，污泥的表征显得尤为重要。

掌握污泥的特性，其首要任务就是污泥的取样、制样和存样，并通过合适的前处理技术满足污泥样品实际管理和试验的需要。其次是利用处理好的污泥样品进行目标性分析和表征。污泥有害特性的鉴别和有害成分的分析，其基本任务就是根据环境管理的需要，对污泥污染的产生、贮存、运输及处理、处置等过程实施鉴别和分析，并为污泥的环境影响、综合利用和无害化处理、处置提供科学依据。

2 污泥试样的制样

到目前为止，国家标准尚还没有针对污泥试样制样的专门规定。因此，污泥试样制样的方法可参考以下专业规范的固体废物样品的采集和制样方法。

2.1 污泥试样的制样

2.1.1 方案设计

固体废物在制样前，应首先设计制样方案，主要包括制样目的和要求、制样程序、安全措施、质量控制、制样记录和报告。

2.1.1.1 制样目的

从采取的小样或大样中获得最佳量、最具有代表性、能满足试验或分析要求的样品。在设计制样方案时，要明确具体的目的和要求，例如，特性鉴别试验、废物成分分析、样品量和粒度要求，以及其他目的和要求等。

2.1.1.2 制样程序

制样程序如下：

（1）明确制样的目的和要求；

（2）选派制样人员；

（3）明确小样或大样的量和最大粒度直径；

（4）按切乔特公式确定制样操作和选择制样工具；

（5）制定安全措施和质量控制措施；

（6）制样；

（7）送检和保存。

2.1.1.3 制样记录和报告

制样时，应记录固体废物的名称、数量、性状、包装、处置、贮存、环境、编号、送样日期、送样人、制样日期、制样方法、制样人等。必要时，根据记录填写制样报告。

2.1.2 制样技术

2.1.2.1 制样工具

制样工具包括颚式破碎机、圆盘粉碎机、玛瑙研磨机、药碾、玛瑙研钵或玻璃研钵、标准套筛、十字分样板、分样铲及挡板分样器、干燥箱、盛样容器（详见《散装矿产品取样、制样通则 手工制样方法》（GB 2007.2—1987））。

2.1.2.2 固体废物制样

制样主要包括四个操作：粉碎、筛分、混合、缩分。

（1）样品的粉碎。用机械方法或人工方法破碎或研磨，减小样品的粒度，使样品分阶段达到相应排料的最大粒度。

（2）样品的筛分。筛分是指使样品保证95%以上处于某一粒度范围。根据粉碎阶段排料的最大粒度，选择相应的筛号，筛出一定粒度范围的样品。

（3）样品的混合。混合即使样品达到均匀。用机械设备或人工转堆法，使过筛的样品充分混合，达到均匀分布。

（4）样品的缩分。缩分是指将样品缩分成两份或多份。样品的缩分可采用一个方法或多个方法并用。主要的方法有份样缩分法、圆锥四分法和二分器缩分法。

1）份样缩分法。把样品置于平整、洁净的台面（地板革）上，充分混合后，根据厚度铺成长方形平堆，划成等分的网络，缩分大样不少于20格，缩分小样不少于12格，缩分份样不小于4格。将挡板垂直插至平堆底部，然后于距挡板约等于c处将分样铲垂直插至底部，水平移动直至分样铲开口端部接触挡板（见GB 2007.2—1987图4)，将分样铲和挡板同时提起，以防止样品从分样铲开口处流掉。从各格随机取等量一满铲，合并为缩分样品。

2）圆锥四分法。把样品置于平整、洁净的台面（地板革）上，堆成圆锥形，每铲自圆锥的顶尖落下，是均匀地沿锥尖散落，注意不要使圆锥中心错位，反复转堆至少三次，使充分混匀，然后将圆锥顶端压平成圆饼，用十字分样板自上压下，分成四等份，任取对角的两等份，重复操作数次，直至该粒度对应的最小样品量。

3）二分器缩分法。有条件的实验室，可用此法缩分。

2.1.2.3 液态废物制样

液态废物制样包括混匀和缩分。

（1）样品的混匀。对于盛小样或大样的小容器，比如瓶和罐，可以用手摇晃混匀；对于盛小样或大样的中等容器，比如桶和听，可用滚动、倒置或手工搅拌器混匀；对于盛小样或大样大容器，比如贮罐，可以用机械搅拌器、喷射循环泵混匀。

（2）样品的缩分。样品混匀后，采用二分法，每次减量一半，直至试验分析用量的10倍为止。

2.1.2.4 半固体废物制样

半固体废物的制样，原则上可按固态废物和液态废物的制样规定进行。

黏稠的不能缩分的污泥，要进行预干燥，至可制备状态时，再进行粉碎、过筛、混合和缩分。

对于有固体悬浮物的样品，要进行搅拌，摇动混匀后，再按需要制成试样。

对于含油等难以混匀的液体，可用分液漏斗等分离，分别测定体积，分层制样分析。

2.1.3 安全措施

固体废物制样的安全措施可按照《工业用化学产品采样安全通则》（GB 3723—1983）执行。

2.1.4 质量控制

质量控制包括以下几个方面：

（1）在固体废物制样前，应设计详细的制样方案，并且在制样过程中，认真按制样方案进行操作。

（2）对制样人员应进行培训，制样人员要熟悉固体废物的性状、掌握制样技术、懂得安全操作的有关知识和处理方法。制样时，应由两人以上在场进行操作。

（3）制样工具、设备所用的材质不能和待制固体废物有任何反应，不破坏样品代表性、不改变样品组成；制样工具应干燥、清洁，便于使用、清洗、保养、检查和维修。

（4）制样过程中要防止待制固体废物受到交叉污染、发生变质和样品损失。对于组成随温度变化的固体废物，要在其正常组成所要求的温度下制样。

（5）盛样容器的材质与样品物质不起作用，没有渗透性；具有符合要求的盖、塞或阀门，使用前应洗净、干燥；对光敏性固体废物样品，盛样容器应是不透光的（使用深色材质容器或容器外罩深色外套）。

（6）样品盛入容器后，在容器壁上应随即贴上标签。标签内容包括：样品名称及编号；固体废物批及批量；产生单位；送样日期；送样人；制作日期；制样人；样品保存期等。

（7）样品的保存和撤销应按规定期保存环境、保存时间及撤销办法操作。

（8）为保证在允许误差范围内获得固体废物的具有代表性的样品，应在制样的全过程中进行质量控制。并且，制样全过程由专人负责。

（9）填写好、保存好制样记录和制样报告。

2.1.5　样品保存

样品保存包括以下几个方面：

（1）每份样品保存量至少应为试验和分析需要量的 3 倍。

（2）样品装入容器后应立即贴上样品标签。

（3）对易挥发废物，采取无顶空存样，并取冷冻方式保存。

（4）对温度敏感的废物，样品应保存在规定的温度之下。

（5）对光敏废物，样品应装入深色容器中并置于避光处。

（6）与水、酸、碱等易反应的废物，应在绝热水、酸、碱等条件下贮存。

（7）样品保存应防止受潮或受灰尘等污染。

（8）样品保存期为一个月，易变质的不受此限制。

（9）样品应在特定场所由专人保管。

（10）撤销的样品不许随意丢弃，应送回原采样处或处置场所。

2.2　污泥样品浸出液的制备方法

2.2.1　翻转法

2.2.1.1　目的与适用范围

本方法给出固体废物浸出毒液毒性翻转式浸出方法，适用于固体废物中无机污染物，比如氰化物、硫化物等的浸出毒性鉴别，也适用于危险物品的贮存、处置设施的环境影响评价。

2.2.1.2　浸出程序

A　制样

（1）按前面讲的相关程序进行固体废物样品的采集和制样，将样品制成 5 mm 以下的粒度试样。

（2）水分测定：根据废物的含水量情况，称取 20～100 g 样品，在 105℃下，在预先干燥的具盖容器里，恒重至±0.01 g，计算废物含水率。经过水分测定后的样品，不能用于浸出毒性试验。

B 浸出方法

a 仪器与材料

（1）浸提容器为 1 L 具密封塞高型聚乙烯瓶。如果要做大批量样品的浸出毒性试验，可以利用大的具密封比色管作为浸提容器。

（2）浸提装置为转速（30±2）r/min 的翻转式搅拌机。

（3）浸提剂为去离子水或同等纯度的蒸馏水。

（4）滤膜为 0.45 μm 微孔滤膜或中速蓝带定量滤纸。

（5）过滤装置为加压过滤装置或真空过滤装置，对难过滤的废物也可采用离心分离装置。

b 浸提条件

（1）试样干基质量为 70.0 g。

（2）固液比为 1∶10。

（3）翻转频率为（30±2）r/min。

（4）搅拌浸提时间为 18 h。

（5）静置时间为 30 min。

（6）试验温度为室温。

c 操作步骤

（1）称取干基试样 70.0 g，置于 1 L 浸提容器中，加入 700 mL 浸提剂，盖紧瓶盖后固定在翻转式搅拌机上，调节转速为（30±2）r/min，在室温下翻转搅拌浸提 18 h 后取下浸提容器，静置 30 min，于预先安装好滤膜的过滤装置上过滤。收集全部的滤出液，即为浸出液，摇匀后供分析用。如果不能马上进行分析，则浸出液按各待测组分分析方法中规定的保存方法进行保存。

（2）如果样品的含水率大于等于 91%，则将样品直接过滤，收集其全部滤出液，供分析用。

（3）如果样品的含水率较高但小于 91%，则在浸出试验时，应根据样品中的含水量，补加浸提剂，使其达到规定的固液比后，再按本节操作步骤（1）进行。

（4）本方法用于危险废物贮存、处置设施的环境影响评价时，应根据当地的降水、地表径流及地下水的水质和水量选择相应 pH 值的浸取剂，按本节操作步骤（1）～（3）进行浸提试验。

2.2.1.3 质量保证

（1）每批样品（最多 20 个样品）至少做一个浸出空白。

（2）每批样品至少做一个加标回收样品。

（3）对每批滤膜均应做吸收或溶出待测物实验。

（4）在浸提过滤过程中，每个浸提容器中的液相部分必须全部通过过滤装置，并且必须收集全部滤出液，摇匀后供分析用。

（5）样品必须在保存期内完成浸出毒性试验和分析测定。

（6）做浸出试样的每批样品，按照浸提程序做平行双样率不得低于 20%。

（7）浸出空白、加标样品、平行双样测得的结果不得大于方法规定的允许差。

（8）填写好浸出试样记录，保存全部质量控制资料，以备查阅或审查。

2.2.2　水平振荡法

2.2.2.1　目的与适应范围

本节介绍的是固体废物的有机污染物浸出毒性浸提方法的浸出程序及其质量保证措施，适用于固体废物中有机污染物的浸出毒性鉴别与分类。

当样品粒径在 5 mm 以下时，浸提容器为 2 L 具密封广口聚乙烯瓶，如果要做大批量样品的浸出毒性试验时，可以利用大的具密封比色管作为浸提容器。浸提剂为去离子水或同等纯度的蒸馏水。滤膜为 0.45 μm 微孔滤膜或中速蓝带定量滤纸。本方法也适用于固体废物中无机污染物的浸出毒性鉴别分析。

2.2.2.2　浸出程序

A　制样

（1）按本章 2.1 节相关程序进行固体废物样品的采集与制样，将样品制成 5 mm 以下粒度的试样。

（2）水分测定：根据废物的含水量情况，称取 20～100 g 样品，在 105℃下，在预先干燥的恒重具盖容器（容器材料必须与废物不发生反应）里，恒重至 ± 0.01 g，计算废物含水率。经过水分测定实验的样品，不能用于浸出毒性试验。

B　浸出方法

a　仪器与材料

（1）浸提容器为 2 L 具密封塞高型聚乙烯瓶。如果要做大批量样品的浸出毒性试验，可以利用大的具密封比色管作为浸提容器。

（2）浸提装置为频率可调的往复式水平振荡器。

（3）浸提剂：

1）选择合适的浸提剂：称取样品 5.0 g 于 500 mL 烧杯中加入 96.5 mL 蒸馏水，搅拌 5 min，测 pH 值。若 pH 值小于 5，则选用 1 号浸提剂；若 pH 值大于 5，则加入 3.5 mL 1.0 mol/L 的盐酸溶液，混合后，加热至 50℃，维持 10 min，冷却至室温测定其 pH 值。若 pH 值小于 5，则选用 I 号浸提剂；若 pH 值大于 5，则选用 II 号浸提剂。

2）浸提剂的配制：

I 号浸提剂：在 500 mL 蒸馏水中加入 5.7 mL 冰醋酸及 64.5 mL 1.0 mol/L 氢氧化钠溶液，然后将总体积稀释至 1 L，其 pH 值为 4.93 ± 0.05。

II 号浸提剂：将 5.7 mL 冰醋酸用蒸馏水稀释至 1 L，其 pH 值为 2.88 ± 0.05。

（4）滤膜为 0.8 μm 微孔滤膜或中速蓝带定量滤纸。

（5）过滤装置为加压过滤装置或真空过滤装置，对难过滤的废物也可采用离心分离装置。

b　浸提条件

（1）试样干基质量为 100.0 g。

（2）固液比为 1∶10。

（3）翻转频率为（110±10）次/min，振幅为 40 mm。

（4）搅拌浸提时间为 8 h。

（5）静置时间为 16 h。

（6）试验温度为室温。

c 操作步骤

（1）称取干基试样 100.0 g，置于 2 L 浸提容器中，加入 1 L 浸提剂，盖紧瓶盖后固定在往复式水平振荡器上，调节频率为（110±10）次/min，在室温下振荡浸提 8 h，静置 16 h 后取下浸提容器，于预先安装好滤膜的过滤装置上过滤。收集全部的滤液，即为浸出液，摇匀后供分析用。如果不能马上进行分析，则浸出液按各待测组分分析方法中规定的保存方法进行保存。

（2）如果样品的含水率大于等于 91%，则将样品直接过滤，收集其全部滤出液，供分析用。

（3）如果样品的含水率较高但小于 91%，则在浸出试验时应根据样品中的含水量，补加浸提剂，使其达到规定的固液比后，再按本节步骤（1）进行。

（4）本方法用于危险废物贮存、处置设施的环境影响评价时，应根据当地的降水、地表径流及地下水的水质和水量选择相应 pH 值的浸取剂，按本节步骤（1）～（3）进行浸提试验。

2.2.2.3 质量保证

水平振荡法质量保证与翻转法相同。

2.3 污泥样品全量分析试液的前处理方法

2.3.1 非水液态废弃物样品的前处理方法

2.3.1.1 适用范围

非水液态废弃物是指主要成分不是水的液体，包括水溶液和非水溶性液体，以及某些液体的混合物，这类液体中的固体含量低于 5%。本法适用于非水液态废弃物中的挥发性及非挥发性有机物的提取，对一些极稀污泥样品的分析也适用。

2.3.1.2 仪器设备

仪器设备包括：

（1）采样瓶：1000～1500 mL，瓶塞盖具聚四氟乙烯衬垫的螺口玻璃瓶。

（2）超声波清洗器。

（3）分液漏斗。

（4）旋转蒸发器。

（5）K-D 浓缩器。

（6）高纯氮气钢瓶及减压阀。

（7）一般实验室器具及玻璃器皿。为避免其他有机物质的干扰，所有玻璃器皿及直接接触样品的器具均需洗净，并经纯水及纯有机溶剂冲洗。

2.3.1.3 试剂

（1）纯水：符合《分析实验室用水标准》（GB 6682—1992）规定的实验室用水规格

中一级标准的水，即 25℃时电导率不大于 0.01 μS/cm，吸光度不大于 0.001（254 nm，1 cm 光程），二氧化硅含量不大于 0.01 mg/L。可用去离子水（加少量 $KMnO_4$）经全玻璃器皿重蒸馏后制得。

（2）二氯甲烷溶剂：等级不低于分析纯，且皆应在玻璃容器中重蒸馏后方能使用。

（3）氢氧化钠：$c(NaOH)=1$ mol/L。

（4）盐酸：$c(HCl)=1$ mol/L。

（5）无水硫酸钠。

2.3.1.4 样品采样

用玻璃容器随机采集一定量的样品，样品应将容器充满，并于 2 h 之内送至实验室。使用前将样品在室温条件下放置 1～2 h，称重。采样后应尽快进行样品制备。

2.3.1.5 样品制备

A 不同有机组分的提取

（1）称取近 5 g 样品，放入 250 mL 锥形瓶中，加 100 mL 二氯甲烷，搅动烧瓶，使样品溶解。若溶解不完全，用分液漏斗分层。

（2）将超声提取得到的提取滤液放入分液漏斗，用 1 mol/L 的盐酸提取 3 次，每次用量约为 50～75 mL（提取时 pH 值为 1～2）。

（3）碱性组分:将（2）中 3 次提取的有机相合并，用 1 mol/L 氢氧化钠将 pH 值调至 11～12，用二氯甲烷提取 3 次，每次用量约 50～100 mL。将 3 次提取的有机相再合并，并使其通过无水硫酸钠除去水分。此为碱性组分。

（4）中性组分：将（2）中 3 次提取的有机相合并，用 1 mol/L 氢氧化钠提取 3 次，每次用量约 50～75 mL（将 pH 值调至 11～12）。将 3 次提取的有机相再合并，并使其通过无水硫酸钠除去水分。此为中性组分。

（5）酸性组分：将（4）中 3 次提取的有水相合并，用 1 mol/L 盐酸将 pH 值调至 1～2。用二氯甲烷提取 3 次，每次用量约 100 mL。将 3 次提取的有机相再合并，并使其通过无水硫酸钠除去水分。此为酸性组分。

在提取过程中，如水相、有机相的乳化层超过有机相的 1/3，应使用离心等物理学方法进行分离。

B 提取液浓缩

当 A 节中所得各有机组分提取液体积在 1 L 以下时，可用 K-D 浓缩器浓缩，如提取液体积大于 1 L，使用旋转蒸发器，将提取液蒸发至近 100 mL，用 K-D 浓缩器浓缩。留出 50%浓缩后的提取液以备质量分析及化学分析，另外，50%提取液继续用 K-D 浓缩器浓缩至 1 mL。

2.3.1.6 样品量计算结果的表示

样品量计算结果的表示包括以下几个方面：

（1）样品总量以 g 计；

（2）浓缩后的样品量以 g 计；

（3）提取的各有机组分的量以 mg 计。

2.3.1.7 质量控制

设置平行样 3 份以上，使样品更具有代表性。

2.3.1.8 安全性

由于对样品制备中涉及的毒性与致癌性不完全清楚，应将其按有潜在健康危害的物质对待，操作者应保持最低限度的接触。

2.3.2 污泥样品的前处理方法

2.3.2.1 适用范围

固体废物是指含水率低于 50%，由有一定硬度、黏着的颗粒物或 25℃条件下保持不呈液态或气态的物质组成的废弃物。本方法适用于固体废物中非挥发性有机物的提取。当污泥样品的含水率降低到此法要求的范围内时，污泥样品的前处理也适用此法。

2.3.2.2 仪器设备

（1）样品容器：棕色、大口，瓶盖具聚四氟乙烯产生衬垫的螺口玻璃瓶，如样品对玻璃有腐蚀性，可使用聚四氟乙烯容器。

（2）采样勺或铲。

（3）索氏提取器。

（4）研磨机。

（5）分液漏斗。

（6）K-D 浓缩器。

（7）高纯氮气钢瓶及减压阀。

（8）一般实验室器具及玻璃器皿。为避免其他有机物质的干扰，所有玻璃器皿及直接接触样品的器具均需洗净，并经纯水及纯有机溶剂冲洗。

2.3.2.3 试剂

（1）纯水：符合《分析实验室用水标准》（GB 6682—1992）规定的实验室用水规格中一级标准的水，即 25℃时电导率不大于 0.01 μS/cm，吸光度不大于 0.001（254 nm，1 cm 光程），二氧化硅含量不大于 0.01 mg/L。可用去离子水（加少量 $KMnO_4$）经全玻璃器皿重蒸馏后制得。

（2）二氯甲烷溶剂：等级不低于分析纯，且皆应在玻璃容器中重蒸馏后方能使用。

（3）氢氧化钠：$c(NaOH)$=1 mol/L。

（4）盐酸：$c(HCl)$=1 mol/L。

（5）无水硫酸钠。

2.3.2.4 样品采集

用采样勺或铲将适量样品采集至样品容器中，采样操作应在弱光条件下进行。样品应于 4℃或低于 4℃保存、运输，一般在采样后即刻进行样品制备。

2.3.2.5 样品制备

A 去除液相及降低样品粒度方法

选用下述适当物理方法去除样品中的液相和降低样品粒度。

（1）于 4℃下静置 24 h，将液相与固相分离；

（2）油性或黏性废弃物可用无水硫酸钠或硅胶处理；

（3）研磨，40～60 目过滤；

（4）油性或黏性废弃物可使其冷冻后再研磨，降低其粒度。

B 有机物分离提取

（1）索氏提取：将 10 g 固体样品与 10 g 无水硫酸钠混合，放入索氏提取器，用 300 mL 二氯甲烷提取 16 h。使提取液流经无水硫酸钠去除水分。

（2）研磨提取：将 10 g 固体样品与 10 g 无水硫酸钠混合，放入研磨器中，加入 300 mL 二氯甲烷，研磨 30 s，间歇 5 min，再研磨 15 s。重复上述操作。研磨结束后，用滤纸过滤提取液，并使其通过无水硫酸钠去除水分。

C 不同有机组分的提取

同 2.3.1.5 小节 A 所述内容。

D 提取液浓缩

同 2.3.1.5 小节 B 所述内容。

2.3.2.6 样品量计算结果的表示

样品量计算结果的表示包括以下几个方面：

（1）样品总量以 g 计；

（2）提取的有机物及各有机组分的量以 mg 计。

2.3.2.7 质量控制

设置平行样 3 份以上，使样品更具有代表性。

2.3.2.8 安全性

由于对样品制备中涉及的毒性与致癌性不完全清楚，应将其按有潜在健康危害的物质对待，操作者应保持最低限度的接触。

2.4 待测液的前处理方法

根据浸出试验制得的浸出液要尽量从速进行分解及测定操作。在不能马上进行这些操作时，需要对浸出液进行保存。在保存过程中，由于容器的吸附等原因，在取样中，会引起部分目标成分的损失。此时，有必要在保存时向所得浸出液中加硝酸或盐酸，使 pH 值约为 1。此时，要正确记录向浸出液中所加入酸的量（与浸出液的比例），测定时，必须对所取的待测试液量予以校正。

对于测试液中共存的有机物、悬浮物及金属配合物的分解，虽然主要是采用加酸、加热方法，但根据测试液的性状和采用的测定方法，要选择适当的分解方法。

2.4.1 采用 HCl 或 HNO_3 酸性煮沸方法

2.4.1.1 适用范围

适用于含极少量有机物和悬浮物的检测。

2.4.1.2 操作步骤

对 100 mL 检液，加 5 mL 盐酸或 5 mL 硝酸，静静煮沸约 10 min，制备溶液。冷却后，全量移入容量瓶中，加一定量的水。

此时，作为测定方法，为了直接利用石墨炉原子吸收法，检液必须采用硝酸来调制。这是因为，在采用盐酸的情况下，测定操作中在加热→灰化期间，镉的盐酸盐易挥发掉。所以当含有盐酸时，要将检液加热至干，加硝酸制成一定量的溶液。此时不可以将溶液蒸干，这是因为，有可能由于蒸干而生成难溶于硝酸中的氧化物。

2.4.2 采用 HCl 或 HNO_3 分解法

2.4.2.1 适用方法

适用于含少量有机物、水合氧化物、氧化物、硫化物、磷酸盐等悬浮物的检液。但这些悬浮物通常在制备过程中，应在过滤或离心分离操作过程中大部分被除去。当检液中有微小颗粒物和胶体状物时，应怀疑是否存在这些化合物。

2.4.2.2 操作步骤

对 100 mL 检液，加入 5 mL 盐酸或 5 mL 硝酸后加热，浓缩至约 15 mL 增强酸的浓度，以溶解悬浊物和胶体状物。残存不溶物时，用 5 号 B 滤纸过滤，滤纸用水充分洗净。将滤液与洗涤液全量移入容量瓶中加水至一定量（过滤中，当溶液的酸浓度强得足以侵蚀滤纸时，则加入少量（约 10 mL）温水稀释后再过滤）。

当判断用盐酸与硝酸混酸分解有利时，向检液中加 5 mL 盐酸或硝酸，加热浓缩至 15 mL 后，加入作为混酸的另一种酸，在烧杯上加盖表面皿，再静静加热约 20 min。反应此时已终止，所以随后取下表面皿继续加热，赶尽氮氧化物同时浓缩至约 5 mL。此时，若判断因酸量不足而有不溶物，则再加适量盐酸与硝酸加热分解以继续溶解。放冷后，加 15 mL 温水，用 5 mL 温水，用 5 号 B 滤纸过滤，用水洗涤滤纸。将滤液与洗涤液全量移入容量瓶中，加水至一定量。当适于直接采用石墨炉原子吸收法测定时，则按 2.4.1 节中所介绍的操作进行制备。

2.4.3 采用 HNO_3-$HClO_4$ 分解法

2.4.3.1 适用范围

适用于含难氧化有机物的试样。一般的，溶液有颜色，多半存在有机物。为分解有机物，开始时用硝酸分解，在分解反应完以后，即使存在硝酸，但在 NO_2 产生完全终止时，随后加入高氯酸并加热，进行至冒白烟为止。

2.4.3.2 操作步骤

取适量检液（200～300 mL）于烧杯中，加入 10 mL 硝酸并加热。溶液加热蒸发至约 10 mL 时将烧杯移离热源，加 5 mL 硝酸，在烧杯上盖上表面皿，保持在硝酸沿烧杯壁流下的状态下，继续加热。当有机物分解产生的氮氧化物气体完全终止时，将烧杯移离热源，放冷后，用少量水洗涤表面皿之内壁，该洗涤液流入烧杯中。接下来加入 10 mL60% 高氯酸继续加热，若开始产生高氯酸白烟，则用表面皿盖上烧杯，保持在高氯酸沿器壁流下的状态下分解有机物。

通常，据此操作可分解完。残留的高氯酸，取下表面皿加热至冒烟，蒸发至留下 1～2 mL 溶液。在此状态下，将烧杯移离热源，放冷则溶液无色。共存有盐分时则形成结晶，分解操作完毕。

放入约 50 mL 水（温水更好）稀释，静静加热数分钟，溶解可溶成分。用 5 号 B 滤纸过滤不溶物，用水洗净滤纸。将滤液与洗涤液全量移入容量瓶中，加水至一定量。

2.4.4 采用 HNO_3-H_2SO_4 分解法

2.4.4.1 适用范围

本方法适用于多种检液。当测定采用火焰原子吸收法时，检液中存在的硫酸会干扰测定，而且，由于含铅时会因生成沉淀而产生误差，所以，要蒸完溶液以赶出硫酸，此时需要加盐酸加热以溶解残余物。在这种情况下，最好采用更简便的 HNO_3–$HClO_4$ 分解法。

2.4.4.2 操作步骤

取适量检液（200～300 mL）于烧杯中，加 5～10 mL 硝酸加热至剩余约 10 mL，将烧杯移离热源，再加 5 mL 硝酸和 10 mL（1+1）硫酸，加热至产生硫酸白烟以分解有机物。此时，若分解有机物有困难，则再加 5～10 mL 硝酸静静地加热，用表面皿盖上烧杯，保持在酸液沿器壁流下的状态下分解有机物。至停止产生氮氧化物气体，即有机物的分解反应终止时，取下表面皿，蒸发至冒白烟并使溶液量减至 1～2 mL。

加水约 50 mL 稀释，静静加热数分钟以溶解可溶成分。用 5 号 B 滤纸过滤不溶物，用水洗净滤纸。将滤液于洗涤液全量移入容量瓶中，加水至一定量。

2.4.5 风干固体污泥的酸消解法

（1）将采集的污泥样品分别倒在塑料纸上，进行风干，趁半干状态把土块压碎，除去残根等杂物，铺成薄层，经常翻动，在阴凉处使其风干。

（2）风干后的污泥样品，用有机玻璃棒或木棒碾碎后过 100 目的尼龙筛，去除 2 mm 以上的沙砾和动植物残体。

（3）过筛后的污泥样品，需在 105℃下烘干 4～5 h，以便按烘干为基准计算土样中成分的校正值。

（4）样品消解。准确称取 5.00 g 土样于 150 mL 三角烧瓶中，用少量去离子水润湿样品，加入 20 mL 王水（即 5 mL 硝酸+15 mL 盐酸）盖上小漏斗，在电热板或电砂浴上加热分解。开始为低温，逐渐提高温度，但温度不宜过高，以防止样液溢出，液面始终保持在微沸状态（温度在 140～160℃）使其充分分解。当激烈反应完毕，大部分有机物分解后，取下三角烧瓶，冷却后沿着瓶的四周加入 10～20 mL 高氯酸，继续加热分解，直至冒白烟，内溶物呈浆状，白烟几乎冒尽，样品发白近干为止。取下三角烧瓶，冷却到室温，加入约 15 mL0.1 mol/L 的硝酸加热溶解，用中速定量滤纸过滤于 20 mL 比色管中，洗净后用去离子水稀释标线待测定。

注意事项：

（1）污泥中含有机物过多，应多加硝酸并反复加几次，使大部分有机物消解完毕，方能加高氯酸，否则含有大量有机质时加入高氯酸会发生强烈反应，致使瓶中内溶物溅出发生爆炸。

（2）用高氯酸消解有机物时，应将过量的高氯酸冒烟驱尽，否则，当加入碘化钾产生大量的高氯酸钾沉淀而影响测定结果。

2.4.6 微波消解溶样

容器的清洗及样品的保存：实验所用器皿均经过热水洗涤剂→自来水→硝酸（1+1）浸泡 24 h→蒸馏水步骤洗涤晾干后使用。

接样后对固体的消解：准确称取 0.5 g 左右（精确至 0.0001 g）固体渣样于 PFA 消解内衬罐中，加入 10 mL 硝酸，使样品全部与酸接触，盖上安全膜，旋紧外套，置于微波溶样装置中，按实验条件消解。消解结束待样品冷却后，将消解液用定性滤纸过滤，滤液移入 100 mL 容量瓶中，用蒸馏水定容。

液体样品的消解：取浸提液样品 45 mL 于 PFA 消解内衬罐中，加入 5 mLHNO_3，使样品全部与酸接触，盖上安全膜，旋紧外套，置于微波溶样装置中，按实验条件消解；消解结束待样品冷却后，移入 100 mL 容量瓶中，用蒸馏水定容；用这种微波溶样法获得的分析试液用原子吸收法可测定铍、镉、铬、镍、铅、锌等元素。表 2-1 所示为低压罐内微波消解样品的条件。

表 2-1 低压罐内微波消解样品的条件

样 品	取样量/g	消 解 液	消解时间/min
土 壤	0.5	10 mL H_2O，5 mL HNO_3，4 mL HF，1 mL HCl，2 g H_3BO_3	15
沉淀物	0.5	10 mL H_2O，5 mL HNO_3，4 mL HF，1 mL HCl，2 g H_3BO_3	15
污 泥	0.5	5 mL H_2O，5 mL HNO_3	15
废 水	50	3 mL HNO_3，2 mL HCl	15
煤飞灰	0.3	3 mL HNO_3，3 mL HF，3 mL HCl	10
刚 玉	0.1	4 mL HF，3 mL HNO_3，3 mL HCl，30 mL H_3BO_3	15
钛铁矿石	0.1	5 mL HNO_3，1 mL HCl，4 mL HF，30 mL H_3BO_3	25
铁矿石	1.0	8 mL HCl，4 mL HF，4 mL HNO_3，4 mL H_2O	8
高岭土	0.5	7 mL HF，1 mL HNO_3，3 mL HCl，50 mL H_3BO_3	12
硫化铅	0.1	15 mL HNO_3，1 mL HF，50 mL H_3BO_3，3 mL CH_3COOH	15
贵金属矿石	0.1	10 mL HNO_3，0.5 mL HF，5 mL HCl	30
锑矿石	0.1	4 mL HF，2 mL HNO_3，4 mL HCl，20 mL H_3BO_3	20
石 棉	0.3	3 mL HF，3 mL HNO_3，6 mL HCl，30 mL H_3BO_3	25
土 壤	0.2	7 mL HF，3 mL HNO_3，1 mL HCl，50 mL H_3BO_3	10
铂	1.0	25 mL 王水（HNO_3+HCl=1+3）	15
铝合金	0.2	10 mL HNO_3，10 mL HF	5
铬金属	0.25	10 mL HF，10 mL H_2O	15
钴-铬合金	0.5	5 mL HNO_3，10 mL HF，15 mL HCl，4 mL H_2O_2	20
铁-铬合金	0.1	5 mL H_2O，5 mL HF，5 mL HCl，4 mL HNO_3	15
铁-锰合金	0.5	10 mL HNO_3，2 mL HF	10
铁-硅合金	0.5	10 mL HF，5 mL HCl，3 mL HNO_3	5
铌-钛合金	0.2	1 mL HF，5 mL HNO_3，5 mL H_2O	5
镍合金	0.5	5 mL H_2O，5 mL HF，5 mL HNO_3	5
镍-铬合金	0.5	5 mL H_2O，5 mL HF，5 mL HNO_3	5

2.4.7 其他方法

采用火焰原子吸收法、石墨炉原子吸收法，或电感耦合等离子（ICP）发射光谱分析法、电感耦合等离子体质谱（ICP-MS）分析方法时，在考虑各自的特性后，从 HCl 或 HNO_3 酸性煮沸法、HCl 或 HNO_3 分解法、HNO_3-$HClO_4$ 分解法和 HNO_3-H_2SO_4 分解法中选择前处理方法。其中，采用火焰原子吸收法及石墨炉原子吸收法时，供试检液原则上为 0.1～1 mol/L 的盐酸或硝酸溶液。另外，采用 ICP 发射光谱分析法和 ICP-MS 分析方法时，为 0.1～0.5 mol/L 的溶液。无论选用何种方法，均应与制作工作曲线时的条件大致相同。

3 污泥样品中有机物的提取和样品的制备

污泥样品中有机物的提取和样品的制备可以参照下述样品中有机物的提取和制备的相关方法。

3.1 不同样品基质的提取方法及分析物种类

3.1.1 各类样品基质的提取方法及分析物种类

表 3-1 列举了各类样品基质的提取方法和分析物种类。

表 3-1 半挥发和非挥发有机物的提取方法

基 质	提 取 类 型	分 析 物
水 样	分液漏斗；液-液分配	半挥发和非挥发有机物
水 样	连续液-液萃取	半挥发和非挥发有机物
水 样	固相萃取（SPE）	半挥发和非挥发有机物
固定样品	索氏萃取	半挥发和非挥发有机物
固定样品	自动索氏萃取	半挥发和非挥发有机物
空气样品取样器	分液漏斗，索氏提取	半挥发性
固体样品	加压流体提取（ASE）（加热或加压）	半挥发和非挥发有机物
固体样品	超声波提取	半挥发和非挥发有机物
固体样品	超临界提取（SFE）	石油类半挥发性和多核芳香烃类化合物
不含水的废液	溶剂稀释	半挥发和非挥发有机物

注：1. 溶剂稀释法：在净化或分析前，对于非水不挥发性和半挥发性有机样品的溶剂进行稀释；
2. 加压溶剂提取法：和传统的提取方法相比，该方法减少了提取溶剂的用量和提取时间；
3. 注意事项：分析前，请参考操作手册和有关仪器、试剂和设备的相关信息。

3.1.2 方法摘要

用溶剂提取或稀释已知体积或质量的样品。

（1）水性样品：可以选用分液漏斗液-液萃取法、连续萃取器和固相萃取方法。

（2）土壤、沉淀物和废弃样品：可以采用标准的溶剂提取方法，如索氏提取法、自动索氏提取法和超声波提取法。

（3）固体样品：可以采用加压提取技术，如超临界提取法、加热增压流体提取法。

3.1.3 干扰

（1）实验样品和设备。因为试验时所使用的溶剂、试剂、玻璃器皿和样品处理设备等都有可能引入杂质或产生干扰，所以，它们必须与样品在相同的分析条件下，通过分析空白试验来证明不存在干扰。

（2）样品不纯。试验所用的样品中可能含有共提干扰物，而这些干扰物会阻碍被提取样品的分析。所以，必须净化样品提取物来消除干扰。

（3）化合物污染。实验室里有很多的塑料制品，而这些塑料制品在制作过程中常用邻苯二甲酸酯类化合物作为增塑剂，但是邻苯二甲酸酯类化合物很容易从塑料材料中提取出来。所以，如果待提取样品用塑料容器盛放，提取物中就很可能含有邻苯二甲酸酯类化合物，影响提取纯度。所以，必须实行严格的质量控制，避免发生邻苯二甲酸酯类化合物污染。

（4）器皿污染。很多难冲洗的玻璃器皿表面会残留一些碱性物质（如肥皂），这些碱性物质会造成某些待分析物的降解，如七氯、艾氏剂及大部分的有机磷农药，从而影响实验结果。为了避免这种情况，必须认真彻底地清洗这些玻璃器皿。

3.1.4 仪器和材料

仪器和材料包括以下几个方面：

（1）具体操作所需要的仪器和材料可以参考有关的资料。

（2）在使用 K-D 浓缩技术时，建议使用配套的溶剂回收装置。这类回收体系可以减少污染性排放物的排放，使污染物的排放达到最小化，有效地治理大气中的可挥发有机物。这套装置符合国家或地方政府的相关法规，是减少污染的有效方法之一。

3.1.5 试剂

试剂包括以下几个方面：

（1）实验所需溶剂可以参考有关的操作资料。

（2）试剂水（不含有机物）。实验中所用到的水均指不含有机物的水。

（3）标准储备溶液。储备溶液可以购买经鉴定的溶液或者用标准品配置。在水溶性的溶剂中，可以用储备溶液来配置校准标准溶液，但是不能配置质量控制检测样品的储备溶液，所以这种储备液必须单独准备，以便用来检测校准溶液是否准确。

1）标准储备溶液的配置。准确称量 0.0100 g 的纯化合物于 10 mL 的容量瓶中，加水溶性试剂（如甲醇）溶解化合物，并定容到 10 mL。如果化合物的纯度在 96%以上，则可以直接用称量的质量值来计算储备液浓度。可以使用独立机构和生产厂家认证的商业化制备储备液。

2）标准储备液的保存。标准储备液应在相应温度下（不高于 4℃）保存于配有聚四氟乙烯封闭点的容器中，并定期检查储备液的稳定性。保存时间可以参考具体的检测方法。

（4）替代标准品。替代标准品是指在化学性质上与分析物相似，但在环境样品中不会存在的化合物。在提取或处理样品之前，可以把替代标准品加到每一个样品、空白样品、实验室控制样品和基质添加样品中。替代标准品回收率的测定，可以用来监控异常的机制效应和样品处理过程的误差，还可以用来评价测量的浓度是否落在验收标准界限内。替代标准品可接受回收率可以通过检测浓度是否分布在可接受范围内来评价。

1）不同的替代化合物可以用于不同的待测组分，详细情况请见表 3-2。如果实验方法中没有特定要求，则可以自由选择合适的替代化合物。此外，方法中的分析物也可以用作替代品，只要可以证明在相应条件下它们不存在。每个分析物都可以选定一个或多个替代标准品。

表 3-2　半挥发性和非挥发性化合物气象色谱法的替代化合物

分 析 技 术	建议的替代化合物①
GC 法分析苯酚类化合物	2-氟代苯酚和三溴苯酚
GC 法分析邻苯二甲酸酯类	邻苯二甲酸二苯酯，邻苯二甲酸二苄酯，间苯二甲酸二苯酯
GC 法分析亚硝胺类化合物	未指定②
GC 法分析有机氯农药	2，4，5，6-四氯-间-二甲苯和十氯代联苯
GC 法分析多氯联苯	十氯代联苯
GC 法分析硝基芳香族化合物	2-氟代联苯
GC 法分析 PAHs	2-氟代联苯和 1-氟萘
GC 法分析卤代醚	未指定②
GC 法分析氯代烃	1,2,6-三氯甲苯；2，3，4，5，6-五氯代甲苯和 1，4-二氯代萘
GC 法分析苯胺	未指定②
GC 法分析有机磷农药	未指定②
GC 法分析酸性除草剂	2，4-二氯苯乙酸
GC/MS 法分析半挥发性有机物	苯酚-d6；2-氟代苯酚和 2，4，6-三溴苯酚；硝基苯-d5；2-氟代联苯和 p-三联苯-d14
TE/GC/MS 法分析半挥发性有机物	未指定②
HRGC/LRMS 法分析 PCDDs 和 PCDFs	提取时加内标化合物，没有替代品
HRGC/HRMS 法分析 PCDDs 和 PCDFs	提取时加内标化合物，没有替代品
PAHs	十氯代联苯
HPLC 法分析氨基甲酸酯类农药	未指定②
HPLC/TS/MS 或 UV 法分析非挥发性有机物	未指定②
HPLC/PB/MS 或 UV/Vis 法分析非挥发性有机物	联苯胺-d8；咖啡因-15N2；3，3’-二氯联苯胺-d6；二-（全氟苯基）-苯基氧化磷
HPLC 法分析爆炸物	未指定②
HPLC 法特屈拉辛	未指定②
HPLC 法或 TLC 法分析硝化甘油	未指定②

① 建议的浓度为 10 倍的定量限浓度或位于校准曲线中点。

② 选择的替代品应该与分析物有相似的化学行为，但认为不存在于样品基质和萃取液中。

2）替代添加浓度样品的配置。除了使用商业化的添加溶液外，还可以通过混合和稀释配置的储备标准溶液来制备替代添加浓度样品。半挥发性、非挥发性和有机氯农药的替代添加溶液配置如下：将 1 mL 的替代品溶解到 1000 mL 样品中（水做基质时同理），使该溶液浓度位于校准曲线中点附近，或者 10 倍于定量限浓度。但是，如果使用凝胶渗透法净化样品，则必须加入 2 mL 的替代品溶液；样品体积小于 1000 mL 时，则按比例添加替代品。表 3-3 给出了具体添加的替代品（特殊情况下可以改变替代品）。添加样品的体积和浓度有以下规定：

① 添加体积：一般添加的体积列举在提取方法中，可参考具体的步骤和数据。

表 3-3 碱性/中性和酸性基质添加溶液的替代标准品

碱性/中性	酸 性
1，2，4-三氯代苯 苊 2，4-二硝基甲苯 芘 N-亚硝基-双-正-丙胺 1，4-二氯苯	五氯苯酚 苯 酚 2-氯苯酚 4-氯-3-甲基酚 4-硝基苯

② 添加浓度：添加品浓度如果没有在方法中列举出来，则一般规定为定量限浓度的 10 倍；如果定量限为已知量，则可以用检测方法中分析物的平均定量限来估计替代品的定量限。样品中替代品的浓度约为定量限的 10 倍或者位于标准曲线的中点。

（5）基质添加标准。基质添加标准溶液与校准标准溶液无关。具体配置方法如下：1）使用商业性的添加溶液；2）混合和稀释（水溶性溶剂）储备标准溶液来制备相应的浓度。表 3-4 给出了部分基质添加的浓度和添加化合物。

表 3-4 有机氯农药替代添加溶液的质量浓度

农 药	质量浓度/$mg \cdot L^{-1}$
氯 丹	0.2
七 氯	0.2
艾氏剂	0.2
狄氏剂	0.5
异艾氏剂	0.5
4，4'-DDT	0.5

具体分析如下：

1）碱性/中性和酸性基质添加溶液。配置一种含有以下化合物的替代标准品添加的甲醇溶液，含碱性或中性化合物质量浓度为 100 μg/mL，酸性化合物质量浓度为 200 μg/mL，这主要是在低和中等水平下，用于水、沉积物和土壤样品，但是，在分析固体废物样品时，溶液质量浓度应该变为原来的 5 倍。

2）有机氯农药替代添加溶液。分析沉积物、土壤样品和水时，则按照表 3-4 给出的质量浓度来配置相应的甲醇或丙酮溶液。但是在分析固体废弃物时，质量浓度应为原质量浓度的 5 倍。

3）没有替代品的添加溶液。如果实验方法中没有指定的替代品，则可以从每个待测物组中选择 5 个或更多化合物（从方法中选择 5 个或 5 个以下化合物）来配置添加溶液。如果没有明确标明基质添加浓度，则浓度应该等于或低于实际水平或法规浓度，也可以高于背景浓度 1～5 倍，但在二者中选择浓度较大的那个。

4）添加化合物浓度检测。在 3.1.7 节中，给出了检测样品基质中添加化合物浓度的操作指导方法。不过，操作人员可以改变在 1）和 2）中列举的添加化合物或（和）在添加溶液中列举的添加浓度。如果分析物的浓度与检测限或浓度水平不相符，那么，样品中基质添加化合物的浓度应该在校准曲线的中点附近或是10倍于定量限。

（6）实验室控制样品添加标准溶液。实验室控制样品（LCS）添加标准溶液的定义：按照基质添加标准来配置的基质添加标准溶液。LCS 样品添加的浓度应该和基质添加的浓度相同。

3.1.6　操作步骤

3.1.6.1　溶剂提取样品

废弃物样品、土壤/沉淀物、水和淤泥中含有多种半挥发和非挥发有机化合物，如各种各样的农药、爆炸物和 PCBs 等。在分析这些有机物时，必须先用某种溶剂来提取样品，由于待测物的物理性质、处理时间、样品基质、设备的成本和操作复杂度不同，选择的方法也不同。下面介绍如何根据这些因素来选择合适的操作方法。

A　提取效率

在提取方法中，样品基质中目标分析物的提取效率必须得到保证。因此，有以下几个注意事项：

（1）在对检测目的不同的样品进行提取处理前，必须按照 3.1.7 小节（2）中的步骤完成熟练程度的验证。此验证可以用于本书中提到的所有提取方法，同时也包括检测方法中提供的方法性能数据。

（2）在用不同的提取技术提取样品前，也必须要验证这些提取技术的性能可以满足基质中待测物的条件要求。方法有很多，其中一种验证方法就是直接比较该提取方法与水性样品连续液萃取或固体样品的索氏提取，理由是这两种方法可以在环境样品中得到广泛的应用。所以，在运用直接比较法时，最好是使用可能含有目标分析物的已知样品或从环境中获得的标准参考材料。如果没有这两种样品或材料，那么，实验室也可以用添加的样品来直接进行比较以验证提取效率。但是，考虑到添加化合物与样品的结合效果，实验室很少采用这种方法。根据基质种类的不同，选择几份相同的样品，用选择的提取方法和以上两种方法对样品进行提取，然后比较。

（3）在直接比较两种方法时，可以通过统计分析（如 F 检验）来验证两种检测结果是否具有可比较性。如果哪个方法性能与参考方法相同或更好，更满足项目的需要，符合了特定项目计划的质量保证，那么，实验室就采用该方法处理样品。

（4）不管选择哪一种方法来达到更好的提取效果，工作人员必须记录实验的结果，并对相应的文件进行维护和保存。

B　操作方法中的质量控制要求

质量控制要求包括分析样品中替代品的添加和质量控制样品，如基质添加样品、基质添加重复样品、实验室控制样品和每批提取样品的方法空白，质量控制要求在每个方法中都存在。在样品分析前，对溶剂进行提取并分析，根据每批（一批包括 20 个样品）提取的样品的情况，可以确定是否要准备和分析基质添加/重复基质添加或基质添加和样品重复分析。如果样品未知或不期望含有目标物，那么，这批样品中必须包括基质添加/重复基质添加样品；如果预计样品含有目标分析物，则可以用样品重复分析得到的数据来评价分析方法的精密度，而用基质添加样品获得的数据来评价分析的准确度。无论哪种结果，以上操作都可以保证提取样品数据的准确性和精确性。

3.1.6.2 分液漏斗液-液萃取法

适用范围：从水样中提取浓缩的水不溶和水微溶有机物。

用分液漏斗将一定体积的样品用溶剂萃取，然后干燥和浓缩提取物，特殊情况下可以将溶剂更换成和检测所需溶剂一样的试剂。分液漏斗萃取的优点是仪器便宜、操作快速（提取 3 次，每次提取及过滤时间为 2 min），但是，该方法操作时所用的溶剂量较大，有乳化现象发生，同时还需要大量的人力。操作中，溶剂和样品两相之间会形成乳状液体，当不能机械破乳时，可以采用连续液-液分配提取法来代替。

3.1.6.3 连续液-液分配提取法

适用范围：从水样中提取浓缩的水不溶和水微溶有机物。

有机溶剂（溶剂密度必须大于样品密度）在提取量好体积的样品时，可以使用连续液-液提取物来提取。然后将提取物干燥、浓缩，必要时可以将溶剂用检测所需溶剂来代替。连续液-液分配提取法的优点是：比较适合提取易造成乳化现象的含颗粒（最多含1%固体颗粒）样品，对那些难于提取或一次上样需多次手工操作的样品更有效果。不过，这种方法所用的玻璃仪器比较昂贵，在使用相同体积的提取溶剂时，需要更长的提取时间，大约是 6～24 h。

3.1.6.4 固相萃取（SPE）法

适用范围：从水样中提取浓缩的水不溶和水微溶有机物。

已知体积的水通过适当含有固相的介质（如固相萃取盘或固相萃取柱），从而将分析物从水中萃取出来的方法叫做固相萃取法。该方法的原理是用小体积的提取溶剂将介质上的目标化合物洗脱，并收集洗脱液，然后将洗脱液干燥、浓缩，必要时将溶剂更换为与检测所需溶剂一致。固相萃取法需要一些特殊的配套装置，提取速度快，所用溶剂少，并且适当的固相萃取介质也可以提取含有固体颗粒的水性样品。

3.1.6.5 索氏提取法

适用范围：从固体（土壤、固体废弃物和相对干燥的淤泥）中提取非挥发性和半挥发性有机物。

操作方法如下：将固体样品和无水硫酸钠混合，放入一个萃取套管或两个玻璃棉塞子之间，在索氏提取器中用合适的溶剂进行提取。然后将提取物干燥、浓缩，必要时将溶剂更换为与检测所需溶剂一致。该方法的优点是使用的玻璃仪器比较便宜，一次上样，不需要手动操作，提取效率高。缺点是提取时间很长，为 16～24 h，提取溶剂消耗体积较大。不过该方法中不含有影响提取效率的因素，一直以来被认为是最有效的提取方法。

3.1.6.6 自动索氏提取法

适用范围：从固体（土壤、固体废弃物和相对干燥的淤泥）中提取非挥发性和半挥发性有机物。

该装置是一种改进的索氏提取器。操作方法如下：将固体样品和无水硫酸钠混合，放入一个萃取套管或两个玻璃棉塞子之间，在索氏提取器中用合适的溶剂进行提取。该装置的提取管在提取的第 1 个小时内，低于沸腾溶剂的液面；在第 2 个小时内，提取管处在正常的位置。自动索氏提取可以在 2 h 内完成提取，浓缩步骤可以在同一装置中进行，但需要相当昂贵的设备。

3.1.6.7　半挥发性有机物的提取法

适用范围：气体采样器得到的半挥发性有机物的提取。

冷凝物和尘埃测定器流体用分液漏斗提取，而固体吸附材料（如多孔聚合吸附树脂，玻璃纤维或石英纤维过滤器）采用索氏提取。

3.1.6.8　加压流体动提取法

适用范围：从固体样品（如土壤、干性淤泥和固体废弃物）中提取非挥发性和半挥发性有机化合物。

操作步骤：将固体和无水硫酸钠混合，放在提取池中，并在一定压力下用少量溶剂提取，然后对提取液进行浓缩，必要时将溶剂换成检测所需的溶剂。优点是使用的溶剂少，不需要其他昂贵的提取装置，并且效率高、速度快。

3.1.6.9　超声波提取法

该方法采用超声波技术，从固体（如土壤、干性淤泥和固体废弃物）中提取非挥发性和半挥发性有机物。根据样品中有机物的估计浓度，可以分为两种方法：低浓度法和高浓度法。在两种方法中，都是将已知质量的样品与无水硫酸钠混合，使用超声波用溶剂进行提取，然后将提取物干燥、浓缩，必要时将溶剂更换为与检测所需溶剂一致。优点是速度快（提取 3 次，每次 3 min，提取后过滤），但是使用溶剂量大，需要比较昂贵的操作设备，并且要遵守方法的操作细则（如超声波仪器的调谐），以便获得更好的提取效率。但是此技术的提取效率远不如本节所述的其他提取方法，特别是对被吸附在土壤基质中的非极性化合物（如 PCBs 等）。此外，本方法中所产生的超声波能量会使某些有机磷化合物分解，并且该方法从固体基质中提取有机磷类化合物的提取效率还没有得到环保局（EPA）的验证（该验证涉及操作方法的稳定性、精密度、准确性和灵敏度，以达到相关法规所规定的检测浓度的标准），所以，该技术不能应用于有机磷类化合物的提取。

3.1.6.10　超临界流体提取法

该方法用超临界流体（SFE）技术从固体（如土壤、废弃物和污泥）中提取全部的可回收石油碳氢化合物和 PAHs 类化合物。SFE 通常使用 CO_2（可能含有小体积的溶剂改良剂）作为流体。所以，处理过程中不会产生溶剂废弃物，实现了操作的自动化，提高了处理速度。但是，该方法要求的仪器装置比较昂贵，不但对样品的大小有限制，而且目前该装置只适用于提取全部的可回收石油碳氢化合物和 PHAs 类化合物。为了从更多的环境中提取较宽范围的待测物，目前对 SFE 的研究主要集中在如何优化超临界流体条件。

3.1.6.11　废弃物的稀释法

使用范围：废弃物样品（非水废弃物样品）内有机化合物的含量大于 20000 mg/kg，且可溶于稀释溶剂的样品。但在操作该方法时，必须注意替代标准品的添加，避免样品稀释后替代物的浓度超出规定限度。

3.1.6.12　样品分析

选择合适的方法来准备样品，并分析每一个样品。如果需要，在用特定的检测方法分析样品中半挥发性/非挥发性有机物之前，先对样品进行净化处理。

3.1.7　质量控制

质量控制包括以下几个方面：

（1）根据本文中讲述的质量控制的具体指导，每个实验室必须设置一个正式的质量控制程序。在提取一批样品（20 个）或更少的样品时，如果检测方法中没有其他的指导要求，则必须包括以下几个方面：一个方法空白样品；单次基质添加/重复基质添加或一个基质添加和重复样品；一个实验室控制样品。

（2）熟练程度的最初验证。样品制备方法和检验方法的熟练程度可以通过分析空白参考基质中分析物检测数据的准确度和精密度来实现。实验室工作人员必须熟悉包括提取方法和检测方法在内的方法验证。如果实验室仪器条件发生了很大的改变，那么工作人员该重新进行以下操作。

1）用含有所有分析物的添加标准溶液来制备参考样品。实验室一般有两种方法来制备用于添加的参考样品浓溶液：一是用纯的标准物质制备；二是购买商业化的溶液。实验室在配置时，应该用单独配置的储备标准溶液（非校准溶液）来制备参考样品添加溶液。

2）参考样品的准备步骤取决于被评价的方法。本节主要介绍操作方法中参考样品的相关指导。实验室一般以检测方法中给出的添加溶液和参考样品的制备过程为依据，但如果方法中未提供，则用甲醇溶液（或其他水溶性溶剂）来制备参考样品。此外，实验室可以根据方法的性能数据浓度来添加参考样品，一般情况下，为了防止添加溶剂降低提取效率，向水中添加的体积应该不超过 1 mL。如果方法中缺乏性能数据，参考样品标准浓溶液的浓度可以按照添加在空白基质中的浓度等于每种待分析物 10～50 倍的检测限值（MDL 值）来制备。为了更准确地反映实验室分析的浓度，可以调整参考样品中分析物的浓度；如果需要根据法规限定或实际浓度水平来评价分析物的浓度，可以参考下文（3）“样品制备和分析的质量控制”来选择合适的添加浓度。

3）参考样品必须用与实际样品相同的处理方法，以便评价整个分析过程的性能。过程如下：准备 4 份 1 L 不含有机物的水（这里称为参考样品），每份中添加 1 mL（除非方法中规定了不同的体积）参考样品浓溶液，然后用相同的方法提取。如果检测方法中水的体积不同或基质不是水的话，可以根据检测方法中规定的范围向一定质量或体积的样品（至少为 4 个）中添加 1.0 mL 的参考样品。实验室常用不含任何目标化合物或干扰物质的空白基质作为添加材料，如将沙子和土（无有机干扰物）作为固体基质，将不含有机物的试剂水作为水基质。

4）参考样品的准备。本节将介绍一些质量控制参考样品浓溶液的相关操作信息。为了更精确地反映待分析物在不同样品或计划中的浓度水平，可以相应地对本节列举的质量控制参考样品中目标化合物的浓度进行调整。如果分析物的评价标准是法规规定或实际浓度水平，那么，可以参考下文列举的添加浓度的相关信息。虽然添加溶液的浓度或添加样品体积可以改变，但是添加的总体积一般不超过 1 mL，避免添加溶液的溶剂对样品产生较大影响。

① 苯酚：质量控制参考样品溶液应含有各个待测物浓度为 100 μg/mL 的 2-丙醇溶液。

② 邻苯二甲酸酯：质量控制参考样品浓溶液应为含下列各种待测物的丙酮溶液。其浓度为：丁基苄基邻苯二甲酸酯 10 μg/mL；双（2-乙基己基）邻苯二甲酸酯 50 μg/mL；二正辛基邻苯二甲酸酯 50 μg/mL 和 25 μg/mL 任意的其他邻苯二甲酸酯。

③ 亚硝胺：质量控制参考样品浓溶液应该含有每个分析物 20 mg/L 的异辛烷溶液。

④ 有机氯农药：质量控制参考样品浓溶液应为含有下列各种待测物的丙酮溶液：4，

4’-DDD,10 mg/L；4，4’-DDT，10 mg/L；硫丹Ⅱ，10 mg/L；硫丹硫酸盐，10 mg/L 和任意的其他单成分农药，2 mg/L。如果方法仅用来分析氯丹和毒杀芬，质量控制参考样品浓溶液应该是最具代表性的多成分物质的丙酮溶液，各成分浓度为 50 mg/L。

⑤ PCBs：质量控制参考样品的浓溶液应该是含有最具代表性多组分化合物的丙酮溶液，质量浓度为 50 mg/L。

⑥ 硝基芳香类和环酮：质量控制参考样品浓溶液应该是含有下列化合物的丙酮溶液：各种二硝基甲苯，20 mg/L；异佛尔酮和硝基苯各 100 mg/L。

⑦ 多环芳烃：质量控制参考样品的浓溶液应含有每一种待测物，在乙腈中的质量浓度如下：萘，100 μg/mL；苊烯，100 μg/mL；苊，100 μg/mL；芴，100 μg/mL；菲，100 μg/mL；蒽，100 μg/mL；苯并荧蒽，5 μg/mL；任何其他 PAHs，10 μg/mL。

⑧ 卤代醚：质量控制参考样品浓溶液应该是含有每个分析物 20 mg/L 的异辛烷溶液。

⑨ 氯代烃：质量控制参考样品浓溶液应该是含有下列分析物的丙酮溶液：六氯代烃，10 mg/L；其他氯代烃类化合物，100 mg/L。

⑩ 苯胺类和衍生物：质量控制参考样品的浓溶液应该是含有每个分析物的丙酮溶液，其质量浓度是所需添加浓度的 1000 倍以上。

⑪ 有机磷农药：质量控制参考样品的浓溶液应该是含有每个分析物的丙酮溶液，其质量浓度是所需添加浓度的 1000 倍以上。

⑫ 有机磷除草剂：质量控制参考样品的浓溶液应该是含有每个分析物的丙酮溶液，其质量浓度是所需添加浓度的 1000 倍以上。

⑬ 挥发性有机物：质量控制参考样品浓溶液应该是含有每个分析物的甲醇溶液，分析物的质量浓度为 10 mg/L；将此浓度添加到 100 mL 的试剂水中，形成的参考溶液足够分成四份 25 mL 的溶液。

⑭ 半挥发性有机物：质量控制参考样品的浓溶液应该是含有每个分析物的丙酮溶液，质量浓度为 100 mg/L。

5）实验室可以按照实际样品的处理方法来分析充分混合后至少四等份的平行参考样品。处理方法包括两部分：样品制备方法和样品检测方法。

（3）样品制备和分析的质量控制包括以下几个方面：

1）每批样品必须进行基质效应的证明。必须分析的样品包括一个基质添加样品和一个未添加重复样品，或者一个基质添加样品/基质添加重复样品。另外，可以根据每批样品的具体情况，来决定是否要制备分析重复样品或基质添加/基质添加重复样品。具体条件如下：估计样品中如果含有分析物，则可以使用一个基质添加样品和一个未添加重复样品；如果不含分析物，则可以使用一个基质添加样品和一个基质添加重复样品。所添加的分析物必须能代表具体项目中的目标化合物，它的浓度可以通过 3.1.7 小节的内容来具体确定。所以，如果目标分析物只是检测方法中的一部分，那这些化合物就是实验项目所需的待测物，如果没有具体的目标分析物，那么，为了获得检测方法中更多的化合物基质添加数据，实验室可以定期更换添加的目标化合物。

2）实验室控制样品（LCS）。LCS 是一份与样品基质相似的等体积或等质量，并且所添加化合物及浓度与基质添加样品相同的空白基质。例如，不含有机物的试剂水可以作为水基质。土壤或沙子等不含有机物的物质可以作为固体样品的基质。LCS 的主要作用是：当样品基质本身出现问题而导致基质添加样品结果出现异常时，可以根据 LCS 的结果来判断是否是用未受污染的基质进行分析的。

3）基质添加样品和 LCS 浓度的确定原则如下：

① 在常规检测中，如果样品中某个化合物的浓度超出了法规的限制或超标，那么，添加浓度应该等于或者低于法规限量或作用浓度，或是 1～5 倍的本底浓度（如果没有历史记录），不管哪个浓度较高。

② 在没有历史数据时，为了确保高浓度的分析物和（或）干扰物影响回收率的计算，实验室可以用同一地点未受污染的相同的基质进行基质添加样品检测。

③ 以法规限量或作用浓度为标准，样品中化合物的浓度如果符合这个标准规定，则添加浓度应与参考样品浓度相同或是等于该种基质中定量限的 20 倍。所以，同种基质的本底样品最好是与基质添加样品在同一个地点采集，从而保证数据的准确性。

④ 质量控制样品的分析、计算和数据评价。可以按照 3.1.7 小节介绍的检测方法中的步骤来分析质量控制样品（LCS 和基质添加样品或可选的基质重复样品），并参照相关内容对质量控制的数据进行相应的计算和评价。

5）空白。样品在取样过程和分析过程的污染情况可以通过分析方法空白和其他空白来追踪确定。可以参考相关的质量控制程序。

6）替代品。替代品指的是与分析物有相似的化学性质但不存在于环境样品中的化合物。当分析方法确定某种替代品时，替代品必须添加到所有的样品中。

（4）实验室必须设置合适的规程来记录和编绘操作方法中的基质效应。

3.1.8 方法性能

方法性能包括以下几个方面：

（1）替代品和基质添加化合物的回收率。基质添加化合物的回收率与实验室控制样品（LCS）的回收率相比，可以表示异常基质效应的存在和消失；而替代品的回收率可以用来监控异常的基质效应、样品处理中的问题等。

（2）本章中每一种方法的性能可以通过样品净化方法和检测方法的性能参数来表示。

3.2 分液漏斗液-液萃取法

3.2.1 适用范围

本节介绍了通过分液漏斗液-液萃取法提取水性样品中有机物的步骤和方法。本方法主要使用领域是各种色谱方法中水不溶和水微溶有机物的分离和浓缩。该方法在操作时，必须由熟练的分析人员操作或由其监督执行，并且每个分析人员在使用本方法时必须具有合格的分析结果的能力。

3.2.2 方法摘要

方法摘要包括以下几个方面：

（1）在量取一定体积的样品时，必须用二氯甲烷在分液漏斗中逐次分配提取，并且在规定的 pH 值下操作。

（2）提取液的干燥、浓缩，必要时，浓缩后可以将溶剂更换成与净化或测定步骤相一致的溶剂。表 3-5 给出了溶剂更换的条件。

表 3-5　不同测量方法的具体提取条件

检测方法	初始提取 pH 值	第二次提取 pH 值	分析用更换溶剂	净化用更换溶剂	净化用提取体积/mL	分析用最后提取体积①/mL
苯　酚	≤2	无	2-丙醇	正己烷	1.0	1.0,0.5②
邻苯二甲酸酯类	5～7	无	正己烷	正己烷	2.0	10.0
亚硝胺类	同实际的 pH 值	无	甲　醇	二氯甲烷	2.0	10.0
有机氯农药	5～9	无	正己烷	正己烷	10.0	10.0
多氯联苯	5～9	无	正己烷	正己烷	10.0	10.0
硝基芳香化合物和环酮	5～9	无	正己烷	正己烷	2.0	1.0
PHAs	同实际的 pH 值	无	无	环己烷	2.0	1.0
卤代醚	同实际的 pH 值	无	正己烷	正己烷	2.0	10.0
氯代碳氢化合物	同实际的 pH 值	无	正己烷	正己烷	2.0	1.0
苯胺和选择派生物	同实际的 pH 值	无	正己烷	正己烷	10.0	10.0
半挥发性有机物③, ④	<2	>11	无	—	—	1.0
PHAs	同实际的 pH 值	无	乙　腈	—	—	1.0
非挥发有机物	同实际的 pH 值	无	甲　醇	—	—	1.0
半挥发性有机物	同实际的 pH 值	无	二氯甲烷	二氯甲烷	10.0	0.0（干）

① 对于最后提取体积建议值为 10.0 mL 的方法，为了获得更低的检测限，提取液体积最低可降至 1.0 mL；

② 将 1.0 mL 的 2-丙醇提取液用于 GC（FID）法测定，该方法包括了用于酚类衍生化分析方法，分析时取 0.5 mL 的正己烷提取液，用 GC/ECD 法分析；

③ 用 GC-MS 方法分析时，提取液无需净化，直接分析，如果需要净化可参见参考文献[72]第十九章；

④ 为了更好地分离酸性和中性废弃物，可以改变提取溶液 pH 值的顺序，如果多次调节 pH 值可能会造成某些分析物的损失。

3.2.3　干扰

（1）干扰因素参照 3.1.3 小节内容。

（2）如果在碱性条件下对化合物进行提取，则会导致分析物产生分解现象。例如，苯酚类化合物反应生成鞣酸盐，有机氯农药发生脱氯现象，邻苯二甲酸酯类发生互换反应，并且分解速率随着反应时间的缩短而减弱，随 pH 值的增加而增强。但是，与连续液-液分配提取法相比较，分液漏斗液-液萃取法更适合上述几类化合物的分析。但是，如果在酸性 pH 值条件下进行提取，连续液-液分配提取法可以保证苯酚类化合物有最高的提取率。

3.2.4　仪器和设备

（1）分液漏斗（2 L）。配聚四氟乙烯（PTFE）活塞。

（2）干燥柱（20 mm 内径）。耐热玻璃（Pyrex®）色谱柱,在底部具有耐热玻璃棉（Pyrex®）和聚四氟乙烯阀门。

注意：当高浓度污染的提取物通过烧结玻璃圆板后，玻璃圆板很难脱污。为此，可购买无烧结板的柱子。使用时用一小块耐热玻璃棉垫片支持吸附剂。吸附剂装柱之前，依次用 50 mL 的丙酮和 50 mL 的洗涤溶液预淋洗玻璃棉垫片。

（3）K-D 浓缩装置：

1）浓缩管（10 mL）。具刻表（Kontes K-570050-1025 或相当规格）；磨口玻璃塞用于防止提取物的挥发。

2）蒸发烧瓶（500 mL）（Kontes K-570001-500 或相当规格）。用弹簧、皮带或类似物将蒸发烧瓶连接在浓缩管上。

3）Snyder 柱。三球常量（Kontes K-503000-0121 或相当规格）。

4）Snyder 柱。两球微量（Kontes K-569001-0219 或相当规格）。

5）弹簧 0.0127 m（1/2 in）（Kontes K-662750 或相当规格）。

注意：浓缩过程中使用 K-D 浓缩器时，玻璃仪器设备的设立可能需要满足国家或地方政府规定的要求，而这些规则用于治理大气中可挥发有机物的排放。EPA 推荐将这种类型回收体系的设立作为一个方法去贯彻减少排放物的计划项目。溶剂回收是符合废弃物最小化和防止最初污染物源的一种手段。

（4）溶剂蒸汽回收体系。Kontes K-545000-1006 或 Kontes K-547300-0000，Ace Glass 6614-30 或相当规格。

（5）沸石。经溶剂提取，大约 10/40 目（碳化硅或同等物）。

（6）水浴。用于加热，配有同心圆圈盖，温度可控（±5℃）。水浴应在通风橱使用。

（7）样品瓶。玻璃制，2 mL，配有聚四氟乙烯衬垫螺旋盖。

（8）pH 试纸。pH 值范围包括所要提取的 pH 值。

（9）锥形烧瓶（250 mL）。

（10）注射器（5 mL）。

（11）量筒（1 L）。

3.2.5 试剂

试剂包括以下几个方面：

（1）操作中使用的试剂均要求为分析纯。实验所用到的所有试剂必须满足美国化学学会（ACS）对分析试剂的规定。其他级别的试剂也容许使用，但是试剂的纯度必须足够高，且使用后不会降低检测的准确性。为了防止塑料中杂质的渗透和析出，试剂必须贮存在玻璃器皿中。

（2）试剂水（不含有机物）。本操作方法中所有用到的水均指这种试剂水。

（3）氢氧化钠溶液。浓度为 10 mol/L。将 40 g 的溶剂氢氧化钠置于试剂水中，并稀释至 100 mL。其他浓度的碱溶液用来调节样品的 pH 值，并且假定样品总体积不变（误差小于 1%）。

（4）硫酸钠（粒状，无水）。将硫酸钠放置在浅盘中，在 400℃连续加热 4 h 进行纯化，或者用二氯甲烷预纯化。在用二氯甲烷预纯化硫酸钠时，为了证明硫酸钠中不存在干扰，必须分析方法空白。其他浓度的碱溶液用来调节样品的 pH 值，并且假定样品总体积不变（误差小于 1%）。

（5）硫酸溶液（体积比为 1∶1）。缓慢地将 50 mLH_2SO_4（相对密度为 1.84）加到 50 mL 的试剂水中。

（6）提取或更换溶剂。所有的溶剂必须是农药残留级或同等规格。

1）二氯甲烷：化学分子式为 CH_2Cl_2，沸点为 39℃。

2）正己烷：化学分子式为 C_6H_{14}，沸点为 68.7℃。

3）2-丙醇：化学分子式为 $CH_3CH(OH)CH_3$，沸点为 82.3℃。

4）环己烷：化学分子式为 C_6H_{12}，沸点为 80.7℃。

5）乙腈：化学分子式为 CH_3CN，沸点为 81.6℃。

3.2.6 样品的收集、保存和处理

参考其他章节有关有机分析物的内容。

3.2.7 操作步骤

操作步骤包括以下几个方面：

（1）样品的量取。用带刻度的 1 L 的量筒量取 1 L 样品。如果样品浓度过高，则可以直接将样品盛放在小体积样品瓶中待用或者量取小体积样品，然后用试剂水稀释至 1 L。直接在样品瓶中处理样品时，如果要提取样品瓶中所有样品，需把样品原先的体积标记在样品瓶外。

（2）向量筒或样品中添加 1.0 mL 标准溶液，然后混匀静止。

1）每批样品里，被选作基质加标的样品里面必须添加 1.0 mL 基质标准溶液。

2）在采用凝胶渗透色谱净化时，会有一半的提取物随凝胶渗透色谱（GPC）柱的载荷而损失。为了避免该现象，可以采取以下措施：一是使用 1 mL 的添加溶液并将最终提取液浓缩至正常体积的一半（如 0.5 mL 变为 1 mL）；二是添加两倍体积的替代添加溶液和标准基质溶液。

（3）检查样品的 pH 值。实验室一般用广泛 pH 试纸来检查 pH 值。特殊情况下，可以用 10 mol/L 的氢氧化钠溶液或 1∶1（体积比）的硫酸来调节 pH 值，使之满足一定的范围。但是，加氢氧化钠或硫酸引起的体积误差不要超过 1%。

（4）样品的转移。定量地将样品从样品瓶或量筒中转移至分液漏斗内，并用 60 mL 的二氯甲烷来清洗量筒或样品瓶，然后转移清洗液到分液漏斗内，如果直接将样品从样品瓶转移到分液漏斗内，在转移后，必须加试剂水至瓶体标记线，并测量样品的体积。

（5）密闭分液漏斗。用力振摇 1～2 min，并间歇地排气减压。或者按操作步骤（11）中的 4）操作，当浓缩器在水浴上时，将更换溶剂倒在 Snyder 柱头上。

注意：振摇时二氯甲烷很快产生过高压力，因此，在分液漏斗振摇一次后才能进行初次排气。为了防止分析人员接触溶剂蒸汽，分液漏斗必须在通风罩中排气。

（6）有机层与水相分离至少要 10 min。如果两层间的乳浊液界面大于溶剂层的 1/3，那么必须根据样品的性质，从离心、搅拌、过玻璃棉去乳浊液或其他物理方法中选择合适的机械技术来完成相分离，然后收集溶剂提取物至锥形烧瓶中。如果乳浊液不能破坏（二

氯甲烷的回收率小于 8%，校正二氯甲烷在水中的溶解度），将样品、溶剂和乳浊液转移到一个连续萃取室，然后按照 3.3 节的内容来进行连续液-液分配操作。

（7）遵循（2）～（5）的步骤，用新的溶剂再重复萃取 2 次，将 3 次溶剂提取液合并。

（8）如果要进一步调节 pH 值和提取，按照步骤（3），用 60 mL 二氯甲烷连续萃取 3 次，收集合并提取液，并标明提取液。

（9）若采用 GC-MS 分析方法，酸性/中性或碱性提取物可以在浓缩前合并。但是某些特殊情况下，采用分别浓缩和分析酸性/中性或碱性提取物的方法更合理一些。例如，按照某些法规的规定，必须测定溶液中是否存在低浓度的特殊酸性/碱性或中性化合物，那么，用分别萃取和分析的方法可能更准确一些。

（10）必要时，可以使用 K-D 浓缩技术来进行浓缩，具体操作可以参考步骤（11）。

（11）K-D 浓缩技术：

1）将 10 mL 浓缩管连接在 500 mL 的蒸发瓶上组装成 K-D 浓缩器。

2）按 K-D 浓缩器使用说明书，将溶剂回收器皿连接在 K-D 浓缩器的 Snyder 柱上。

3）将提取液通过装有 10 cm 高的无水硫酸钠干燥柱干燥。将干燥后的提取液收集在 K-D 浓缩器中，用 20～30 mL 的二氯甲烷洗涤含有提取物的锥形烧瓶，并将其定量地转移到柱中。

4）加 1～2 粒干净的沸石至烧瓶中，装上一支三球 Snyder 柱。加 1 mL 的二氯甲烷至柱头来预湿 Snyder 柱。将 K-D 浓缩装置放在水浴上（水温高于溶剂沸点 15～20℃）使浓缩管部分浸入热水中，并使整个烧瓶的下部表面可被热气加热，调节装置的垂直位置和水温，使浓缩在 10～20 min 完成。在适当的蒸馏速度下，柱球体内有大量的液体流动，但球中不会注满液体。当液体的表观体积为 1 mL 时，将 K-D 装置从水浴中取出，让液体排出、冷却，至少保持 10 min。

5）若需要更换溶剂，立即取下 Snyder 柱，加 50 mL 的更换溶剂和新的沸石，重新装上 Snyder 柱。也可以在步骤 4）中直接将更换溶剂加在 Snyder 柱头，然后按步骤 4）浓缩提取液，必要时提高水温以保持正常的蒸馏。

6）取下 Snyder 柱，用 1～2 mL 的二氯甲烷或表 3-5 待更换溶剂洗涤锥形烧瓶和烧瓶下部连接处，溶剂流入浓缩管中。提取液可用 3.2.7 小节（12）中介绍的技术进一步浓缩，或用最后使用的溶剂将体积调节至 10 mL。

（12）若溶液需进一步浓缩，可采用下面步骤 1）中的微量 Snyder 柱或下述步骤 2）中的氮气浓缩技术，将浓缩液的体积调节至最后所需要的体积。

1）微量 Snyder 柱技术。若表 3-5 中表明，需进一步浓缩，则另加干净的沸石至浓缩管中，并装上二球微 Snyder 柱。加 0.5 mL 二氯甲烷或更换溶剂至柱头，润湿柱子。将 K-D 浓缩装置放在水浴上，使浓缩管部分浸入热水中，并使整个烧瓶的下部表面可被热气加热。调节装置的垂直位置和水温，使浓缩在 5～10 min 完成。在适当的蒸馏速度下，柱球体内有大量的液体流动，但球中不会注满液体。当液体的表观体积为 1 mL 时，将 K-D 装置从水浴中取出，让液体回流、冷却，至少保持 10 min。取下 Snyder 柱，用 0.2 mL 的二氯甲烷或更换溶剂冲洗瓶及下部连接头。

2）氮气浓缩技术：

① 将样品浓缩管放置在水浴中（水温为 35℃），用干净、干燥（通过活性炭柱）、平

缓的氮气流将样品体积进一步浓缩。

注意：新的塑料管会引入干扰物，不容许用来连接炭套和样品。

② 在浓缩过程中，用二氯甲烷或适当的溶剂多次冲洗浓缩管的内壁，管中溶剂的液面要始终低于水浴中水的液面，所以，必须根据水位的变化及时调整浓缩管的位置。在正规的操作中，不容许管中的提取液被吹干。

注意：当溶剂的体积小于 1 mL 时，半挥发性的待测物可能会损失。

（13）浓缩完后，即可用 3.2.4 节（3）中适当的分析方法对目标物进行分析。如果不立即分析提取液，需给浓缩管加盖后，冷冻贮存。若提取液要存放 2 天以上，则应将提取液转移至一个配有聚四氟乙烯螺旋盖的样品瓶中，并对样品做适当的说明。

3.2.8 质量控制

质量控制包括以下几个方面：

（1）任何溶剂空白样品、重复样品或基质添加所用的分析方法，必须与实际样品所用的分析方法完全相同。

（2）参考 3.1 小节中部分样品制备和提取步骤及其他章节的质量控制步骤。

3.3 连续液-液分配提取

3.3.1 适用范围

本节介绍了通过连续液-液分配提取如何从水性样品中分离有机化合物的方法步骤。

本方法对于各种色谱法中水微溶和水不溶有机物的分离和浓缩都适用，同时，也为用于测定方法的提取液提供了适用的浓缩技术。本方法既适用于密度小于样品的提取溶剂，也适用于密度大于样品的提取溶剂。在提取样品前，实验室操作人员必须验证自动提取装置的提取效率，确保实验室结果的准确性和精密性。

实验操作必须在熟练的分析人员监督下执行或者由分析人员亲自执行操作。为了试验的安全性和高效性，任何实验室操作人员必须有能力去操作、分析该方法。

3.3.2 方法摘要

方法摘要包括以下几个方面：

（1）在连续液-液分配提取器中装入一定体积的样品。通常量取的样品体积为 1 L，如果有相应的规定，可以根据表 3-6 内容来调节样品的 pH 值，然后用有机溶剂连续提取 18～24 h。

（2）干燥、浓缩提取液（必要时）。如果需要，用与净化或检测相一致的溶剂来代替目前所用的溶剂（参见表 3-6）。

表 3-6 不同测量方法的具体提取条件

检测方法	初始提取 pH 值	第二次提取 pH 值	分析用更换溶剂	净化用更换溶剂	净化用提取体积/mL	分析用最后提取体积①/mL
苯　酚	≤2	无	2-丙醇	正己烷	1.0	1.0,0.5②
邻苯二甲酸酯类	5～7	无	正己烷	正己烷	2.0	10.0

续表 3-6

检测方法	初始提取 pH 值	第二次提取 pH 值	分析用更换溶剂	净化用更换溶剂	净化用提取体积/mL	分析用最后提取体积①/mL
亚硝胺类	同实际的 pH 值	无	甲醇	二氯甲烷	2.0	10.0
有机氯农药	5～9	无	正己烷	正己烷	10.0	10.0
多氯联苯	5～9	无	正己烷	正己烷	10.0	10.0
硝基芳香化合物和环酮	5～9	无	正己烷	正己烷	2.0	1.0
PHAs	同实际的 pH 值	无	无	环己烷	2.0	1.0
卤代醚	同实际的 pH 值	无	正己烷	正己烷	2.0	10.0
氯代碳氢化合物	同实际的 pH 值	无	正己烷	正己烷	2.0	1.0
苯胺和选择派生物	同实际的 pH 值	无	正己烷	正己烷	10.0	10.0
半挥发性有机物③, ④	<2	>11	无	—	—	1.0
PHAs	同实际的 pH 值	无	乙　腈	—	—	1.0
非挥发有机物	同实际的 pH 值	无	甲　醇	—	—	1.0
半挥发性有机物	7.0	无	甲　醇	—	—	1.0
酚　类	同实际的 pH 值	无	二氯甲烷	二氯甲烷	10.0	0.0（干）

① 对于最后提取体积建议值为 10.0mL 的方法，为了获得更低的检测限，提取液体积最低可降至 1.0 mL。

② 将 1.0 mL 的 2-丙醇提取液用于 GC（FID）法测定，该方法包括了用于酚类衍生化分析方法，分析时取 0.5 mL 的正己烷提取液，用 GC/ECD 法分析。

③ 用 GC-MS 方法分析时，提取液无需净化，直接分析，如果需要净化可参见参考文献[72]第十九章。

④ 为了更好地分离酸性和中性废弃物，可以改变提取溶液 pH 值的顺序，如果多次调节 pH 值可能会造成某些分析物的损失。

3.3.3 干扰

（1）干扰因素参见 3.1.3 小节内容。

（2）如果在碱性条件下对化合物进行提取，会导致分析物产生分解现象，所以必须分离待测物。例如，苯酚类化合物反应生成鞣酸盐，有机氯农药发生脱氯现象，邻苯二甲酸酯类发生互换反应，并且分解速率随着反应时间的缩短而减弱，随 pH 值的增加而增强。但是，分液漏斗液-液萃取法与本方法相比较，前者更适合上述几类化合物的分析。但是，如果在酸性 pH 条件下进行提取，本方法可以保证苯酚类化合物有最高的提取率。

3.3.4 设备和材料

（1）连续液-液分配提取物。配有聚四氟乙烯（PTFE）或无润滑油的玻璃借口和活塞（Kontes 584200-0000，584500-0000，583250-000，或同等规格）。

（2）干燥柱（20 mm 内径）。耐热玻璃色谱柱，在底部具有耐热玻璃棉和聚四氟乙烯阀门。

注意：当高浓度污染的提取物通过烧结玻璃圆板后，玻璃圆板很难脱污。为此，可购买无烧结板的柱子。使用时用一小块耐热玻璃棉垫片支持吸附剂。吸附剂装柱之前，依次用 50 mL 的丙酮和 50 mL 的洗涤溶液预淋洗玻璃棉垫片。

（3）K-D 浓缩装置：

1）浓缩管（10 mL）。具刻表（Kontes K-570050-1025 或相当规格）；磨口玻璃塞用于防止提取物的挥发。

2）蒸发烧瓶（500 mL）。（Kontes K-570001-500 或相当规格）。用弹簧、皮带或类似物将蒸发烧瓶连接在浓缩管上。

3）Snyder 柱。三球常量（Kontes K-503000-0121 或相当规格）。

4）Snyder 柱。两球微量（Kontes K-569001-0219 或相当规格）。

5）弹簧 0.0127 m（1/2 in）（Kontes K-662750 或相当规格）。

注意：在浓缩过程中使用 K-D 浓缩器时，玻璃仪器设备的设立可能需要满足国家或地方政府规定的要求，而这些规则用于治理大气中可挥发有机物的排放。EPA 推荐将这种类型回收体系的设立作为一个方法去贯彻减少排放物的计划项目。溶剂回收是符合废弃物最小化和防止最初污染物源的一种手段。

（4）溶剂蒸汽回收体系。Kontes K-545000-1006 或 Kontes K-547300-0000，Ace Glass 6614-30 或相当规格。

（5）沸石。经溶剂提取，大约为 10/40 目（碳化硅或同等物）。

（6）水浴。用于加热，配有同心圆圈盖，温度可控（±5℃）。水浴应在通风橱使用。

（7）样品瓶。玻璃制，2 mL，配有聚四氟乙烯衬垫螺旋盖。

（8）pH 试纸。pH 值范围包括所要提取的 pH 值。

（9）加热炉。可变压控制。

（10）注射器（5 mL）。

3.3.5 试剂

试剂包括以下几个方面：

（1）操作中使用的试剂均要求为分析纯。一般情况下，实验所用到的所有试剂必须满足美国化学学会（ACS）对分析试剂的规定。如果使用其他级别的试剂，试剂的纯度必须足够高，且使用后不会降低检测的准确性。为了防止塑料中杂质的渗透和析出，试剂必须贮存在玻璃器皿中。

（2）试剂水（不含有机物）。本操作方法中所有用到的水均指这种试剂水。

（3）氢氧化钠溶液。浓度为 10 mol/L。将 40g 的溶剂氢氧化钠置于试剂水中，并稀释至 100 mL。其他浓度的碱溶液用来调节样品的 pH 值，并且假定样品总体积不变（误差小于 1%）。

（4）硫酸钠（粒状，无水）。将硫酸钠放置在浅盘中，在 400℃连续加热 4 h 进行纯化，或者用二氯甲烷预纯化。在用二氯甲烷预纯化硫酸钠时，为了证明硫酸钠中不存在干扰，必须分析方法空白。

（5）硫酸溶液（体积比为 1∶1）。缓慢地将 50 mLH_2SO_4（相对密度为 1.84）加到 50 mL 的试剂水中。其他浓度的酸溶液用来调节样品的 pH 值，并且假定样品总体积不变（误差小于 1%）。

（6）提取或更换溶剂。所有的溶剂必须是农药残留级或同等规格。

1）二氯甲烷：化学分子式为 CH_2Cl_2，沸点为 39℃。

2）正己烷：化学分子式为 C_6H_{14}，沸点为 68.7℃。

3）2-丙醇：化学分子式为 $CH_3CH(OH)CH_3$，沸点为 82.3℃。

4）环己烷：化学分子式为 C_6H_{12}，沸点为 80.7℃。

5）乙腈：化学分子式为 CH_3CN，沸点为 81.6℃。

3.3.6　样品的收集、保存和处理

参考其他章节有关有机分析物的内容。

3.3.7　操作步骤

操作步骤如下：

（1）样品的量取。用带刻度的 1 L 量筒量取 1 L 的样品。如果样品浓度过高，则可以直接将样品盛放在小体积样品瓶中待用或者量取小体积样品，然后用试剂水稀释至 1 L。直接在样品瓶中处理样品时，如果要提取样品瓶中所有样品，需把样品原先的体积标记在样品瓶外。

（2）向量筒或样品中添加 1.0 mL 标准溶液，然后混匀静止（可以参照上文中给出的添加标准溶液和基质标准溶液的相关内容进行操作）。

1）每批样品里，被选作基质加标的样品里面必须添加 1.0 mL 基质标准溶液。

2）在采用凝胶渗透色谱净化时，会有一半的提取物随 GPC 柱的载荷而损失。为了避免该现象，可以采取以下措施：一是使用 1 mL 的添加溶液并将最终提取液浓缩至正常体积的一半（如 0.5 mL 变为 1 mL）；二是添加 2 倍体积的替代添加溶液和标准基质溶液。

（3）检查样品的 pH 值。实验室一般用广泛 pH 试纸来检查 pH 值。特殊情况下，可以用 10 mol/L 的氢氧化钠溶液或 1∶1（体积比）的硫酸来调节 pH 值，使之满足表 3-5 中所列出的规定范围。但是，加氢氧化钠或硫酸引起的体积误差不要超过 1%。

（4）向浓缩器的蒸馏烧瓶中加入 300～500 mL 的二氯甲烷和几粒沸石。

（5）样品的转移。定量地将样品从样品瓶或量筒中转移至分液漏斗内，并用小体积的二氯甲烷来清洗量筒或样品瓶，然后转移清洗液到提取器内（必要时，向提取器中加入足够的试剂水在严格控制条件下，连续萃取 18～24 h）。如果直接将样品从样品瓶转移到分液漏斗内，在转移后，必须加试剂水至瓶体标记线，并测量样品的体积。

（6）提取器自然冷却，并取下烧瓶。如果没有规定在其他的 pH 值下操作，则可以遵循步骤（7）～（11）直接干燥、浓缩提取液。

（7）如果要对 pH 值进行再次调节、提取，则可以将液体的 pH 值调节到表 3-6 所给出的数值。如果要求分别分析待测物，操作如下：将一干净的装有 500 mL 二氯甲烷的烧瓶连接在提取器上，并连续提取 18～24 h，然后冷却，取下烧瓶。如果不进行溶剂更换和分别检测，则可直接进行二次 pH 值的提取。

（8）若采用 GC-MS 分析方法，酸性/中性或碱性提取物可以在浓缩前合并。但是某些特殊情况下，采用分别浓缩和分析酸性/中性或碱性提取物的方法更合理一些。例如，按照某些法规的规定，必须测定溶液中是否存在低浓度的特殊酸性/碱性或中性化合物，那么，用分别萃取和分析方法可能更准确一些。

（9）必要时，可以使用 K-D 浓缩技术来进行浓缩，具体操作可以参考步骤（10）。

（10）K-D 浓缩技术：

1）将 10 mL 浓缩管连接在 500 mL 的蒸发瓶上组装成 K-D 浓缩器。

2）按 K-D 浓缩器使用说明书，将溶剂回收器皿连接在 K-D 浓缩器的 Snyder 柱上。

3）将提取液通过装有 10 cm 高的无水硫酸钠干燥柱干燥。将干燥后的提取液收集在 K-D 浓缩器中，用 20～30 mL 的二氯甲烷洗涤含有提取物的锥形烧瓶，并将其定量地转移到柱中。

4）加 1～2 粒干净的沸石至烧瓶中，装上一支三球 Snyder 柱。加 1 mL 的二氯甲烷至柱头来预湿 Snyder 柱。将 K-D 浓缩装置放在水浴上（水温高于溶剂沸点 15～20℃）使浓缩管部分浸入热水中，并使整个烧瓶的下部表面可被热气加热，调节装置的垂直位置和水温，使浓缩在 10～20 min 完成。在适当的蒸馏速度下，柱球体内有大量的液体流动，但球中不会注满液体。当液体的表观体积为 1 mL 时，将 K-D 装置从水浴中取出，让液体排出、冷却，至少保持 10 min。

5）若需要更换溶剂，立即取下 Snyder 柱，加 50 mL 的更换溶剂和新的沸石，重新装上 Snyder 柱。也可以在步骤 4）中直接将更换溶剂加在 Snyder 柱头，然后按步骤 4）浓缩提取液，必要时提高水温以保持正常的蒸馏速度。

6）取下 Snyder 柱，用 1～2 mL 的二氯甲烷或待更换溶剂洗涤锥形烧瓶和烧瓶下部连接处，溶剂流入浓缩管中。若硫黄的结晶体过多，可采用硫净化法净化。提取液可用下文介绍的技术进一步浓缩，或用最后使用的溶剂将体积调节至 10 mL。

（11）若溶液需进一步浓缩，可采用微量 Snyder 柱或氮气浓缩技术，将浓缩液的体积调节至最后所需要的体积。

1）微 Snyder 柱技术。加 1～2 粒干净的沸石至浓缩管中，并装上二球微量 Snyder 柱。加 0.5 mL 二氯甲烷或更换溶剂至柱头，润湿柱子。将 K-D 浓缩装置放在水浴上，使浓缩管部分浸入热水中。调节装置的垂直位置和水温，使浓缩在 5～10 min 完成。在适当的蒸馏速度下，柱球体内有大量的液体流动，但球中不会注满液体。当液体的表观体积为 0.5 mL 时，将 K-D 装置从水浴中取出，让液体回流、冷却，至少保持 10 min。取下 Snyder 柱，用 0.2 mL 的二氯甲烷或更换溶剂冲洗瓶及下部连接头。

2）氮气浓缩技术：

① 将样品浓缩管放置在水浴中（水温为 35℃），用干净、干燥（通过活性炭柱）、平缓的氮气流将样品体积进一步浓缩。

注意：新的塑料管会引入干扰物，不容许用来连接炭套和样品。

② 在浓缩过程中，用二氯甲烷或适当的溶剂多次冲洗浓缩管的内壁，管中溶剂的液面要始终低于水浴中水的液面，所以，必须根据水位的变化及时调整浓缩管的位置。在正规的操作中，不容许管中的提取液被吹干。

注意：当溶剂的体积小于 1 mL 时，半挥发性的待测物可能会损失。

（12）浓缩完后，即可用 3.3.4 节中适当的分析方法对目标物进行分析。如果不立即分析提取液，需给浓缩管加盖后，冷冻贮存。若提取液要存放 2 天以上，则应将提取液转移至一个配有聚四氟乙烯螺旋盖的样品瓶中，并对样品做适当的说明。

3.3.8 质量控制

质量控制包括以下几个方面：

（1）任何溶剂空白样品、重复样品或基质添加所用的分析方法，必须与实际样品所用的分析方法完全相同。

（2）参考3.1节中部分样品制备和提取步骤及其他章节的质量控制步骤。

3.4 固相萃取

3.4.1 适用范围

本章节介绍了用固相萃取法从水性样品中提取分离目标有机化合物的步骤，该方法也适用于半挥发性和其他可提取类化合物的提取。此外，根据待测物的性质，也可以用其他类型的固相萃取装置来提取目标物，如固相萃取（SPE）柱。本方法还给出了用固相萃取圆盘从地下水、废水和毒性浸出程序（TCLP）沥出液等水基体中提取分离有机氯农药和邻苯二甲酸酯类化合物的方法条件。同时，本方法还介绍了提取液的浓缩和溶剂更换步骤。

提取其他类目标化合物或固体物质也可以用本文介绍的方法，不过必须保证较高的添加回收率和合适的检测方法。由于水中形成的固体微粒会吸附许多非极性的有机物而导致提取效率降低，所以，该方法在操作时不能使用试剂水。

在EPA饮用水分析方法中，固相萃取法也被称为液-固提取法，简称LSE。

在操作该方法时，必须由熟悉操作步骤的专业分析人员操作或在其指导下执行，避免导致实验数据产生较大的误差。

3.4.2 方法摘要

方法摘要包括以下几个方面：

（1）量取一定体积的样品，调节其pH值，并用SPE装置提取样品。

（2）用二氯甲烷或其他适当的溶剂将目标化合物从SPE介质上洗脱（提取）。洗脱液经硫酸钠干燥后浓缩。

（3）如果需要，可更换洗脱液的溶剂，使其与下一步净化或检测的溶剂相一致。

3.4.3 干扰

（1）干扰因素参考3.1.3小节。

（2）如果在碱性条件下提取，会导致很多的分析物发生分解现象。例如，邻苯二甲酸的水解反应和有机氯农药的脱氯反应，这些反应的影响因素包括pH值和时间，反应速率随pH值和反应时间的增加而增加。

（3）如果样品长时间暴露在pH值小于2的强酸或pH值大于9的强碱环境中，会导致键和固定相（如C18）发生水解现象，并且水解速率随溶液酸碱性的增强或反应时间的延长而增大，进而导致提取效率的降低或造成基线的不规则。如果水解现象很严重，可以使用苯乙烯二乙烯基苯（SDB）提取盘，避免水解现象的发生。

（4）提取装置必须为玻璃制品。因为塑料制品在成形过程中，会用邻苯二甲酸酯类化合物做脱模剂，而邻苯二甲酸酯类化合物在实验时会脱离出来污染试剂，是实验室里常见的污染物。所以，本方法实验中用到的所有提取装置均为玻璃制品。同时，为了证明无水硫酸钠和其他溶剂中不存在邻苯二甲酸酯类物质，必须进行分析方法空白。

（5）样品中的微粒会造成 SPE 的堵塞，从而大幅度降低提取效率。减小淋洗体积和缩短提取时间可以提高提取效率，所以，当堵塞严重时，可以采用适当的过滤装置来缩短提取时间，从而提高提取效率而不降低方法性能。如果减小淋洗体积和缩短提取时间后提取效率仍然不足，即使使用过滤器，本方法也不适用于提取悬浮度较高（大于1%）的水样。

3.4.4　仪器和材料

本节介绍了盘式固相萃取装置所用的仪器和材料。这些仪器和材料也可以用于其他类型的 SPE 装置（如固相萃取柱），不过必须要求该装置对待测物有良好的性能。其他类型的 SPE 装置需进行改造后才可使用，具体操作步骤参考 3.4.7 小节内容。

（1）固相萃取系统。EmporeTM 多歧管系统，配有 3～90 mm 和 6～47 mm 标准 TM 过滤设备，或同等规格。如果能满足方法性能和质量控制要求，可以使用自动或遥控的固相介质样品处理系统。

1）多歧管装置。Fisher Scientific 14-378-1B（3 孔），14-378-1A（6 孔）或同等规格。

2）标准过滤器。Fisher Scientific 14-378-2A（47 mm），14-378-2B（90 mm）或同等规格；包括样品池、样品夹、玻璃烧结盘和带滴头的过滤头。

3）收集管（60 mL）。（Kimble609-58-A16 或同等规格）；收集管应适合标准过滤器过滤头的内径和长度，以保证过滤头能伸入管颈，防止液体溅出。

4）过滤器（2 L）。配有磨口玻璃接收器连接头（Kontes K-953828-0000 或同等规格，选配）；在全玻璃系统中，可用于单独提取盘与标准过滤设备及吸收瓶。

（2）固相萃取盘。EmporeTM 或同等规格的盘，47 mm 和 97 mm 两种盘均可用。也可用其他类型的 SPE 介质，但要求该种介质对目标化合物与 C18 有相似的性能。

（3）助滤器（可选配）：

1）助滤器 400：Fisher Scientific 14-378-3 或相同规格。

2）原位玻璃微纤维预滤器：Whatman GMF 150，1 μm 孔径，或同等规格。

（4）干燥柱。22 mm 内径的 Pyrex®玻璃色谱柱，配有聚四氟乙烯（PTFE）塞（Kontes K-420530-0242，或同等规格）。

注意：烧结玻璃板在柱子上常用来保留无水硫酸钠，因此当有强污染物或黏性提取物通过后，很难脱污。本方法中采用一小块 Pyrex®玻璃棉代替烧结板来保持干燥剂。

（5）K-D 浓缩器：

1）浓缩管（10 mL）。带刻度（Kontes K-570050-1025 或同等规格），配有磨口玻璃塞，防止暂时存储期间提取物的挥发。

2）蒸发烧瓶（500 mL）（Kontes K-570001-500 或同等规格），将其与浓度管用皮带或弹簧相连。

3）Snyter 柱：三球常量柱（Kontes K-503000-0121 或同等规格）。

4）Snyter 柱：二球常量柱（Kontes K-569001-0219 或同等规格；可选配）。

5）弹簧：0.0127 m（1/2 in）（Kontes K-662750 或同等规格）。

注意：本节 3.4.4 节（6）中所提到的玻璃器皿推荐在 K-D 浓缩过程中回收溶剂。这类仪器设备的厂家可能需要满足国家或地方政府规则的要求，从而更好地治理大气中可挥发有机物的排放。EPA推荐将这种类型回收体系的设立作为贯彻减少排放物的计划项目的一个方法。为了达到废弃物最小化和防止最初污染物源，溶剂回收是一种有效的方法。

（6）溶剂蒸气回收体系。Kontes K-545000-1006 或 K-547300-0000，Ace Glass 6614-30 或相当规格。

（7）沸石。经溶剂提取，大约为 10～40 目（碳化硅或同等物）。

（8）水浴。配有同心圆圈盖的加热装置，通常在通风橱中使用，温度可控制（±5℃）。

（9）N-Evap 氮吹仪。12 或 24 位（Organomation Model 112，或同等规格；可选配）。

（10）样品瓶。玻璃制，适当规格；2 mL 或 10 mL，用聚四氟乙烯螺口盖或压盖储藏。

（11）pH 试纸。广泛 pH 试纸（Fisher Scientific 14-850-13B，或同等规格）。

（12）真空系统。能够提供约 66cm（26 in）汞柱的真空度。

（13）量筒。适当的体积。

（14）一次性移液管。体积可调节（Fisher Scientific 13-378-20C，或同等规格）。

3.4.5 试剂

试剂包括以下几个方面：

（1）操作中使用的试剂均要求为分析纯。一般情况下，实验所用到的所有试剂必须满足美国化学学会（ACS）对分析试剂的规定。如果使用其他级别的试剂，试剂的纯度必须足够高，且使用后不会降低检测的准确性。为了防止塑料中杂质的渗透和析出，试剂必须贮存在玻璃器皿中。

（2）试剂水（不含有机物）。本操作方法中所有用到的水均指这种试剂水。

（3）硫酸钠（粒状，无水）。将硫酸钠放置在浅盘中，在 400℃连续加热 4 h 进行纯化，或者用二氯甲烷预纯化。

（4）提取前调解样品 pH 值。

1）硫酸溶液（体积比为 1∶1）：缓慢地将 50 mL 浓 H_2SO_4（相对密度为 1.84）加到 50 mL 的试剂水中。

2）氢氧化钠溶液（10 mol/L）：将 40 g 的氢氧化钠溶于试剂水中，并定容至 100 mL。

（5）提取、洗涤和更换溶剂。所有的溶剂必须是农药残留级或同等规格。

1）二氯甲烷：化学分子式为 CH_2Cl_2，沸点为 39℃。

2）正己烷：化学分子式为 C_6H_{14}，沸点为 68.7℃。

3）乙酸乙酯：化学分子式为 $CH_3COOC_2H_5$。

4）乙腈：化学分子式为 CH_3CN，沸点为 81.6℃。

5）甲醇：化学分子式为 CH_3OH。

6）丙酮：化学分子式为 CH_3COCH_3。

3.4.6 操作步骤

操作步骤如下：

（1）用量筒量取 1 L 的样品。样品颗粒的不同会造成一定的损失。过滤体积减小、过滤时间缩短等情况都会造成提取效率的降低，且本方法不适用于固体悬浮率大于 1%的水样。如果固体颗粒对过滤速率造成了很大的影响，必须考虑用其他的方法来代替本方法。

1）分别将 5.0 mL 的甲醇和替代标准品溶液（检测方法中给出的）加到所有的样品和空白中。

2）制备基质添加样品。方法：通过在有代表性的重复样品中添加合适的基质添加标准品来制备基质添加样品。

3）净化会导致提取液的损失，必须根据实际情况调整替代品和添加混合液的量。在凝胶渗透色谱净化时，会有一半体积在凝胶柱上样时损失，所以必须添加 2 倍的体积。

（2）用广泛 pH 试纸测定样品的 pH 值，如果需要，可根据表 3-7 进行调节。对于最终体积为 10 mL 的方法，为了达到更低的检测限，可将体积减小至 1.0 mL。

表 3-7　不同检测方法的特殊提取条件

检测方法	提取 pH 值	盘中填料	洗脱溶剂	更换溶剂	分析用提取体积①/mL
GC/ECD	5～7	C18	乙　腈	正己烷	10
GC/ECD	5～9	C18	二氯甲烷	正己烷	10
HPLC/PB/MS	7.0	C18	甲醇或乙腈	甲　醇	1.0

① 如果预计样品中待测物的浓度较高，可以减小提取体积。

注意：调节 pH 值时可能会引起沉淀或絮凝反应，而从水相中带走待测物，所以操作人员必须针对上述现象，小心地将沉淀物或絮状物转移到提取装置中，然后用试剂水清洗量筒，将清洗液一并转移到提取装置中。

（3）用 47 mm 或 90 mm EmporeTM 盘组装一个多歧管复式萃取装置。用一个配有标准过滤装置的过滤瓶做单次提取器。如果样品中含有大量的微粒，建议使用助滤装置和预滤器。推荐使用 EmporeTM Filter Aid 400 或 Whatman GMF 150 预滤器。

1）标准过滤装置组装好后，将 40 g 的 Filter Aid 400 倾倒在固相萃取盘的表面。

2）将玻璃样品池嵌入标准过滤装置前，将 Whatman GMF 150 先放在 EmporeTM 盘的顶端。

（4）用 20 mL 的二氯甲烷沿着玻璃样品池的边缘洗涤提取装置和固相萃取盘。在真空状态下，让少许溶剂通过萃取盘；然后关掉真空，让萃取盘在溶剂中浸泡约 1 min。再抽走萃取盘上剩余的溶剂，使其干燥。

1）在使用助滤装置时，调节清洗液体积，使整个助滤床均被溶剂浸没。

2）随后的平衡操作中，注意调节溶剂的液面，保证过滤床浸没在溶剂液面以下。

（5）继续用 10 mL 的丙酮沿着样品池边缘冲洗提取装置和萃取盘。真空状态下，让少量溶剂通过萃取盘；然后关掉真空，让萃取盘在溶剂中浸泡约 1 min。最后，抽走剩余溶剂使其干燥。使用助滤装置时，调节丙酮的液面，使整个过滤床浸没在丙酮中。

（6）在样品池中加 20 mL 的甲醇，预湿润（平衡）萃取盘。让少量溶剂通过萃取盘，浸没约 1 min。让大部分剩余的甲醇通过萃取盘，只在盘表面上保持 3～5 mm 的甲醇。从该步骤开始，到提取结束，萃取盘的表面不允许变干。此操作是为了保持均匀流速和良好提取率。

1）水无法通过萃取盘，因为萃取盘是由憎水材料制成的，如果用亲水溶剂预先润湿萃取盘的话，水就可以通过。在操作中，如果萃取盘偶然变干，则在上样前要重复润湿和水洗步骤。

2）在使用助滤装置时，调节溶剂的液面，从而使整个过滤床浸没在溶剂中，直到提取完毕。

（7）用 20 mL 的试剂水淋洗萃取盘，让大部分的试剂水通过。只在盘表面保持 3～5 mm 的试剂水。

（8）在完全真空下，将水样、空白样品或基质添加样品（步骤（1））加到样品池中，让溶液尽可能快速地通过萃取盘（至少 10 min）。尽可能将量取的水通过萃取盘。当样品通过固相介质后，继续抽真空 3 min 以干燥萃取盘。

注意：如果样品中含有微粒或沉淀物，将样品静止后，尽可能将上清液倒入样品池。当大部分水相通过萃取盘后，摇晃剩余样品，使微粒悬浮于样品中，并一同转移到样品池。多取一部分试剂水完成转移。在所有的水样通过萃取盘前，必须将微粒和沉淀物转移到样品池中。如果认为沉淀物和微粒不是样品的一部分，可在步骤（1）量取前将样品静置除去。

（9）将标准过滤装置（不要拆卸）从多歧管提取装置上移走，然后插入一个收集管。收集管要有足够的容积来容纳所有的洗涤溶剂。过滤设备的过滤头末端要充分伸入收集管瓶颈下，以防止抽真空时液体溅出而造成样品的损失。当使用过滤烧瓶做单个提取器时，插入收集管前需将烧瓶中的水倒空。

（10）向提取盘中加 5.0 mL 丙酮。当丙酮均匀地分布在提取圆盘（或惰性过滤器）表面后，迅速开、关真空，让最初的几滴丙酮通过萃取盘。在继续操作步骤（11）前，用丙酮浸泡萃取盘 15～20 s。

1）在与水易混合的溶剂（如丙酮）做初始洗脱液时，可以提高充满水的空隙中吸附的目标物的回收率。特别在二次洗脱液是二氯甲烷的情况下，初次洗脱液使用与水易混溶剂特别重要。

2）助滤器在使用时，调整洗脱液的体积，使整个过滤床淹没在洗脱溶剂中。

（11）在样品瓶中加入 15 mL 的二氯甲烷（或其他适当的洗脱溶剂，参见表 3-7）。用仍然存留在盘中的丙酮彻底洗涤样品瓶，然后用一次性吸管将溶液转移至萃取盘，同时，洗涤样品池的侧壁。当一半的溶液通过萃取盘时，关掉真空。让萃取盘中留下的洗脱液浸泡萃取盘和固体颗粒 1 min，然后在真空下让洗脱液彻底通过萃取盘。使用助滤器时，调整洗脱液的体积，以保证整个过滤床浸泡在溶剂中。

（12）另取 15 mL 的洗脱溶剂，重复步骤（11）。

（13）K-D 浓缩技术：

1）将一个 10 mL 的浓缩管与 500 mL 的圆底烧瓶连接，组装成一个 K-D 浓缩器。

2）将收集管中混合后的提取液（步骤（10）和步骤（11））通过装有 10 g 无水硫酸钠的干燥柱进行干燥。将干燥后的提取液收集到 K-D 浓缩器中。如果要检测酸性目标物，需要使用酸化的无水硫酸钠。

3）用额外的 20 mL 溶剂淋洗收集管和干燥柱，以达到定量的转移。

4）向烧瓶中加入 1～2 粒干净的沸石，然后连接一个三球 Snyder 柱。按照产品说明书，将溶剂蒸发回收玻璃器皿（冷凝和收集装置）连接在 K-D 浓缩器的 Snyder 柱上。用

1 mL 的二氯甲烷润湿 Snyder 柱。将 K-D 浓缩装置放在水浴上（水温高于溶剂沸点 15～20℃），使浓缩管部分浸入热水中，并使整个烧瓶的下部圆形表面可被热气加热。调节装置的垂直位置和水温，使浓缩在 10～20 min 内完成。在适当的蒸馏速度下，柱球体内有大量的液体流动，但球中不会注满液体。当液体的表观体积为 1 mL 时，将 K-D 装置从水浴中取出，让液体回流、冷却，至少保持 10 min。

① 若需要更换溶剂（如表 3-7 所列），应迅速取下 Snyder 柱，加 50 mL 的更换溶剂和新的沸石。

② 重新装上 Snyder 柱，进行浓缩。必要时提高水温以保持正常的蒸馏速度。

5）取下 Snyder 柱，用 1～2 mL 溶剂淋洗 K-D 烧瓶与 Snyder 柱连接处，溶剂流入浓缩管中，提取液可能需要用步骤（14）介绍的技术进一步浓缩，或者用适当的溶剂将最终体积调节至 5～10 mL。

（14）如果需要进一步浓缩，可采用微 Snyder 柱或氮气浓缩技术。

1）微 Snyder 柱技术：

① 另加 1～2 粒干净的沸石至浓缩管中，并装上二球微量的 Snyder 柱。按照产品说明书，将溶剂蒸发回收玻璃器皿（冷凝和收集装置）连接在 K-D 浓缩器的 Snyder 柱上。加 0.5 mL 二氯甲烷或更换溶剂至柱头润湿柱子。将微浓缩装置放在水浴上，使浓缩管部分浸入热水中。调节装置的垂直位置和水温，使浓缩在 5～10 min 完成。在适当的蒸馏速度下，柱球体内有大量的液体流动，但球中不会有液体流出。

② 当液体的表观体积为 0.5 mL 时，将装置从水浴中取出，让液体回流、冷却，至少 10 min。取下 Snyder 柱，用 0.2 mL 的二氯甲烷或更换溶剂冲洗柱与浓缩管的连接处，将最后的体积调节到 1.0～2.0 mL。

2）氮气浓缩技术：

① 将样品浓缩管放置在水浴（30℃）中，用干净、干燥（通过活性炭柱）、平稳的氮气流将样品体积浓缩到 0.5 mL。

注意：不容许在碳吸附阱和样品之间使用新的塑料管，以防止引入邻苯二甲酸酯类干扰物。

② 在浓缩过程中，用适当的溶剂冲洗浓缩管的内壁。浓缩过程中需及时调整浓缩管的位置，以避免冷凝水进入提取液。在正常的操作中，不容许管中的提取液被吹干。

注意：当溶剂的体积小于 1 mL 时，一些半挥发的待测物（如甲基苯酚）可能损失。

（15）至此，可根据情况对样品再净化或立即采用适当的方法进行分析和检测。否则，需将浓缩管封口后贮存在冰箱中。如果需要贮存 2 天以上，需将样品转移到具有聚四氟乙烯螺口盖的样品瓶中保存，并做标签说明。但是，样品的贮存时间不应超过相应的规定时间。

3.4.7　质量控制

质量控制应注意：

（1）要求任何溶剂空白样品或基质添加样品使用的分析方法，要与实际样品完全相同。

（2）样品提取与制备的质量控制参见相关内容以及 3.1 小节中样品的提取和制备步骤。

4　污泥有害特性的鉴别和表征

4.1　污泥样品的采集和制备

4.1.1　采样方案设计

在进行污泥有害特性的鉴别和表征的过程中，一个非常重要的环节就是采样。采样前，首先应进行采样方案（即采样计划）的设计。方案内容包括采样目的和要求、背景调查和现场踏勘、采样程序、质量控制、采样记录和报告等。

这里值得一提的是，往往采样分析的目的不同，采样的方式及后续的测试指标都会有所不同。污泥的采样目的一般有两种：一是要求采集代表性样品，并把代表性样品定义为具有整个废弃物平均性质的样品，要求采样必须具有准确度；二是在申请把污泥从危险废物清单中排除的场合，它规定必须在能够代表废弃物变化性的一段足够长的时期内采集足够多的样品，即要注重样品的变异性，因此，一般任何情况下都不得少于 4 个样品。以下内容将着重介绍参照《危险废物鉴别技术规范》（HJ/T 298－2007），以鉴别危险废物为目的的采样和鉴定过程。

4.1.2　取样点和取样量

4.1.2.1　采样对象的确定

对于正在产生的固体废物，应在确定的工艺环节采取样品。由于所采样品是为鉴别其危险废物特性，在布置采样点时应尽可能考虑周全。应考虑的取样点影响因素有：首先，要考虑采样时接近并采集样品的便利性，接近并采集样品的便利性差别很大，有些废弃物只要简单地打开阀门就可采集，有些废弃物则可能要排空整个储罐或使用笨重的仪器才能采集，因此，必须在设计取样计划时确定选定的采样位置是否可以接近以及采集样品的便利性如何；其次，采样点还应考虑取样中的危险性，采样人员不仅要对有毒的、具有腐蚀性和反应性的废料有所准备，还应避免电击危险或在密闭空间内发生窒息的可能性，总之，在采样计划中必须包括取样人员在取样点取样时的卫生及安全措施；此外，考虑采样点时还应考虑暂时事件、气候环境等的影响。

4.1.2.2　样品份样数的确定

表 4-1 所示为需要采集的污泥固体废物的最小份样数。

表 4-1　污泥采集最小份样数

固体废物量（以 q 表示）/t	最小份样数/个
$q \leqslant 5$	5
$5<q \leqslant 25$	8
$25<q \leqslant 50$	13
$50<q \leqslant 90$	20

续表 4-1

固体废物量（以 q 表示）/t	最小份样数/个
$90<q\leqslant150$	32
$150<q\leqslant500$	50
$500<q\leqslant1000$	80
$q>1000$	100

（1）固体废物为历史堆存状态时，应以堆存的固体废物总量为依据，按照表 4-1 确定需要采集的最小份样数。

（2）固体废物为连续产生时，应以确定的工艺环节一个月内的固体废物产生量为依据，按照表 4-1 确定需要采集的最小份样数。如果生产周期小于一个月，则以一个生产周期内的固体废物产生量为依据。

样品采集应分次在一个月（或一个生产周期）内等时间间隔完成；每次采样在设备稳定运行的 8 h（或一个生产班次）内等时间间隔完成。

（3）固体废物为间歇产生时，应以确定的工艺环节一个月内的固体废物产生量为依据，按照表 4-1 确定需要采集的最小份样数。如果固体废物产生的时间间隔大于一个月，以每次产生的固体废物总量为依据，按照表 4-1 确定需要采集的份样数。

每次采集的份样数应满足式（4-1）要求：

$$n=\frac{N}{p} \tag{4-1}$$

式中　n——每次采集的份样数；

N——需要采集的份样数；

p——一个月内固体废物的产生次数。

4.1.2.3　样品份样量的确定

半固态污泥样品采集的份样量应满足分析操作的需要。固态污泥样品采集的份样量应同时满足下列要求：

（1）满足分析操作的需要；

（2）依据固态废物的原始颗粒最大粒径，不小于表 4-2 中规定的质量。

表 4-2　不同颗粒直径的固态废物的一个份样所需采取的最小份样量

原始颗粒最大粒径（以 d 表示）/cm	最小份样量/g
$d\leqslant0.50$	500
$0.50<d\leqslant1.0$	1000
$d>1.0$	2000

4.1.2.4　采样方法

固态、半固态污泥样品应按照下列方法采集。

A　连续产生

在设备稳定运行时的 8 h（或一个生产班次）内等时间间隔用勺式采样器采取样品，每采取一次作为一个份样。

B 带卸料口的贮罐（槽）装

应尽可能在卸除废物过程中采取样品；根据固体废物性状分别使用长铲式采样器、套筒式采样器或者探针进行采样。

当只能在卸料口采样时，应预先清洁卸料口，并适当排出废物后再采取样品。采样时，用布袋（桶）接住料口，按所需份样量等时间间隔放出废物。每接取一次废物，作为一个份样。

C 板框压滤机

将压滤机各板框顺序编号，用随机数表法抽取 N 个板框作为采样单元采取样品。采样时，在压滤脱水后取下板框，刮下废物，每个板框采取的样品混合后作为一个份样。

D 散状堆积

对于堆积高度小于或者等于 0.5 m 的散状堆积固态、半固态废物，将废物堆平铺成厚度为 10～15 cm 的矩形，划分为 $5N$（N 为份样数，下同）个面积相等的网格，顺序编号；用《工业固体废物采样制样技术规范》（HJ/T 20—1998）中的随机数表法抽取 N 个网格作为采样单元，在网格中心位置处用采样铲或锹垂直采取全层厚度的废物。每个网格采取的废物作为一个份样。

对于堆积高度小于或者等于 0.5 m 的数个散状堆积固体废物，选择堆积时间最近的废物堆，按照散状堆积固体废物的采样方法进行采取。

对于堆积高度大于 0.5 m 的散状堆积固态、半固态废物，应分层采取样品；采样层数应不小于 2 层，按照固态、半固态废物堆积高度等间隔布置；每层采取的份样数应相等。分层采样可以用采样钻或者机械钻探的方式进行。

E 贮存池

将贮存池（包括建筑于地上、地下、半地下的贮存池）划分为 $5N$ 个面积相等的网格，顺序编号；用随机数表法抽取 N 个网格作为采样单元采取样品。采样时，在网格的中心处用土壤采样器或长铲式采样器垂直插入废物底部，旋转 90° 后抽出，作为一个份样。

池内废物厚度大于或等于 2 m 时，应分为上部（深度为 0.3 m 处）、中部（1/2 深度处）、下部（5/6 深度处）三层分别采取样品，每层等份样数采取。

F 袋、桶或其他容器

将各容器顺序编号，用随机数表法抽取 $\frac{N+1}{3}$（结果作四舍五入取整数处理）个袋作为采样单元采取样品。根据固体废物性状分别使用长铲式采样器、套筒式采样器或者探针进行采样。打开容器口，将各容器分为上部（1/6 深度处）、中部（1/2 深度处）、下部（5/6 深度处）三层分别采取样品，每层等份样数采取。

只有一个容器时，将容器按上述方法分为三层，每层采取 2 个样品。

4.1.3 样品的制备

4.1.3.1 制样工具

制样工具包括粉碎机（破碎机）、药碾、钢锤、标准套筛、十字分样板、机械缩分器等。

4.1.3.2　制样要求

在样品制备过程中，应防止样品产生任何化学变化或受到任何化学污染。如果制样过程可能会对样品的性质产生显著的影响，或引起样品化学性质和化学组成的变化，应重新考虑制样的方法和程序，使样品尽量保持原来的状态。对于固体或半固体样品，含水率高的应在室温条件下自然干燥，让样品能够易于破碎、筛分和缩分，但若含有挥发性有毒有害物质，要注意这些物质在干燥过程中可能会有损失而影响了后续的分析结果。固体样品制备完后应过筛装瓶待用。

4.1.3.3　制样程序

对于污泥样品，制样过程包括以下五个步骤。

A　样品的干燥

对于黏稠的不能缩分的污泥，要进行预干燥，至可制备状态时，进行粉碎、过筛、混合、缩分。

B　样品的粉碎

样品经破碎和研磨以减少样品的粒度。用机械方法或人工方法破碎或研磨，使样品分阶段到达相应排料的最大粒度。

C　样品的筛分

样品经筛分后需保证 95%以上处于某一粒度范围。根据粉碎阶段排料的最大粒度，选择相应的筛号，分阶段筛出一定粒度范围的样品。

D　样品的混合

样品混合是为了使样品达到均匀。用机械设备或人工转堆法，使过筛的一定粒度范围的样品充分混合，以达到均匀分布。

E　样品的缩分

将样品缩分成两份或多份，以减小样品的质量。可采用以下一种或几种方法并用进行缩分。

（1）份样缩分法。将样品置于平整、洁净的台面（地板革）上，充分混合后，根据厚度（见表 4-3）铺成长方形平堆，划成等分的网络，缩分大样不少于 20 格，缩分小样不少于 12 格，缩分分样不少于 4 格（见图 4-1）。将挡板垂直插至平堆底部，然后将分样铲于距挡板约等于 *c* 处垂直插入平堆底部，水平移动分样铲至分样铲开口端部接触挡板，使混样板上的这部分矿石颗粒全部被收集。将分样铲和挡板同时提起，防止矿石从样铲开口处流掉（如图 4-2、图 4-3 所示）。从各格随机取等量一满铲，合并为缩分样品。

表 4-3　样品最大粒度、样品层厚度和分样铲尺寸

样品最大粒度/mm	样品层厚度/mm	分样铲尺寸/mm				分样铲材料厚度/mm	分样铲容积/mL
		a	*b*	*c*	*d*		
22.4	35～45	80	45	80	70	2	约 300
10	25～35	60	35	60	50	1	约 125
5	20～30	50	30	50	40	1	约 75
3	15～25	40	25	40	30	0.5	约 40
1	10～15	30	15	30	25	0.5	约 15

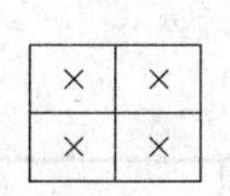

图 4-1 份样缩分法网格划分示意图

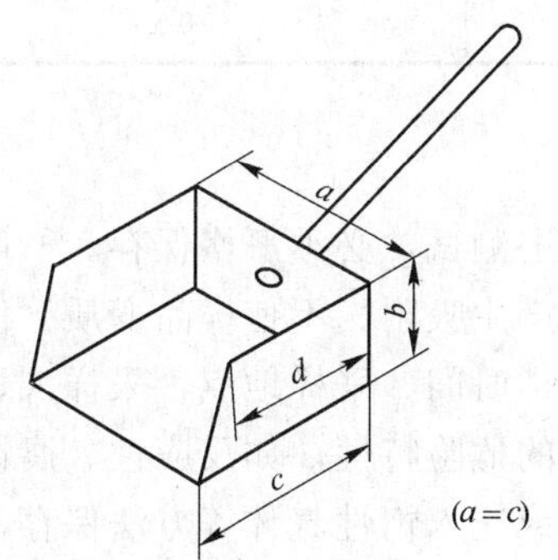

图 4-2 分样铲示意图

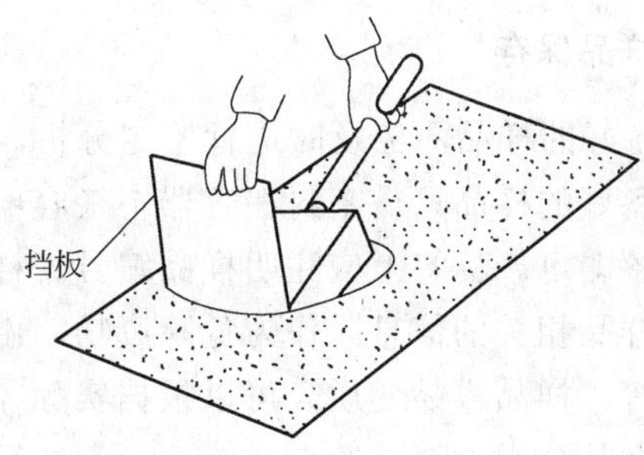

图 4-3 分样铲取样方法示意图

（2）圆锥四分法。首先将样品在清洁、平整、不吸水的板面上堆成圆锥形，每铲物料从圆锥顶端落下，均匀地从锥尖散落（不要让圆锥的中心发生偏移），反复地转动锥体（至少要转三周）让物料充分混合。然后把物料从圆锥顶端往下轻轻地压平摊开物料，再用十字板从上往下压，把物料分成四个等份，取处于对角线的两个等份，这样就算完成了首次缩分。由于首次缩分得到的物料可能远远超过测试过程所需的物料量，所以要根据测试要求需要的样品量和上述的缩分程序进一步缩分，直至得到需要的样品量。

（3）二分器缩分法。二分器（见图 4-4）是非机械式样品缩分器，样品通过被分成二等份，相邻的格槽排料至相对的接收器，样品缩分时通常用手工给料。格槽宽度至为样品最大粒度的 2.5 倍，二分器的一半格槽一般为 8 个以上。

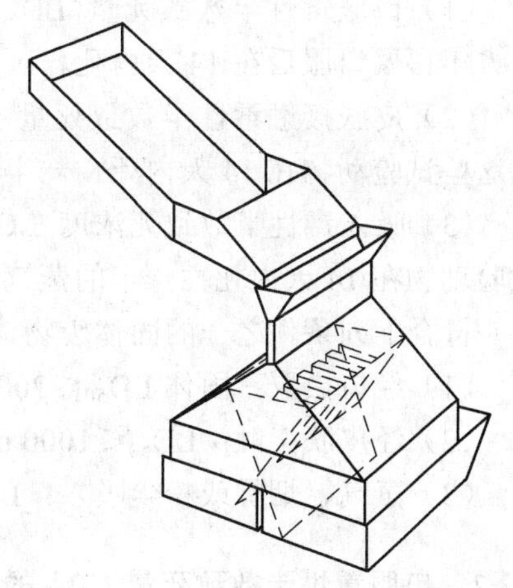

图 4-4 密封式二分器示意图

样品通过二分器三次混合后，放入给料容器内。将给料容器内的样品铺平，缩分时，使样品沿二分器全部格槽均匀撒落，要控制给料速度，保证格槽不堵塞，如发现二分器被样品堵塞，必须清理后再继续操作。通过二分器的样品收集于两个接收容器中。随机选择一个接收器内的样况为保留样品，如需进一步缩分，保留样品可再次或多次通过二分器，此时要从二分器两侧的接收器交替收集保留样品。接收器应与主体密合，以减少粉尘和水分的损失。

缩分大样或副样制备成分分析样品时，对应于最大粒度的最小留样数不能少于表 4-4 的规定，否则该阶段不能缩分。缩分份样组成副样或大样时，当份样量变异系数

CV>20%，不能采用三分器缩分法。

表 4-4 最小缩分留量

最大粒度/mm	缩分大样的最小留量/kg	缩分副样的最小留量/kg
22.4	60	30
10	15	7.5
1	1	0.5

4.1.4 样品保存

制备好的样品，应及时进行鉴定分析，如果不能马上测试，必须严格保存。一般情况下，制备好的样品只需密封在容器中（容器应对样品不产生吸附、不使样品变质）保存，贴上标签即可。标签上应注明样品编号、样品名称、采样时间、采样地点、采样人、制备人等和样品相关的信息。作为危险废物，由于具有特殊的危险特性，如反应性、腐蚀性、可燃性等，样品容易变质，可以根据实际需要采用冷冻或充入惰性气体等方法保存，并尽快进行样品分析。

4.2 污泥急性毒性的鉴别和表征

4.2.1 污泥急性毒性的鉴别和表征的主要指标

根据《危险废物鉴别标准 急性毒性初筛》（GB 5085.2—2007），污泥的急性毒性的鉴别和表征主要考查按以下三个指标：

（1）口服毒性半数致死量 LD_{50}。是经过统计学方法得出的一种物质的单一计量，可使青年白鼠口服后在 14 天内死亡一半的物质剂量。

（2）皮肤接触毒性半数致死量 LD_{50}。是使白兔的裸露皮肤持续接触 24 h，最可能引起这些试验动物在 14 天内死亡一半的物质剂量。

（3）吸入毒性半数致死浓度 LC_{50}。是使雌雄青年白鼠连续吸入 1 h，最可能引起这些试验动物在 14 天内死亡一半的蒸气、烟雾或粉尘的浓度。

符合下列条件之一的固体废物，属于危险废物：

（1）经口摄取：固体 LD_{50}≤200 mg/kg，液体 LD_{50}≤500 mg/kg；

（2）经皮肤接触：LD_{50}≤1000 mg/kg；

（3）蒸气、烟雾或粉尘吸入：LC_{50}≤10 mg/L。

4.2.2 口服毒性半数致死量 LD_{50} 的测定

4.2.2.1 受试样品的处理

受试样品应溶解或悬浮于适宜的赋形剂中（不溶性固体或颗粒状物质应研磨，过 100 目筛），建议首选水或食用植物油（如玉米油）作为溶剂，也可考虑使用其他赋形剂（如羧甲基纤维素、明胶、淀粉等）配成混悬液；不能配制成混悬液时，可配制成其他形式（如糊状物等），但不能采用具有明显毒性的有机化学溶剂。如采用有毒性的溶剂，应单设溶剂对照组观察。

4.2.2.2 实验动物

首选健康成年小鼠（18～22 g）和大鼠（180～220 g），也可选用其他敏感动物。同性别实验动物个体间体重相差不得超过平均体重的 20%。试验前，动物要在试验环境中至少适应 3～5 天时间。

4.2.2.3 剂量设计

根据所选方法的要求，原则上应设 4～5 个剂量组，每组动物一般为 10 只，雌雄各半。各剂量组间距大小以兼顾产生毒性大小和死亡为宜，通常以较大组距和较少量动物进行预试。如果受试样品毒性很低，也可采用最大限量法，即用 20 只动物（雌雄各半），采用 5000 mg/kg 剂量，如未引起动物死亡，可不再进行多个剂量的急性经口毒性试验。

4.2.2.4 试验步骤

试验步骤如下：

（1）试验前，实验动物应禁食（一般 16 h 左右），不限制饮水。若采用代谢率高的其他动物，禁食时间可以适当缩短。

（2）正式试验时，称量动物体重，随机分组，然后对各组动物用经口灌胃法一次染毒。各剂量组的灌胃体积应相同，小鼠常用容量为 20 mL/kg，大鼠常用容量为 10 mL/kg。若一次给予容量太大，也可在 24 h 内分 2～3 次染毒（每次间隔 4～6 h），但合并作为一次剂量计算。染毒后继续禁食 3～4 h。若采用分批多次染毒，根据染毒间隔长短，必要时可给动物一定量的食物和水。

（3）观察期限及指标。观察并记录染毒过程和观察期内动物的中毒和死亡情况。观察期限一般为 14 天，观察指标、LD_{50} 的计算可采用霍恩氏法，查表 4-5 计算。

表 4-5 霍恩氏（Horn）法 LC_{50}（LD_{50}）值计算（剂量递增法测定 LD_{50} 计算用表）

组1 组2 组3 组4 或 组1 组3 组2 组4				剂量1＝0.464，剂量2＝1.00，剂量3＝2.15，剂量4＝4.64 ×10^t		剂量1＝1.00，剂量2＝2.15，剂量3＝4.64，剂量4＝10.0 ×10^t		剂量1＝2.15，剂量2＝4.64，剂量3＝10.0，剂量4＝21.5 ×10^t	
计算项目				LD_{50}	95%可信限	LD_{50}	95%可信限	LD_{50}	95%可信限
0	0	3	5	2.00	1.37～2.91	4.30	2.95～6.26	9.26	6.36～13.5
0	0	4	5	1.71	1.26～2.33	3.69	2.71～5.01	7.94	5.84～10.8
0	0	5	5	1.47	—	3.16	—	6.81	—
0	1	2	5	2.00	1.23～3.24	4.30	2.65～6.98	9.26	5.70～15.0
0	1	3	5	1.71	1.05～2.78	3.69	2.27～5.99	7.94	4.89～12.9
0	1	4	5	1.47	0.951～2.27	3.16	2.05～4.88	6.81	4.41～10.5
0	1	5	5	1.26	0.926～1.71	2.71	2.00～3.69	5.84	4.30～7.94
0	2	2	5	1.71	1.01～2.91	3.69	2.17～6.28	7.94	4.67～13.5
0	2	3	5	1.47	0.862～2.50	3.16	1.86～5.38	6.81	4.00～13.5
0	2	4	5	1.26	0.775～2.05	2.71	1.69～4.41	5.84	3.60～9.50
0	2	5	5	1.08	0.741～1.57	2.33	1.60～3.99	5.01	3.44～7.30
0	3	3	5	1.26	0.740～2.14	2.71	1.59～4.62	5.84	3.43～9.95
0	3	4	5	1.03	0.665～1.75	2.33	1.43～3.78	5.01	3.08～8.14

续表 4-5

组1　组2　组3　组4 或 组1　组3　组2　组4				剂量1=0.464 剂量2=1.00 剂量3=2.15 剂量4=4.64 $\times 10^{t}$		剂量1=1.00 剂量2=2.15 剂量3=4.64 剂量4=10.0 $\times 10^{t}$		剂量1=2.15 剂量2=4.64 剂量3=10.0 剂量4=21.5 $\times 10^{t}$	
计算项目				LD_{50}	95%可信限	LD_{50}	95%可信限	LD_{50}	95%可信限
1	0	3	5	1.96	1.22～3.14	4.22	2.63～6.76	9.09	5.66～14.6
1	0	4	5	1.62	1.07～2.43	3.48	2.31～5.24	7.50	4.98～11.3
1	0	5	5	1.33	1.05～1.70	2.87	2.26～3.65	6.19	4.87～7.87
1	1	2	5	1.96	1.06～3.60	4.22	2.29～7.75	9.09	4.94～16.7
1	1	3	5	1.62	0.866～3.01	3.48	1.87～6.49	7.50	4.02～16.7
1	1	4	5	1.33	0.737～2.41	2.87	1.59～5.20	6.19	3.42～11.2
1	1	5	5	1.10	0.661～1.83	2.37	1.42～3.95	5.11	3.07～8.51
1	2	2	5	1.62	0.818～3.19	3.48	1.76～6.37	7.50	3.80～14.8
1	2	3	5	1.33	0.658～2.70	2.87	1.42～5.82	6.19	3.05～12.5
1	2	4	5	1.10	0.550～2.20	2.37	1.19～4.74	5.11	2.55～10.2
1	3	3	5	1.10	0.523～2.32	2.37	1.13～4.99	5.11	2.43～10.8
2	0	3	5	1.90	1.00～3.58	4.08	2.16～7.71	8.80	4.66～16.6
2	0	4	5	1.47	0.806～2.67	3.16	1.74～5.76	6.81	3.74～12.4
2	0	5	5	1.14	0.674～1.92	2.45	1.45～4.13	5.28	3.13～8.89
2	1	2	5	1.90	0.839～4.29	4.08	1.81～9.23	8.80	3.89～19.9
2	1	3	5	1.47	0.616～3.50	3.16	1.33～7.53	6.81	2.86～16.2
2	1	4	5	1.14	0.466～2.77	2.45	1.00～5.98	5.28	2.16～12.9
2	2	2	5	1.47	0.573～3.76	3.16	1.24～8.10	6.81	2.66～17.4
2	2	3	5	1.14	0.406～3.18	2.45	0.875～6.85	6.28	1.89～14.8
0	0	4	4	1.96	1.18～3.26	4.22	2.53～7.02	9.09	5.46～15.1
0	0	5	4	1.62	1.27～2.05	3.48	2.74～4.42	7.50	5.90～9.53
0	1	3	4	1.96	0.978～3.92	4.22	2.11～8.44	9.09	4.54～18.2
0	1	4	4	1.62	0.893～2.92	3.48	1.92～6.30	7.50	4.14～13.6
0	0	3	5	2.00	1.37～2.91	4.30	2.95～6.26	9.26	6.36～13.5
0	0	4	5	1.71	1.26～2.33	3.69	2.71～5.01	7.94	5.84～10.8
0	0	5	5	1.47	—	3.16	—	6.81	—
0	1	2	5	2.00	1.23～3.24	4.30	2.65～6.98	9.26	5.70～15.0
0	1	3	5	1.71	1.05～2.78	3.69	2.27～5.99	7.94	4.89～12.9
0	1	4	5	1.47	0.951～2.27	3.16	2.05～4.88	6.81	4.41～10.5
0	1	5	5	1.26	0.926～1.71	2.71	2.00～3.69	5.84	4.30～7.94
0	2	2	5	1.71	1.01～2.91	3.69	2.17～6.28	7.94	4.67～13.5
0	2	3	5	1.47	0.862～2.50	3.16	1.86～5.38	6.81	4.00～13.5
0	2	4	5	1.26	0.775～2.05	2.71	1.69～4.41	5.84	3.60～9.50
0	2	5	5	1.08	0.741～1.57	2.33	1.60～3.99	5.01	3.44～7.30
0	3	3	5	1.26	0.740～2.14	2.71	1.59～4.62	5.84	3.43～9.95

续表 4-5

组1 组2 组3 组4 或 组1 组3 组2 组4				$\left.\begin{matrix}剂量1=0.464\\剂量2=1.00\\剂量3=2.15\\剂量4=4.64\end{matrix}\right\}\times10^t$		$\left.\begin{matrix}剂量1=1.00\\剂量2=2.15\\剂量3=4.64\\剂量4=10.0\end{matrix}\right\}\times10^t$		$\left.\begin{matrix}剂量1=2.15\\剂量2=4.64\\剂量3=10.0\\剂量4=21.5\end{matrix}\right\}\times10^t$	
计算项目				LD_{50}	95%可信限	LD_{50}	95%可信限	LD_{50}	95%可信限
0	3	4	5	1.03	0.665～1.75	2.33	1.43～3.78	5.01	3.08～8.14
1	0	3	5	1.96	1.22～3.14	4.22	2.63～6.76	9.09	5.66～14.6
1	0	4	5	1.62	1.07～2.43	3.48	2.31～5.24	7.50	4.98～11.3
1	0	5	5	1.33	1.05～1.70	2.87	2.26～3.65	6.19	4.87～7.87
1	1	2	5	1.96	1.06～3.60	4.22	2.29～7.75	9.09	4.94～16.7
1	1	3	5	1.62	0.866～3.01	3.48	1.87～6.49	7.50	4.02～16.7
1	1	4	5	1.33	0.737～2.41	2.87	1.59～5.20	6.19	3.42～11.2
1	1	5	5	1.10	0.661～1.83	2.37	1.42～3.95	5.11	3.07～8.51
1	2	2	5	1.62	0.818～3.19	3.48	1.76～6.37	7.50	3.80～14.8
1	2	3	5	1.33	0.658～2.70	2.87	1.42～5.82	6.19	3.05～12.5
1	2	4	5	1.10	0.550～2.20	2.37	1.19～4.74	5.11	2.55～10.2
1	3	3	5	1.10	0.523～2.32	2.37	1.13～4.99	5.11	2.43～10.8
2	0	3	5	1.90	1.00～3.58	4.08	2.16～7.71	8.80	4.66～16.6
2	0	4	5	1.47	0.806～2.67	3.16	1.74～5.76	6.81	3.74～12.4
2	0	5	5	1.14	0.674～1.92	2.45	1.45～4.13	5.28	3.13～8.89
2	1	2	5	1.90	0.839～4.29	4.08	1.81～9.23	8.80	3.89～19.9
2	1	3	5	1.47	0.616～3.50	3.16	1.33～7.53	6.81	2.86～16.2
2	1	4	5	1.14	0.466～2.77	2.45	1.00～5.98	5.28	2.16～12.9
2	2	2	5	1.47	0.573～3.76	3.16	1.24～8.10	6.81	2.66～17.4
2	2	3	5	1.14	0.406～3.18	2.45	0.875～6.85	6.28	1.89～14.8
0	0	4	4	1.96	1.18～3.26	4.22	2.53～7.02	9.09	5.46～15.1
0	0	5	4	1.62	1.27～2.05	3.48	2.74～4.42	7.50	5.90～9.53
0	1	3	4	1.96	0.978～3.92	4.22	2.11～8.44	9.09	4.54～18.2
0	1	4	4	1.62	0.893～2.92	3.48	1.92～6.30	7.50	4.14～13.6

表 4-5 用于每组 5 只动物，其剂量递增公比为 $10^{1/3}$，意即 $10\times10^{1/3}=21.5$，$21.5\times10^{1/3}=100$……以此类推。此剂量系列排列如下：

$$\left.\begin{matrix}100\\21.5\\4.64\end{matrix}\right\}\times10^t,\ t=0,\ \pm1,\ \pm2,\ \pm3$$

4.2.3 皮肤接触毒性半数致死量 LD_{50} 的测定

4.2.3.1 受试样品配制

固体受试样品应研磨，过 100 目筛。用适量无毒无刺激性赋形剂混匀，以保证受试样品与皮肤良好的接触。常用的赋形剂有水、植物油、凡士林、羊毛脂等。液体受试样品一般不必稀释，可直接用原液试验。

4.2.3.2　实验动物

首选大鼠，也可选用豚鼠或家兔。实验动物体重要求范围分别为：大鼠 200～300 g，豚鼠 350～450 g，家兔 2000～3000 g。

试验期间，为避免实验动物相互抓挠，应采用单笼喂养。

试验前 24 h，在动物背部正中线两侧剪毛或剃毛，仔细检查皮肤，要求完整无损，以免改变皮肤的通透性。去毛面积不应少于实验动物体表面积的 10%。

4.2.3.3　剂量和分组

实验动物随机分为 4～5 个剂量组。若使用水、植物油、凡士林、羊毛脂外的赋形剂，则需设赋形剂对照组。豚鼠或大鼠每一剂量组（单性别）不少于 5 只；家兔每一剂量组（单性别）不少于 4 只。

各剂量组间要有适当的组距，可按等比或等差级设置剂量，以使各剂量组实验动物产生的毒性反应和死亡率呈现剂量-反应（效应）关系。

一般情况下，如果剂量达到 2000 mg/kg 仍不出现实验动物死亡时，则不需要再进行高剂量试验。

4.2.3.4　试验步骤

选择适当方法固定好实验动物，将受试样品均匀涂布于实验动物的去毛区，并用油纸和两层纱布覆盖，再用无刺激性胶布或绷带加以固定，以保证受试样品和皮肤的密切接触，防止脱落和动物舔食受试样品。涂布 4 h 后取下固定物和覆盖物，用温水或适当的溶剂洗去皮肤上残留的受试样品。

4.2.3.5　观察期限及指标

观察并记录染毒过程和观察期内动物的中毒和死亡情况。观察期限一般为 14 天，全面观察中毒的发生、发展过程和规律以及中毒特点和毒作用的靶器官，LD_{50} 的计算可采用霍恩氏法，查表 4-5 计算。

对死亡动物进行尸检。观察期结束后，处死存活动物并进行大体解剖，如有必要，进行病理组织学检查。

4.2.4　吸入毒性半数致死量 LC_{50} 的测定

4.2.4.1　实验动物

首选健康成年小鼠（18～22 g）和大鼠（180～220 g），也可选用其他敏感动物。同性别各剂量组个体间体重相差不得超过平均体重的 20%。试验前动物要在试验环境中至少适应 3～5 天时间。

4.2.4.2　剂量设计

根据所选方法的要求，原则上应设 4～5 个剂量组，每组动物一般为 10 只，雌雄各半。各剂量组间距大小以兼顾产生毒性大小和死亡为宜，通常以较大组距和较少量动物进行预试。如果受试样品毒性很低，也可采用一次限量法，即用 20 只动物（雌雄各半），10000 mg/m^3 吸入 2 h 或 5000 mg/m^3 吸入 4 h，如未引起动物死亡，则不再进行多个剂量的急性吸入毒性试验。

4.2.4.3 染毒

染毒可采用静式染毒法或动式染毒法。

A 静式染毒法

静式染毒是将实验动物放在一定体积的密闭容器（染毒柜）内，加入一定量的受试样品，并使其挥发，造成试验需要的受试样品浓度的空气，一次吸入性染毒 2 h。

染毒柜的容积以每只染毒小鼠每小时不少于 3 L 空气计，每只大鼠每小时不少于 30 L 计。

染毒浓度的计算：染毒浓度一般应采用实际测定浓度。在染毒期间一般可测 4～5 次，求其平均浓度。在无适当测试方法时。可用式（4-2）计算染毒浓度：

$$C = \frac{ad}{V} \times 10^6 \tag{4-2}$$

式中 C——染毒浓度，mg/m^3；

a——加入受试样品的量，mL；

d——化学品密度，g/m^3；

V——染毒柜容积，L。

B 动式染毒法

动式染毒是采用机械通风装置，连续不断地将含有一定浓度受试样品的空气均匀不断地送入染毒柜，空气交换量大约为 12～15 次/h，并排出等量的染毒气体，维持相对稳定的染毒浓度（对通过染毒柜的流动气体应不间断地进行监测，并至少记录 2 次），一次吸入性染毒 2 h。当受试化合物需要特殊要求时，应用其他的气流速率。染毒时，染毒柜内应确保至少有 19%的氧含量和均衡分配的染毒气体。一般情况下，为确保染毒柜内空气稳定，实验动物的体积不应超过染毒柜体积的 5%，且染毒柜内应维持微弱的负压，以防受试样品泄露污染周围环境。同时，应注意防止受试样品爆炸。

受试样品气化（雾化）和输入的常用方法为：气体受试样品，经流量计与空气混合成一定浓度后，直接输入染毒柜；易挥发液体受试样品，通过空气鼓泡或适当加热，促使挥发后输入染毒柜；若受试样品现场使用时采取喷雾法时，可采用喷雾器或超声雾化器使其雾化后输入染毒柜。

染毒浓度一般应采用动物呼吸带实际测定浓度，每半小时一次，取其平均值。各测定浓度值应在其平均值的 25%以内。若无适当的测试方法，也可采用式（4-3）计算染毒浓度：

$$C = \frac{ad}{V_1 + V_2} \times 10^6 \tag{4-3}$$

式中 C——染毒浓度，mg/m^3；

a——气化或雾化受试样品的量，mL；

d——受试样品密度，g/m^3；

V_1——输入染毒柜风量，L；

V_2——染毒柜容积，L。

4.2.4.4 观察期限及指标

观察并记录染毒过程和观察期内动物中毒和死亡情况。观察期限一般为 14 天，LC_{50}

的计算一般可采用霍恩氏（Horn）法，查表 4-5 计算。

4.2.4.5　试验结果评价

评价试验结果时，应将 LC_{50} 与观察到的毒性效应和尸检所见相结合考虑，LD_{50} 值是受试样品急性毒性分级和标签标识以及判定受试样品经呼吸道吸入后引起动物死亡可能性大小的依据。引用 LD_{50} 值时，一定要注明所用实验动物的种属、性别、染毒方式及时间长短、观察期限等。评价应包括动物接触受试样品与动物异常表现（包括行为和临床改变、大体损伤、体重变化、致死效应及其他毒性作用）的发生率和严重程度之间的关系。

4.3　污泥易燃性的鉴别和表征

根据《危险废物鉴别标准 易燃性鉴别》（GB 5085.4—2007），符合下列任何条件之一的固体废物，属于易燃性危险废物。

（1）液态易燃性危险废物。闪点温度低于 60℃（闭杯试验）的液体、液体混合物或含有固体物质的液体。

（2）固态易燃性危险废物。在标准温度和压力（25℃，101.3 kPa）下因摩擦或自发性燃烧而起火，经点燃后能剧烈而持续地燃烧并产生危害的固态废物。

（3）气态易燃性危险废物。在 20℃，101.3 kPa 状态下，在与空气的混合物中体积分数不大于 13%时可点燃的气体，或者在该状态下，不论易燃下限如何，与空气混合，易燃范围的易燃上限与易燃下限之差大于或等于 12 个百分点的气体。

4.3.1　闪电温度的测定

试样在连续搅拌下用很慢的恒定的速率加热。在规定的温度间隔，同时中断搅拌的情况下，将小火焰引入杯内。试验火焰引起试样上的蒸气闪火时的最低温度作为闪点。一般根据《石油产品闪点测定法（闭口杯法）》（GB/T 261—1983）中的方法采用闭口闪点测定器（见图 4-5）进行测定。

4.3.1.1　准备工作

准备工作包括以下几个方面：

（1）试样的水分超过 0.05%时，必须脱水。脱水处理是在试样中加入新煅烧并冷却的食盐、硫酸钠或无水氯化钙进行，试样闪点估计低于 100℃时不必加温，闪点估计高于 100℃时，可以加热到 50～80℃。

脱水后，取试样的上层澄清部分供试验使用。

（2）油杯要用无铅汽油洗涤，再用空气吹干。

（3）试样注入油杯时，试样和油杯的温度都不应高于试样脱水的温度。杯中试样要装满到环状标记处，然后盖上清洁、干燥的杯盖，插入温度计，并将油杯放在空气浴中。试验闪点低于 50℃的试样时，应预先将空气浴冷却到室温（20℃ ± 5℃）。

（4）将点火器的灯芯或煤气引火点燃，并将火焰调整到接近球形，其直径为 3～4 mm。

使用灯芯的点火器之前，应向器中加入轻质润滑油（如缝纫机油、变压器油等）作为燃料。

（5）闪点测定器要放在避风和较暗的地点，才便于观察闪火。为了更有效地避免气流和光线的影响，闪点测定器应围着防护屏。

（6）用检定过的气压计，测出试验时的实际大气压力 p。

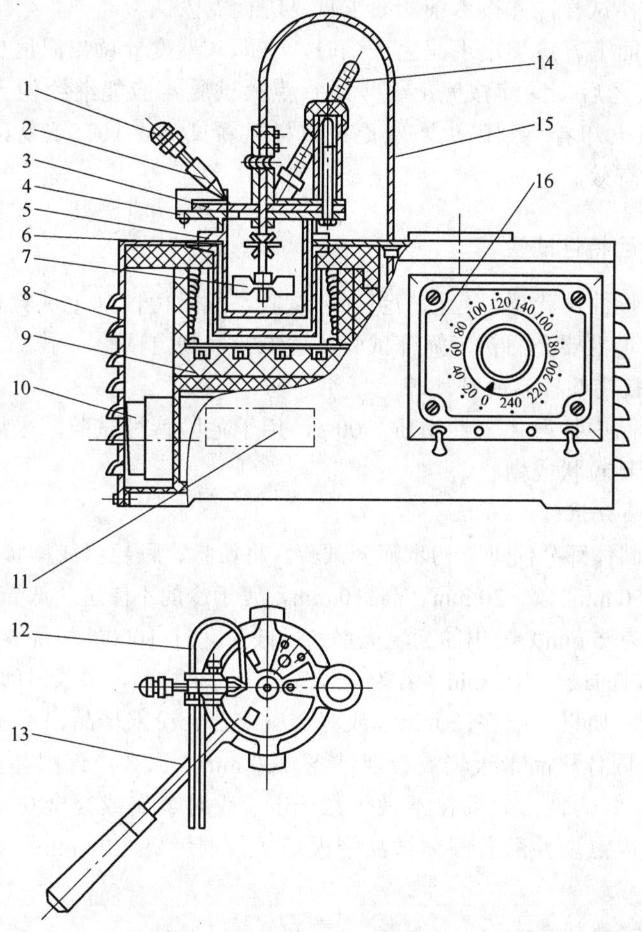

图 4-5　闭口闪点测定器示意图

1—点火器调节螺丝；2—点火器；3—滑板；4—油杯盖；5—油杯；6—浴套；7—搅拌桨；8—壳体；9—电炉盘；10—电动机；11—铭牌；12—点火管；13—油杯手柄；14—温度计；15—传动软轴；16—开关箱

4.3.1.2　试验步骤

试验步骤如下：

（1）用煤气灯或带变压器的电热装置加热时，应注意下列事项：

1）试验闪点低于 50℃的试样时，从试验开始到结束要不断地进行搅拌，并使试样温度每分钟升高 10℃。

2）试验闪点高于 50℃的试样时，开始加热速度要均匀上升，并定期进行搅拌。到预计闪点前 40℃时，调整加热速度，使在预计闪点前 20℃时，升温速度能控制在每分钟升高 2～3℃，并还要不断进行搅拌。

（2）试样温度到达预期闪点前 10℃时，对于闪点低于 104℃的试样每经 1℃进行点火试验；对于闪点高于 104℃的试样每经 2℃进行点火试验。

试样在试验期间都要转动搅拌器进行搅拌，只有在点火时才停止搅拌。点火时，使火焰在 0.5 s 内降到杯上含蒸气的空间中，留在这一位置 1 s 立即迅速回到原位。如果看不到闪火，就继续搅拌试样，并按本条的要求重复进行点火试验。

（3）在试样液面上方最初出现蓝色火焰时，立即从温度计读出温度作为闪点的测定结果。得到最初闪火之后，继续按照上一步进行点火试验，应能继续闪火。在最初闪火之后，如果再进行点火却看不到闪火，应更换试样重新试验，只有重复试验的结果依然如此，才能认为测定有效。

4.3.2　易燃固体危险特性试验

易燃固体危险特性试验项目包括初步筛分试验、危险特性判定试验和适用包装类别试验。对于污泥，这里主要介绍初步筛分试验、危险特性判定试验。

4.3.2.1　样品数量及样品的预处理

从待检污泥样品中抽取代表性物质 500 g，用于危险特性试验。采用适当的方法将固体样品制成粉状、颗粒状或糊状。

4.3.2.2　初步筛分试验

采用自动易燃固体筛分仪进行初步筛分试验。将粉状、颗粒状或糊状固体物质做成连续的带或丝，约长 250 mm、宽 20 mm、高 10 mm，置于冷的不渗透、低导热的底板上。用煤气喷嘴（最小直径为 5 mm）喷出的高温火焰（最低温度为 1000℃）烧连续粉带的一端，直到粉末点燃或喷烧时间最长为 2 min（若为金属或合金粉末样品，最长时间为 5 min）。

根据试验结果，如果不能在 2 min（或对金属或合金粉末样品，不能在 20 min）试验时间内点燃并沿着固体样品带火焰或带烟燃烧 200 mm，那么，该固体样品不应划为易燃固体，且无需进一步试验。如果在不大于 2 min（或对金属或合金粉末样品，在不大于 20 min）试验时间内点燃并沿着固体样品带火焰或带烟燃烧 200 mm，则应进行危险特性判定试验。

4.3.2.3　危险特性判定试验

采用金属燃烧速率仪、非金属燃烧速率仪进行危险特性判定试验。将商品形式的粉状或颗粒状样品紧密地装入模具，模具的顶上安放不渗透、不燃烧、低导热的底板，把设备倒置，拿掉模具。把糊状物质铺放在不燃烧的表面上，做成 250 mm 的绳索状，剖面约 100 mm，从绳索的一端将样品点燃。如为潮湿敏感样品，应在该样品从其容器中取出后尽快把试验做完。燃烧速率试验应在通风橱中进行，风速应足以防止烟雾逸进试验室。

根据试验结果，如果粉状或颗粒状样品进行的试验中有一次或多次燃烧时间少于 45 s，或燃烧速率大于 2.2 mm/s，应将样品分类为易燃固体。金属或金属合金粉末如能点燃，并且在 10 min 内可蔓延至样品的全部长度时，应将其分类为易燃固体。

4.4　污泥腐蚀性的鉴别和表征

根据《危险废物鉴别标准 腐蚀性鉴别》（GB 5085.1—2007），符合下列条件之一的固体废物，属于危险废物。

（1）按照《固体废物腐蚀性测定玻璃电极法》（GB/T 15555.12—1995）制备的浸出液，pH 值不小于 12.5，或者不大于 2.0；

（2）在 55℃条件下，对《优质碳素结构钢》（GB/T 699—1999）中规定的 20 号钢材的腐蚀速率不小于 6.35 mm/a。

4.4.1 污泥腐蚀性 pH 值的测定

4.4.1.1 浸出液的制备

称取 100 g 试样（以干基计），置于浸取用的混合容器中，加水 1 L（包括试样的含水量）。将浸取用的混合容器垂直固定在振荡器上，振荡频率调节为（110±10）次/min，振幅为 40 mm，在室温下振荡 8 h，静置 16 h。通过过滤装置分离固液相，滤后立即测定滤液的 pH 值。如果固体废物中干固体的质量分数小于 0.5%时，则不经过浸出步骤，直接测定溶液的 pH 值。

4.4.1.2 pH 值的测定方法

用玻璃电极为指示电极，饱和甘汞电极为参比电极组成电池。在 25℃条件下，氢离子活度变化 10 倍，使电动势偏移 59.16 mV。仪器上直接以 pH 值的读数表示。许多 pH 计上有温度补偿装置，可以校正湿度的差异。为了提高测定的准确度，校准仪器选用的标准缓冲溶液的 pH 值应与试样的 pH 值接近。

当污泥浸出液的 pH 值大于 10 时，钠差效应对测定有干扰，宜用低（消除）钠差电极，或者用与浸出液的 pH 值相近的标准缓冲溶液对仪器进行校正。

当电极表面被油质或者粒状物质玷污会影响电极的测定，应用洗涤剂清洗。或用 1+1 的盐酸溶液除尽残留物，然后用蒸馏水冲洗干净。

温度影响 pH 值的准确测定。因为，在不同的温度下电极的电势输出不同，温度变化也会影响到样品的 pH 值，所以必须进行温度的补偿。温度计与电极应同时插入待测溶液中，在报告测定的 pH 值时同时报告测定时的温度。

4.4.2 对钢材的腐蚀速率测定

4.4.2.1 试样的制备

试验采用《优质碳素结构钢》（GB/T 699—1999）中规定的 20 号钢材，试样的形状和尺寸应随被测试材料的原始条件及所使用的试验容器而定，应尽量采用单位质量表面积大、侧面与总面积之比值小的试样。一般情况下，与轧制或锻造方向垂直的面积不得大于试样总面积的一半。每个试样表面积不应小于 10 cm^2。

4.4.2.2 试验步骤

试验步骤如下：

（1）取适量溶液置于已充分洗涤过的试验容器中。

（2）将试样全部浸入溶液中，每组试验至少取三个平行试样。

（3）试样应尽量放置在溶液中间位置，不允许与容器壁接触。一般情况下，每一个容器内只能放置一个试样，如需放置两个以上试样时，试样间距要在 1 cm 以上。

（4）使用温度保持系统使溶液尽快达到温度，此时即开始计时。

（5）试验期间应经常观察试验和溶液的变化情况，并做记录。

（6）试验时间根据表 4-6 确定。

（7）到达预定时间后取出试样，先用水冲洗，然后用毛刷、橡皮器具等擦去腐蚀产物，可用超声波等方法进行清除。

表 4-6 腐蚀试验时间的选择

估算或预测①的腐蚀速率/mm·a^{-1}	试验时间/h	更换溶液与否
>1.0	24～72	不更换
1.0～0.1	72～168	不更换
0.1～0.01	168～336	约 7 天更换 1 次
<0.01	336～720	约 7 天更换 1 次

① 预测试验时间为 24 h，溶液量为 20 mL/cm^2。

（8）清洗后的试验，用丙酮、酒精等不含氯离子的试剂脱脂洗净，迅速干燥后储存于干燥器内，放置到室温后再测量面积和称重，称重时应使用精度不小于 ± 0.5 mg 的分析天平。

4.5 污泥反应性的鉴别和表征

根据《危险废物鉴别标准 反应性鉴别》（GB 5085.5—2007），符合下列任何条件之一的固体废物，属于反应性危险废物。

（1）具有爆炸性质：

1）常温常压下不稳定，在无引爆条件下，易发生剧烈变化；

2）标准温度和压力下（25℃，101.3 kPa），易发生爆轰或爆炸性分解反应；

3）受强起爆剂作用或在封闭条件下加热，能发生爆轰或爆炸反应。

（2）与水或酸接触产生易燃气体或有毒气体：

1）与水混合发生剧烈化学反应，并放出大量易燃气体和热量；

2）与水混合能产生足以危害人体健康或环境的有毒气体、蒸气或烟雾；

3）在酸性条件下，每千克含氰化物废物分解产生不小于 250 mg 氰化氢气体，或者每千克含硫化物废物分解产生不小于 500 mg 硫化氢气体。

（3）废弃氧化剂或有机过氧化物：

1）极易引起燃烧或爆炸的废弃氧化剂；

2）对热、振动或摩擦极为敏感的含过氧基的废弃有机过氧化物。

4.5.1 爆炸性危险废物的鉴别

爆炸性危险废物的鉴别主要依据专业知识，在必要时可按照《民用爆炸品危险货物危险特性检验安全规范》（GB 19455—2004）的规定进行试验和判定。

4.5.2 与水或酸接触产生易燃气体或有毒气体的鉴别

4.5.2.1 与水混合发生剧烈化学反应，并放出大量易燃气体和热量的鉴别可按以下步骤进行：

（1）入水试验。将体积为 34 mm^3 的物质置于 20℃蒸馏水中，观察并记录发生的现象。

（2）停留试验。将体积为 34 mm^3 的物质置于平坦浮在 20℃蒸馏水面上的过滤纸中心，观察并记录所产生的现象。

（3）滴水试验。将试验物质做成高约 20 mm、直径约 30 mm 的堆垛，垛顶上做一凹槽。在凹槽中加几滴蒸馏水，观察并记录发生现象。

（4）危险特性类别判定。在试验过程中任一步骤发生自燃或释放易燃气体的速度大于 1 L/(kg·h)，则判定该物质为遇水会放出易燃气体危险废物。

4.5.2.2 与水混合能产生足以危害人体健康或环境的有毒气体、蒸气或烟雾的鉴别主要依据专业知识和经验来判断。

4.5.2.3 在酸性条件下，废物中氰化物或硫化物释放的测定按以下步骤进行:

（1）加 50 mL0.25 mol/L 的 NaOH 溶液于刻度洗气瓶中，用试剂水稀释至液面高度。

（2）封闭测量系统，用转子流量计调节氮气流量，流量应为 60 mL/min。

（3）向圆底烧瓶中加入 10 g 待测废物。

（4）保持氮气流量，加入足量硫酸使烧瓶半满，同时开始 30 min 的实验过程。

（5）在酸进入圆底烧瓶的同时开始搅拌，搅拌速度在整个实验过程应保持不变。

注意：搅拌速度以不产生旋涡为宜。

（6）30 min 后，关闭氮气，卸下洗气瓶，分别测定洗气瓶中氰化物和硫化物的含量。

（7）固体废物试样中氰化物或硫化物含量由式（4-4）计算：

$$R=\frac{X\cdot L}{W\cdot S} \tag{4-4}$$

总有效 HCN/H_2S（mg/kg）$=R\times S$

式中 R ——比释放率，mg/（kg·s）；

X ——洗气瓶中 HCN 的浓度，mg/L，或洗气瓶中 H_2S 的浓度，mg/L；

L ——洗气瓶中溶液的体积，L；

W ——取用的废物质量，kg；

S ——测量时间，s

测量时间=关掉氮气的时间-通入氮气的时间

实验装置见图 4-6。

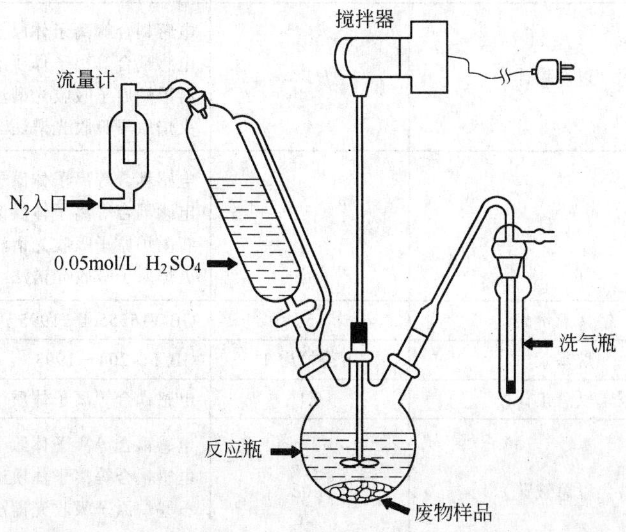

图 4-6 测定废物中氰化物或硫化物释放的试验装置

4.5.3　废弃氧化剂或有机过氧化物的鉴别

极易引起燃烧或爆炸的废弃氧化剂的鉴别按照《氧化性危险货物危险特性检验安全规范》（GB 19452—2004）的规定进行。

对热、振动或摩擦极为敏感的含过氧基的废弃有机过氧化物的鉴别按照《有机过氧化物危险货物危险特性检验安全规范》（GB 19521.12—2004）规定进行。

4.6　污泥浸出毒性的鉴别和表征

根据《危险废物鉴别标准 浸出毒性鉴别》（GB 5085.3—2007），按照《固体废物浸出毒性浸出方法硫酸硝酸法》（HJ/T 299—2007）制备的固体废物浸出液中任何一种危害成分含量超过表 4-7 中所列的浓度限值，则判定该固体废物是具有浸出毒性特征的危险废物。

表 4-7　浸出毒性鉴别标准值

序　号	危害成分项目	浸出液中危害成分浓度限值/$mg \cdot L^{-1}$	分 析 方 法
		无机元素及化合物	
1	铜（以总铜计）	100	电感耦合等离子体原子发射光谱法 电感耦合等离子体质谱法 石墨炉原子吸收光谱法 火焰原子吸收光谱法
2	锌（以总锌计）	100	电感耦合等离子体原子发射光谱法 电感耦合等离子体质谱法 石墨炉原子吸收光谱法 火焰原子吸收光谱法
3	镉（以总镉计）	1	电感耦合等离子体原子发射光谱法 电感耦合等离子体质谱法 石墨炉原子吸收光谱法 火焰原子吸收光谱法
4	铅（以总铅计）	5	电感耦合等离子体原子发射光谱法 电感耦合等离子体质谱法 石墨炉原子吸收光谱法 火焰原子吸收光谱法
5	总　铬	15	电感耦合等离子体原子发射光谱法 电感耦合等离子体质谱法 石墨炉原子吸收光谱法 火焰原子吸收光谱法
6	铬（六价）	5	GB/T15555.4—1995
7	烷基汞	不得检出 1	GB/T14204—1993
8	汞（以总汞计）	0.1	电感耦合等离子体质谱法
9	铍（以总铍计）	0.02	电感耦合等离子体原子发射光谱法 电感耦合等离子体质谱法 石墨炉原子吸收光谱法 火焰原子吸收光谱法

续表 4-7

序 号	危害成分项目	浸出液中危害成分浓度限值/$mg \cdot L^{-1}$	分 析 方 法
		无机元素及化合物	
10	钡（以总钡计）	100	电感耦合等离子体原子发射光谱法 电感耦合等离子体质谱法 石墨炉原子吸收光谱法 火焰原子吸收光谱法
11	镍（以总镍计）	5	电感耦合等离子体原子发射光谱法 电感耦合等离子体质谱法 石墨炉原子吸收光谱法 火焰原子吸收光谱法
12	总 银	5	电感耦合等离子体原子发射光谱法 电感耦合等离子体质谱法 石墨炉原子吸收光谱法 火焰原子吸收光谱法
13	砷（以总砷计）	5	石墨炉原子吸收光谱法 原子荧光法
14	硒（以总硒计）	1	电感耦合等离子体质谱法 石墨炉原子吸收光谱法 原子荧光法
15	无机氟化物（不包括氟化钙）	100	离子色谱法
16	氰化物（以 CN-计）	5	离子色谱法
17	滴滴涕	0.1	气相色谱法
18	六六六	0.5	气相色谱法
19	乐 果	8	气相色谱法
20	对硫磷	0.3	气相色谱法
21	甲基对硫磷	0.2	气相色谱法
22	马拉硫磷	5	气相色谱法
23	氯 丹	2	气相色谱法
24	六氯苯	5	气相色谱法
25	毒杀芬	3	气相色谱法
26	灭蚁灵	0.05	气相色谱法
		非挥发性有机化合物	
27	硝基苯	20	高效液相色谱法
28	二硝基苯	20	气相色谱/质谱法
29	对硝基氯苯	5	高效液相色谱/热喷雾/质谱或紫外法
30	2,4-二硝基氯苯	5	高效液相色谱/热喷雾/质谱或紫外法
31	五氯酚及五氯酚钠（以五氯酚计）	50	高效液相色谱/热喷雾/质谱或紫外法
32	苯 酚	3	热提取气相色谱质谱法
33	2,4-二氯苯酚	6	热提取气相色谱质谱法
34	2,4,6-三氯苯酚	6	热提取气相色谱质谱法

续表 4-7

序　号	危害成分项目	浸出液中危害成分浓度限值/mg·L^{-1}	分 析 方 法
非挥发性有机化合物			
35	苯并[a]芘	0.0003	气相色谱/质谱法 热提取气相色谱质谱法
36	邻苯二甲酸二丁酯	2	气相色谱/质谱法
37	邻苯二甲酸二辛酯	3	高效液相色谱/热喷雾/质谱或紫外法
38	多氯联苯	0.002	气相色谱法
挥发性有机化合物			
39	苯	1	气相色谱/质谱法 平衡顶空法
40	甲　苯	1	气相色谱/质谱法 平衡顶空法
41	乙　苯	4	气相色谱/质谱法
42	二甲苯	4	气相色谱/质谱法
43	氯　苯	2	气相色谱/质谱法
44	1,2-二氯苯	4	气相色谱/质谱法
45	1,4-二氯苯	4	气相色谱/质谱法
46	丙烯腈	20	气相色谱/质谱法
47	三氯甲烷	3	平衡顶空法
48	四氯化碳	0.3	平衡顶空法
49	三氯乙烯	3	平衡顶空法
50	四氯乙烯	1	平衡顶空法

4.6.1 浸出毒性浸出方法

4.6.1.1 原理

本方法以硝酸/硫酸混合溶液为浸提剂，模拟废物在不规范填埋处置、堆存或经无害化处理后废物的土地利用时，其中的有害组分在酸性降水的影响下，从废物中浸出而进入环境的过程。

4.6.1.2 浸提剂

（1）浸提剂 1 号：将质量比为 2∶1 的浓硫酸和浓硝酸混合液加入到试剂水（1 L 水约 2 滴混合液）中，使 pH 值为 3.20±0.05。该浸提剂用于测定样品中重金属和半挥发性有机物的浸出毒性。

（2）浸提剂 2 号：试剂水，用于测定氰化物和挥发性有机物的浸出毒性。

4.6.1.3 仪器设备

（1）振荡设备：转速为（30±2）r/min 的翻转式振荡装置。

（2）提取容器：

1）零顶空提取器（Zero-Headspace Extraction Vessel，以下简称 ZHE）：500～600 mL，用于样品中挥发性物质浸出的专用装置，见图 4-7。

2）提取瓶：2 L 具旋盖和内盖的广口瓶，用于浸出样品中非挥发性和半挥发性物质。提取瓶应由不能浸出或吸收样品所含成分的惰性材料制成。分析无机物时，可使用玻璃瓶或聚乙烯（PE）瓶；分析有机物时，可使用玻璃瓶或聚四氟乙烯（PTFE）瓶。

（3）过滤装置：

1）零顶空提取器（ZHE）：分析样品中的挥发性物质，采用 ZHE 进行过滤。

2）真空过滤器或正压过滤器：容积不小于 1 L。

3）滤膜：玻纤滤膜或微孔滤膜，孔径为 0.6～0.8 μm。

（4）pH 计：在 25℃时，精度为 ± 0.05 pH 值。

（5）ZHE 浸出液采集装置：使用 ZHE 装置时，采用玻璃、不锈钢或 PTFE 制作的 500 mL 注射器采集初始液相或最终的浸出液。

（6）ZHE 浸提剂转移装置：可以使用任何不改变浸提剂性质的导入设备，包括蠕动泵、注射器、正压过滤器或其他 ZHE 装置。

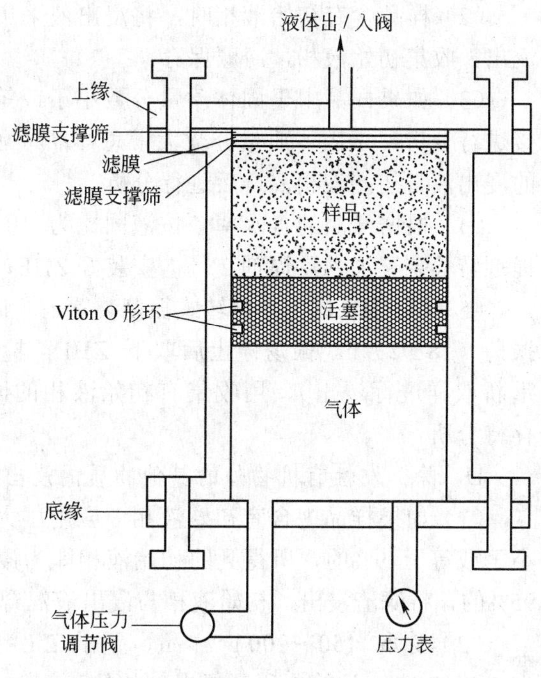

图 4-7　零顶空提取器（ZHE）示意图

4.6.1.4　样品的保存和处理

样品的保存和处理包括以下几个方面：

（1）除非冷藏会使样品性质发生不可逆改变，样品应于 4℃冷藏保存。

（2）测定样品的挥发性成分时，在样品的采集和储存过程中应以适当的方式防止挥发性物质的损失。用于金属分析的浸出液在储存之前应用硝酸酸化至 pH 值小于 2；用于有机成分分析的浸出液在贮存过程中不能接触空气，即零顶空保存。

4.6.1.5　浸出步骤

A　含水率测定

称取 50～100 g 样品置于具盖容器中，于 105℃下烘干，恒重至两次称量值的误差小于 ± 1%，计算样品含水率。

样品中含有初始液相时，应将样品进行压力过滤，再测定滤渣的含水率，并根据总样品量（初始液相与滤渣质量之和）计算样品中的干固体质量分数。

进行含水率测定后的样品，不得用于浸出毒性试验。

B　样品破碎

样品颗粒应可以通过 9.5 mm 孔径的筛，对于粒径大的颗粒，可通过破碎、切割或碾磨降低粒径。

测定样品中挥发性有机物时，为避免过筛时待测成分有损失，应使用刻度尺测量粒径；样品和降低粒径所用工具应进行冷却，并尽量避免将样品暴露在空气中。

C　挥发性有机物的浸出步骤

挥发性有机物的浸出步骤如下：

（1）将样品冷却至 4℃，称取干基质量为 40～50 g 的样品，快速转入 ZHE。安装好

ZHE，缓慢加压以排除顶空。

（2）样品含有初始液相时，将浸出液采集装置与 ZHE 连接，缓慢升压至不再有滤液流出，收集初始液相，冷藏保存。

（3）如果样品中干固体质量分数小于或等于 9%，所得到的初始液相即为浸出液，直接进行分析；干固体质量分数大于总样品量 9%的，继续进行以下浸出步骤，并将所得到的浸出液与初始液相混合后进行分析。

（4）根据样品的含水率，按液固比为 10∶1（L/kg）计算出所需浸提剂的体积，用浸提剂转移装置加入浸提剂 2 号，安装好 ZHE，缓慢加压以排除顶空。关闭所有阀门。

（5）将 ZHE 固定在翻转式振荡装置上，调节转速为（30±2）r/min，于（23±2）℃下振荡（18±2）h。振荡停止后取下 ZHE，检查装置是否漏气（如果 ZHE 装置漏气，应重新取样进行浸出），用收集有初始液相的同一个浸出液采集装置收集浸出液，冷藏保存待分析。

D　除挥发性有机物外的其他物质的浸出步骤

（1）如果样品中含有初始液相，应用压力过滤器和滤膜对样品过滤。干固体质量分数小于或等于 9%的，所得到的初始液相即为浸出液，直接进行分析；干固体质量分数大于95%的，将滤渣浸出，初始液相与浸出液混合后进行分析。

（2）称取 150～200 g 样品，置于 2 L 提取瓶中，根据样品的含水率，按液固比为 10∶1（L/kg）计算出所需浸提剂的体积，加入浸提剂 1 号，盖紧瓶盖后固定在翻转式振荡装置上，调节转速为（30±2）r/min，于（23±2）℃下振荡（18±2）h。在振荡过程中有气体产生时，应定时在通风橱中打开提取瓶，释放过度的压力。

（3）在压力过滤器上装好滤膜，用稀硝酸淋洗过滤器和滤膜，弃掉淋洗液，过滤并收集浸出液，于 4℃下保存。

（4）除非消解会造成待测金属的损失，用于金属分析的浸出液应按分析方法的要求进行消解。

4.6.1.6　质量保证

质量保证包括以下几个方面：

（1）分析仪器应经过国家计量认证，并在有效期内使用。

（2）每做 20 个样或每批样品（样品量少于 20 个时）至少做一个浸出空白。将浸提剂进行浸提分析。

（3）每批样品至少做一个加标回收样品。取过筛后的待测样品，分成相同的两份。向其中一份中加入已知量的待测物质，进行浸提分析，计算待测物的回收率。

（4）样品浸出实验应在表 4-8 中所规定的时间内完成。

表 4-8　样品的最大保留时间　　d

物质类别	从野外采集到浸出	从浸出到预处理	从预处理到定量分析	总实验周期
挥发性物质	14	—	14	28
半挥发性物质	14	7	40	61
汞	28	—	28	56
汞以外的金属	180	—	180	360

4.6.2 前处理方法

4.6.2.1 无机元素及其化合物的样品

无机元素及其化合物的样品（除六价铬、无机氟化物、氰化物外）的前处理方法采用微波辅助酸消解法，将样品和浓硝酸定量地加入密封消解罐中，在设定的时间和温度下微波加热。利用微波对极性物质的“内加热作用”和“电磁效应”，对样品迅速加热，提高样品的消化速度和效果。消解后经过滤或离心后按一定的体积稀释，可选择适当的分析方法进行测试。

微波消解具体步骤如下：

（1）消解前的准备：所使用的消解罐和玻璃容器先用稀酸（体积比约10%）浸泡，然后用自来水和试剂水依次冲洗干净，放在干净的环境中晾干。对于新使用的或怀疑受污染的容器，应用热盐酸（1∶1）浸泡（温度高于 80℃，但低于沸腾温度）至少 2 h，再用热硝酸浸泡至少 2 h，然后用试剂水洗干净，放在干净的环境中晾干。

（2）样品的消解：称量（精确到 0.001 g）一份混合均匀的样品，加入到消解罐，称样量少于 0.500 g。

在通风橱中，向样品中加入（10±0.1）mL 浓硝酸。如果反应剧烈，在反应停止前不要给容器盖盖。按产品说明书的要求盖紧消解罐。称量带盖的消解罐，精确到 0.001 g。将消解罐放到微波炉转盘上。

按说明书装好旋转盘，设定微波消解仪的工作程序。启动微波消解仪。每一组样品微波辐射 10 min。每个样品的温度在 5 min 内升到 175℃，在 10 min 的辐射时间内平衡到 170～180℃。如果一批消解的样品量大，可以采用更大的功率，只要能按上述要求在相同的时间达到相同的温度即可。

消解程序结束后，在消解罐取出之前应在微波炉内冷却至少 5 min。消解罐冷却到室温后，称重，记录下每个罐的质量。如果样品加酸的质量减少超过 10%，舍弃该样品。查找原因，重新消解该样品。

在通风橱中小心地打开消解罐的盖子，释放其中的气体。将样品进行离心或过滤。

在转速 2000～3000 r/min 条件下离心 10 min。过滤并用体积比为 10%的硝酸润洗。

将消解产物稀释到已知体积，并使样品和标准物质基体匹配，选择适当的分析方法进行检测。

4.6.2.2 六价铬及其化合物的样品

六价铬及其化合物的样品的前处理方法采用碱消解法。

在规定的温度和时间内，将样品在 Na_2CO_3/NaOH 溶液中进行消解。在碱性提取环境中，Cr（Ⅵ）的还原和 Cr（Ⅲ）的氧化的可能性都被降到最小。含 Mg^{2+}的磷酸缓冲溶液的加入也可以抑制氧化作用。

具体步骤如下：

（1）通过对试剂空白（一个装有 50 mL 消解液的 250 mL 容器）的温度监测，调节所有碱消解加热装置的温度设定。使消解液可以保持在 90～95℃温度下加热。

（2）将（2.5±0.10）g 混合均匀的野外潮湿样品加入 250 mL 消解容器中。需要加标时，加标物需直接加入该样品中。

（3）用量筒向每一份样品中加入（50 ± 1）mL 消解液，然后加入大约 400 mg $MgCl_2$ 和 0.5 mL 1.0 mol/L 磷酸缓冲溶液。将所有样品用表面皿盖上。

（4）用搅拌装置将样品持续搅拌至少 5 min（不加热）。

（5）将样品加热至 90～95℃，然后在持续搅拌下保持至少 60 min。

（6）在持续搅拌下将每份样品逐渐冷却至室温。将反应物全部转移至过滤装置，用试剂水将消解容器冲洗 3 次，洗涤液也转移至过滤装置，用 0.45 μm 的滤膜过滤。将滤液和洗涤液转移至 250 mL 的烧杯中。

（7）在搅拌器的搅拌下，向装有消解液的烧杯中逐滴缓慢加入 5.0 mol/L 的硝酸，调节溶液的 pH 值至 7.5 ± 0.5。如果消解液的 pH 值超出了需要的范围，必须将其弃去并重新消解。如果有絮状沉淀产生，样品要用 0.45 μm 滤膜过滤。

注意：CO_2 会干扰此过程，此操作应在通风橱内完成。

（8）取出搅拌器并清洗，洗涤液收入烧杯中。将样品完全转入 100 mL 容量瓶中，用试剂水定容。混合均匀待分析。

4.6.2.3 有机样品

有机样品的前处理方法可采用分液漏斗液-液萃取法、索氏提取法、Florisil（硅酸镁载体）柱净化法

取量好体积的样品，通常为 1 L，在规定的 pH 值条件下，在分液漏斗中用二氯甲烷进行逐次提取，提取物干燥、浓缩后，必要时，更换为与用于净化或测定步骤相一致的溶剂。

固体样品与无水硫酸钠混合，置于提取套筒或 2 个玻璃棉塞之间，在索氏提取器中用适当的溶剂提取，提取液干燥后浓缩，必要时，置换溶剂使与净化或测定步骤所用的相一致。

净化柱装填硅镁型吸附剂后，上面附加一层干燥剂。上样后用适当溶剂洗脱，将干扰物留在硅镁型吸附剂柱上。将洗脱液浓缩，备作后续的分析。也可使用装填 40 μm（孔径 6 nm）硅镁型吸附剂的固相萃取柱，上样前用溶剂活化。上样后用适当溶剂洗脱，将干扰物留在硅镁型吸附剂柱上。为了保证结果，应在固相萃取装置（真空缸）上完成。将洗脱液浓缩，备作后续的分析。

4.6.3 有害成分的测定方法

各危害成分项目的测定，除执行规定的标准分析方法外，暂按表 4-7 中规定的方法执行；待适用于测定特定危害成分项目的国家环境保护标准发布后，按标准的规定执行。

5 污泥有害成分的表征

5.1 污泥常规成分的表征

根据生活污水处理量（104×10^{8} t）和污泥产生量（每 10 kt 污水产生 2 t 干污泥）估算，我国 2005 年污泥产生量约为 2080 kt 干污泥，预计在近十年内，污泥产生量还将大幅度增长，污泥处置将成为我国一个更加突出的环境问题。大量累积的污泥不仅占用面积广大的土地，而且其中的有害成分，如重金属、病原菌、寄生虫、有机污染物和臭气等已成为影响城市环境卫生的一大公害。一方面，污泥体积大，含水率高，分散性差，而且具有恶臭气味等，直接利用容易引起环境二次污染；另一方面，污泥中含有丰富的有机质、氮、磷和钾等植物生长必需元素，如不进行合理利用，是对资源的一种浪费。此外，污泥的含水率较高，其所占容积较大，这就给污泥的运输、储存和使用带来了诸多不利，同时也增加了许多处理费用。因此，城市污泥的安全处置和就地资源化成为急需解决的问题。目前，污泥的环境绿化利用正逐渐成为世界各国污泥处置的主流方法。城市污水污泥经过高温堆肥减量化、无害化处理后作为林地、草地、城市绿化、林草育苗基质、严重扰动的采石场和采矿场植被恢复等环境绿化植物基肥，或者制成污泥林草复合专用肥料作为绿化植物追肥，既避免进入食物链，又实现了污水污泥的安全处置和资源化利用，被认为是一条很有发展前景的污泥利用途径。因此，相对于大田作物和蔬菜而言，污泥堆肥更适用于观赏植物，尤其是用作盆栽基质。张增强等人的研究表明，污泥堆肥施用于花卉可以使开花量增加，花径增大，花期延长，花色艳丽而且生物量增大，但是应注意 pH 值不适、盐分过量会危害花卉所需要养分的搭配。没有任何一种基质可以适应所有园艺植物，而且目前国内园艺设施呈现日光温室、塑料大棚和自控温室等多种设施并存的局面。那么，基质的发展趋势应该是以适应不同设施档次、不同地域、不同园艺植物的多种并存，以成本低、效果好、管理方便为标准，在开发上应该基质和营养液管理配套，联合推广。基质栽培是我国近期无土培植发展的主要方向，要加强对使用效果好、成本低的基质进行研究。各地可以就地取材，因地制宜地开发与发展。

综上所述，污泥问题已经引起世界各国政府的高度重视，污泥处理与利用技术的研究也成为专家学者专注的重要环保课题。鉴于污泥特征，尤其是有益物质和有害物质的含量及存在形态，直接影响到污泥利用方式的选择，一部分研究人员着重研究污泥中一些常规成分的分析，如污泥的 pH 值、含水率、氮、磷、钾、有机质以及重金属。

目前，国内城市污水处理厂污泥大部分采用浓缩-消化-脱水的处理工艺，对脱干后的干污泥进行综合利用或直接送到填埋场，只有少量的污水处理厂采用焚烧处理，进行能源利用。国内外污水处理厂污泥处理与处置的工艺流程见图 5-1。污泥浓缩的目的是降低污泥的含水率，减少污泥体积，以便于后续的处理及利用。污泥消化分为厌氧消化和好氧消化。厌氧消化是目前国际上最为常用的污泥生物处理方法，同时也是大型污水处理厂最为经济的污泥处理方法。好氧消化适合于中小型污水处理厂，近年来，高温好氧消化开始作为污泥中温厌氧消化的预处理方法。

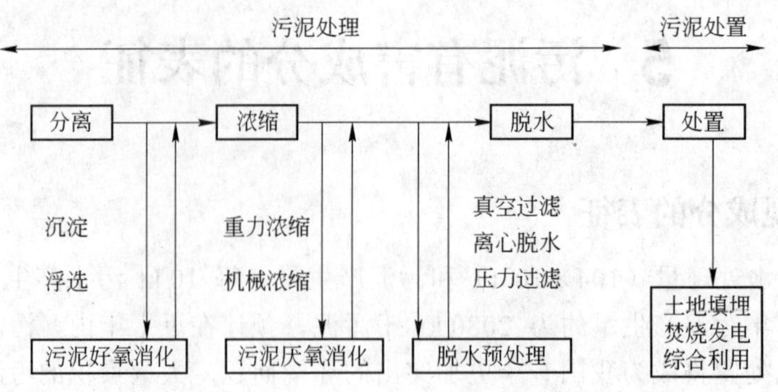

图 5-1 污泥处理与处置工艺流程

污泥中既含有丰富的有机物和氮、磷、钾等营养元素，以及植物生长必需的各种微量元素钙、镁、锌、铜、铁等，也含有对环境污染较大的有害重金属和病原微生物等。污水处理厂污泥含有丰富的植物养分，可以转化为植物有机质。污水处理厂污泥植物养分的相关组成见表 5-1。

表 5-1 我国城市污水处理厂污泥的植物养分 %

污泥类型	总氮（TN）	磷（P_2O_3）	钾（K）	腐殖质	有机质	灰 分
初沉污泥	2.0～3.4	1.0～3.0	0.1～0.3	33	30～60	50～75
生物滤池污泥	2.8～3.1	1.0～2.0	0.11～0.8	47		
活性污泥	3.5～7.2	3.3～5.0	0.2～0.4	41	60～70	30～40

污水处理厂污泥中所含有的毒害性物质主要有重金属和有机化合物两类。尽管目前对已经确定的各类有机毒害物质存在于污泥中的问题均有报道，但是城市污水处理厂污泥中有害物质的现有分析仍以重金属含量为主，定量地描述污泥中有机毒害化合物的分析数据仍不够全面。

根据对污水处理厂污泥成分的分析可知，污泥既是一种污染物，也是一种资源。所以污泥经过浓缩、消化、脱水等各工艺处理之后应该加以利用。污泥主要可用于建材原料，污泥沼气开发及农用（即污泥用作农肥）。污泥材料利用的真正对象是其所含有的无机矿物质，目前主要是制造建筑材料，其处理（预处理和建材制造）的最终产物是可以在各类建筑工程中使用的材料，无需依赖土地作为其最终消纳的载体，因此具有废弃物利用和资源保护的双重意义。

5.2 污泥中汞及其化合物的表征

作为国际公认的六大毒性物质之一的汞，可对人体造成神经损害、呼吸阻碍和抑郁症等疾病，严重影响人体健康。近年来，城市工业废水与生活污水的排放量日益增加，废水中含有的大量重金属悬浮物和胶体物质，吸附、包藏、沉淀于污泥中，大大增加了污泥的毒害性。其中污泥中的汞是受关注最多的重金属污染物，也是世界各国在农用污泥标准中最大允许浓度最小的重金属污染物之一，是主要的控制污染物。因此，对城市污泥中汞的检测已成为城市污泥无害化、资源化处理与处置的重要控制指标，也是我国实施排放总量控制的重要指标之一。

5.2.1 氢化物发生-冷原子吸收光谱法测定污泥中的微量汞

该方法是将污泥样品经烘干、硝酸-高氯酸消解后，用氢化物发生-冷原子吸收光谱法测汞，其原理是将试样溶液中的汞，用硼氢化钾将其还原成金属汞，用氮气流将汞蒸气载入冷原子吸收仪，汞原子蒸气对波长 253.7 nm 的紫外光具有强烈的吸收作用，吸光度的大小与汞蒸气浓度成正比。本方法可应用于污泥中微量汞的测定，结果令人满意。称取风干污泥样品 5.000 g 置于 500 mL 烧杯中，加 20 mL 浓硝酸，低温下加热分解，待内容物呈褐色糊状液体时，加 10 mL 高氯酸，盖上表面皿，继续消煮，直至无色，使汞元素全部转入溶液中，稍冷，加入 2 mL 浓盐酸和 20 mL 水煮沸溶解残留物，并趁热用快速滤纸过滤于 250 mL 容量瓶中，用热水洗涤残渣和烧杯数次，一并转移至容量瓶中，冷却，稀释至刻度，混匀，此为溶液 A。准确吸取 25.0 mL 溶液 A 于 50 mL 容量瓶中，加入 5mL 重铬酸钾溶液和 5 mL 硝酸溶液，稀释至 50 mL，混匀，放置 30 min 后按测试条件测定。汞易挥发，试验分别测定了硝酸、硫酸、硝酸-高氯酸对污泥的消解效果。试验表明，三种酸都能快速分解样品，但样品遇到硫酸易碳化，反应激烈易损失，造成回收率降低。结果表明，试验选用硝酸-高氯酸体系提取污泥中汞及分解有机物均能起到作用。

5.2.2 HG-AFS 法测定城市污泥中的汞及其化合物

该方法通过用王水-高锰酸钾低温消解城市污泥，使汞全部转化为二价无机汞，用盐酸经胺还原过剩的氧化剂，再用硼氢化钾将二价汞还原为单价汞，用氢气将其带入原子化器，形成的汞蒸气被光辐射激发，产生共振荧光，利用其荧光强度与溶液中被测元素浓度成正比例关系，进行汞的定量测定。在实验过程中，通过将污泥样品经王水-高锰酸钾常压消解，可以使污泥中的汞及汞的化合物完全溶出，并对其进行加标回收率实验，实际污泥样品检测均得到满意的结果。表明常压消解后，原子荧光光度法测定城市污泥中的汞及其化合物的分析方法是简便、准确、可靠、易于推广的，适用于实际检测。

5.2.3 微波消解原子荧光法测定活性污泥中的汞

该方法建立了一种微波消解样品，氢化物发生原子荧光光度法测定活性污泥中汞。在试验条件下，测定样品中汞回收率为 99%～102%。该方法具有操作简便、快速、准确、空白值低、重现性好等优点。隔周取经中温消化后的剩余活性污泥干样品三份分别于玛瑙研钵中研碎后过 100 目筛，称取样品 0.2000 g 置于 FRI 型全聚四氟乙烯密封增压微波消化罐中，加入 $HNO_3$5 mL，HCl 2 mL，HF 1 mL，旋紧消化罐盖，在 50%功率下消解 6 min，70%功率下消解 10 min，100%功率下消解 6 min 后取出放冷。在活性污泥中，汞可能以有机汞和无机汞两类化合物形式存在，有机汞极易被硝酸破坏，硝酸在微波能激发下有很理想的反应能力。密闭容器中 3 mL 硝酸在 258 W 的功率作用下，2.5 min 之内即从 23℃被加热到 175℃。这个温度比其沸点约高 50℃。在这种较高的温度下，反应进行得更迅速。另外，硝酸和盐酸混合使用比单独使用硝酸或盐酸时能更有效地氧化许多物质。因为硝酸和盐酸混合产生了氯化亚硝酰（NOCl）（混合物中的活化剂之一）。在加热时，实现有效的消解作用。氢氟酸是一种溶解硅基物料的有效试剂，样品中的硅酸盐被转变成可挥发的硅而留下其他待测的元素。

5.3　污泥中镉及其化合物的表征

地壳中镉的丰度为 0.21 mg/L，镉的毒性很大，可在人体内蓄积，影响人体健康，对水生生物毒性很大。当水中镉的含量为 0.1 mg/L 时，可以轻度抑制地面水的自净作用，当水体中镉的含量大于 0.04 mg/L 时，就会使水稻等农作物受到明显的污染。农灌水含镉 0.007 mg/L 时，即可造成污染。污泥中镉的测定是先用消解等方法将污泥中的镉转移到水溶液，再用水中镉的测定方法进行测定。测定水中镉的标准方法有火焰原子吸收法、双硫腙分光光度法。而火焰原子吸收法操作简便，测定迅速、干扰少，准确度较高。镉的化合物易于原子化，可将试液直接喷入空气-乙炔火焰中，利用在特征谱线下的吸收，用校准曲线定量。

5.3.1　火焰原子吸收法测定污泥中的镉及其化合物

污泥样品先于烘箱中 103～105℃条件下烘干 4 h，然后放入干燥器冷却 30 min，称重，再次烘干至恒重，去除污泥的水分。称取 0.2000 g 经干燥的污泥样品于聚四氟乙烯烧杯中，加浓硝酸 10 mL，待剧烈反应停止后，移至低温电热板上加热分解。若反应产生棕黄色烟，说明有机质较多，须反复补加适量硝酸，加热分解至平静，不产生棕黄色烟为止。取下，稍冷，加入氢氟酸 5 mL，煮沸 10 min，冷却，加入高氯酸 5 mL，蒸发至近干，再加高氯酸 2 mL（根据取样适量补加），再次蒸至近干，冷却后加入 1%的硝酸溶液 25 mL，煮沸溶解后，移至 100 mL 容量瓶中，加 1%的硝酸溶液定容制得样品溶液。将样品溶液喷入原子吸收分光光度计火焰，测得吸光度值，用校准曲线法定量。镉的测定中很少遇到化学干扰，取镉的标准使用液配制浓度为 0.500 mg/L 的溶液，其中加入污泥中常见的铁、铅、锌等元素，使加入物质的浓度为 100 mg/L，测定结果为 0.499 mg/L，干扰很少。但是当镉含量很低时，推荐用 HCl-KI/MIBK 萃取体系，消除其他金属离子的干扰。

5.3.2　石墨炉原子吸收光谱法直接测定城市污泥中的有机态镉

标准系列与样品的介质不匹配一直是原子吸收法中非水相直接测定的一个问题。该方法用真空冷冻干燥法制备有机相标准溶液，通过对基体改进剂、石墨炉升温等条件进行实验选择，建立了以氯化钯-磷酸二氢钾作为基体改进剂，分步斜坡升温，不经过消解有机相直接进样测定城市污泥中有机态镉的分析方法，有效地消除了样品的基体效应，简便快捷，可为环境质量评价和污染治理提供参考依据。

镉属低温易挥发元素，而城市污泥成分复杂，镉含量较低，测定过程中通常会引起严重的基体干扰。研究表明，在石墨炉加热过程中，钯盐、钾盐等的存在都可以提高镉的灰化温度，对镉有较强的增感作用。该法试验了 $PdCl_2$、$La(NO_3)_3$、K_2HPO_4、$Mg(NO_3)_2$，以及它们的混合物分别作为基体改进剂加入到有机相标准溶液中直接进样测定，结果表明，$PdCl_2$ 对镉的增感作用在 2～5 μg 之间为最大，吸光度基本恒定，背景值小，超过 5 μg 增感作用减弱，背景值显著升高；K_2HPO_4 对镉的回收率也起着重要作用，用量在 10～40 μg 之间增感效果基本恒定；选择混合基体改进剂 2 μL 的 2 g/L$PdCl_2$+3 μL 10 g/L

K_2HPO_4 时，灰化温度可提高至 700℃，大大改善了基体干扰问题，同时提高了灵敏度，降低了背景值，比单独使用一种基体改进剂的效果更佳。

5.4 污泥中铬及其化合物的表征

铬盐和金属铬是重要的工业原料，然而,铬盐生产中产生的含铬废渣含有可溶出的 Cr^{6+}， Cr^{6+}是一种强氧化剂，其毒性和潜在危害主要表现为致癌和诱发基因突变，对皮肤有刺激和致敏作用，对人体肝、肾有毒性，可诱发婴儿的中枢神经系统疾病等。国家环保部已将含铬废渣列入《国家危险废物名录》(HW21)。我国每年要排出数 10 t 铬渣，历年堆存量已达 6000 kt。铬渣堆放不仅侵占土地，而且可溶性六价铬还会使地下水受到严重污染，同时，铬渣的污染特性也严重制约铬盐工业的发展。

目前，关于自然界固体物中重金属的化学形态，被人们广泛接受的理论是 Tessier 提出的化学试剂分步提取法，它将固体颗粒物中重金属的化学形态分为五种：

（1）可交换态：主要指吸附在颗粒物（主要成分是黏土颗粒及腐殖酸）上的重金属，水相中重金属离子的组成和浓度变化主要受这部分重金属吸附和解吸过程的影响。

（2）碳酸盐结合态：主要指与颗粒物中碳酸盐结合在一起或本身就成为碳酸盐沉淀的重金属。这部分重金属对 pH 值变化最为敏感，且在酸性条件下易溶解释放。

（3）铁锰氧化物结合态：天然水中的铁锰氧化物以铁锰结核或凝结物形式存在于颗粒上，也有的呈胶膜状覆盖在颗粒上，其是微量重金属极好的吸着剂。与铁锰氧化物结合在一起的或本身就成为氢氧化物沉淀的这部分重金属称为铁锰氧化物结合态。这一部分重金属在氧化还原电位降低时容易释放出来。

（4）硫化物及有机结合态：指重金属硫化物沉淀及与各种形态有机质结合的重金属，这部分重金属被认为较稳定。

（5）残渣态：指存在于石英、黏土矿物等晶格里的重金属。其主要来源于天然矿物，通常不能被生物吸收，是生物无法利用的部分。

综上所述，前三种重金属形态稳定性差，后两种重金属形态稳定性强。也就是说，重金属污染物的危害主要来自前三种不稳定的重金属形态。本书采用陈英旭等人提出的方法，把铬划分成水溶态、交换态、沉淀态（包括铁锰结合态）、有机结合态和残渣态。交换态铬选取 1 mol/L $MgCl_2$ 作为提取剂，沉淀态铬选取 2 mol/L HCl 作为提取剂，有机结合态用 5%H_2O_2-2 mol/L HCl 作为提取剂。总铬用 HNO_3-H_2SO_4 消化，每种提取剂净提时间 4 h（振荡 2 h，平衡 2 h）。

污泥原样中铬主要是以酸溶态和残渣态形式存在，而经过热解处理后，铬的形态发生了很大的转变。随着温度升高，总铬含量、总六价铬以及三价铬的变化趋势相同，都是先增加后减少，这可能是由于水分减少和其中部分铬化合物在高温下发生分解、升华两种因素竞争的结果。在低温时，铬化合物主要是以酸溶态和残渣态为主，而温度升高后，水溶态和交换态的铬明显增加。

一般认为 Cr(Ⅲ)对人体的毒性不大，少量的 Cr(Ⅲ)甚至是人体必需的微量元素；而 Cr(Ⅵ)则是公认的有毒物质，很容易被人体吸收并在体内蓄积，具有致癌作用。因此，测定电镀污泥中的 Cr(Ⅵ)含量具有重要意义。Cr(Ⅵ)的测定方法有分光光度法、电化学法、原子光谱法、流动注射分光光度法，其中二苯碳酰二肼（DPCI）分光光度法测定 Cr(Ⅵ)

有着广泛的应用，并且是国家标准方法。将该方法用于流动注射分析的研究已有报道，但DPCI的水溶性差，配成溶液后不稳定，给测定带来很多不便，且测定中的基体干扰会对结果造成较大影响。

下面介绍反向流动注射分光光度法测定污泥中的铬(Ⅵ)。

该法以二苯碳酰二肼为显色剂，以硫酸为反应介质测定Cr(Ⅵ)的分光光度体系，以反向流动注射分光光度法测定痕量Cr(Ⅵ)。显色液中二苯碳酰二肼的浓度为0.5 mmol/L，反应介质中硫酸的酸度为0.5 mol/L，反应圈长度为200 cm，载液（即参比液）流速为0.8 mL/min，试样流速为1.6 mL/min，显色剂注射量为100 μL。在此条件下，方法的检出限为0.5 μg/L，线性范围为1～100 μg/L。

实验所用流路见图5-2。该流路设计特点是将显色剂R通过六通阀注射到流路中，参比液C则作为载液，载带显色剂与试样S混合显色。用内径为0.5 mm的PTFE管按图5-2连接流路，适当调节各通道流速和六通阀的切换时间。显色剂R与试样S经由反应圈L混合反应之后，形成紫红色配合物，然后进入检测器D，在540 nm波长处测定反应生成的紫红色配合物的吸光度，以峰高值进行Cr(Ⅵ)的定量。

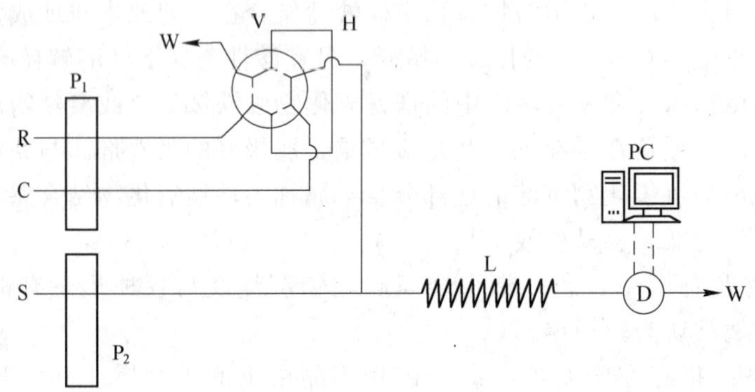

图5-2　实验流路示意图

S—试样；P_1，P_2—蠕动泵；C—参比液；R—显色液；V—六通阀；H—进样环；D—检测器；L—反应圈；PC—计算机系统；W—废液

在酸性介质中，Cr(Ⅵ)与二苯碳酰二肼（DPCI）在室温下迅速发生灵敏、快速的显色反应，生成稳定的紫红色配合物，以试剂空白为参比，配合物在540 nm波长处有最大吸收，实验检测波长选择为540 nm。

DPCI与Cr(Ⅵ)的显色反应是在一定的酸度条件下完成的，显色溶液中所用酸的浓度对显色反应具有明显的影响。试验发现硫酸浓度在0.1～0.5 mol/L之间时，相对峰高随浓度增大而增大，但是当硫酸的浓度大于0.5 mol/L时，峰高增大幅度较小。鉴于高酸度会对整个仪器流路造成腐蚀以及灵敏度增幅不大，实验选择的硫酸浓度为0.5 mol/L。

DPCI与Cr(Ⅵ)是按照一定的物质的量进行反应的，显色液中DPCI的浓度对显色有明显的影响。如果显色剂的用量不足，Cr(Ⅵ)会进一步将DPCI氧化成二苯卡巴腙，此时溶液为无色，分光光度法不能检测到信号强度；当显色剂与Cr(Ⅵ)发生反应显色后，随着DPCI浓度的增大，相对峰高值也增大。但当浓度增大到超过其反应所需的浓度后，信号强度增加的程度将会逐渐变小。试验发现，当显色液中DPCI的浓度达到0.5 mmol/L后，信号强度增加较小，因此实验选择DPCI的浓度为0.5 mmol/L。

5.5 污泥中砷及其化合物的表征

砷是许多谋杀案件中被凶手利用的毒物。摄入约 100 mg 砷，即能产生急性中毒。长时间摄入小量砷，亦造成慢性砷中毒。还有证据表明，砷是致癌元素。砷在地壳中的平均含量为（2～5）$\times10^{-6}$。矿物燃料特别是煤的燃烧，向环境中引入了大量砷，其中一部分正在进入天然水。砷常与磷酸盐矿物一起存在，并易与某些含磷化合物一道进入环境。第二次世界大战前，人们曾广泛使用高毒性的砷化物作为杀虫剂，其中最常用的是砷酸铅、亚砷酸钠和巴黎绿。矿渣也是砷污染的主要来源之一。

砷在污泥中主要以硫化物、氧化物和有机砷形态存在。砷及其化合物都有毒，有机砷化物比无机砷化物毒性更强，可在人体中积累，是致癌、致畸物质，因此砷及其化合物的准确测定非常重要。

砷的化学测定方法有银盐法和砷斑法，银盐法属于比色法，操作复杂，分析时间长，灵敏度低，不能用于低含量砷的测定；砷斑法是半定量方法，灵敏度较低，准确度差。

下面介绍用氢化物发生原子荧光光谱法测定污泥中的砷。

氢化物发生和原子荧光光谱法的联用技术是近年来发展较快的一种新的分析技术，具有检出限低、灵敏度高、线性范围宽等优点。另外，近年兴起的微波消解技术，在样品前处理中有分解快速、安全，元素无挥发损失，耗酸量少等优点，日益受到实验室工作者的青睐。可利用原子荧光光谱法测定污泥中的砷。

5.5.1 湿法消解

准确称取 0.05～0.1 g 污泥样品于 100 mL 锥形瓶中，加入 2 mL 高氯酸和 3 mL 浓硝酸，摇匀，用表面皿盖住锥形瓶口，移至电热板上加热，待高氯酸的白烟冒尽后，取下锥形瓶，稍冷，加入 2 mL 盐酸溶液（1+4），继续加热至棕红色硝酸烟冒尽，取下放冷，转移至 50 mL 容量瓶中，加入 2.5 mL 浓盐酸和 10 mL 硫脲-抗坏血酸混合液，定容，放置 30 min 后进行测定。用水代替污泥样品，以同样的步骤进行空白试验。

5.5.2 微波消解

准确称取 0.1 g 污泥样品于消解罐中，加入少许去离子水润湿样品，沿罐壁加入 1.5 mL 过氧化氢，摇匀，进行预消解，待反应平稳后，加入 10 mL 王水，使酸和试样充分混合均匀，盖上内盖，拧紧罐盖，加一片防爆膜，拧紧压力密封嘴，放入微波消解炉中，关好炉门，按照微波消解炉使用说明书进行消解。消解结束，待冷却后取出消解罐，将消解好的溶液转移至 50 mL 容量瓶中，加入 2.5 mL 浓盐酸和 10 mL 硫脲-抗坏血酸混合液，定容，放置 30 min 后进行测定。用水代替污泥试样，以同样的步骤进行空白试验。

5.5.3 测定

以盐酸溶液（1+19）作为载流液，按照仪器操作规程进行砷标准系列和污泥样品的测定。

5.5.4　注意事项

注意事项包括以下几点：

（1）氢化物发生反应要求有适宜的酸度，当盐酸的体积分数为 2%～20%时，砷的荧光强度变化不大，当盐酸的体积分数小于 2%时，荧光强度显著降低。实验选择盐酸的体积分数为 5%。

（2）砷要与足量的硼氢化钾溶液反应形成气态氢化物才能被载气带入原子化器，但如果硼氢化钾过多，反应时会产生大量氢气，使氢化物的浓度减小，方法的灵敏度则会降低。试验表明，硼氢化钾溶液的浓度以 20 g/L 较为适宜。

5.6　污泥中铅及其化合物的表征

污泥的土地利用特别是污泥农用是一种符合我国国情的处理方法，铅能妨碍植物的生长发育，在植物体内积累，还可以通过植物链在动物和人体中积累。所以污泥农用必须解决污泥中重金属对土壤及作物的污染问题。

5.6.1　微波消解-火焰原子吸收光谱法测定污泥中的铅

传统的湿法消化污泥费时费酸，易污染环境。本法采用硝酸-氢氟酸做消解溶剂，采用微波技术消解污泥样品，火焰原子吸收光谱法测定铅含量，结果令人满意。

5.6.1.1　微波消解处理样品

称取污泥样品 0.3000 g 于聚四氟乙烯溶样杯中，加入硝酸 6.0 mL，氢氟酸 1.5 mL，盖上内盖，拧上罐盖（注意压控罐不加防爆膜），放入微波炉中，按消解程序进行消解，消解完毕，待微波炉自动关闭片刻后打开炉门，取出罐体，冷却至室温。开盖，用硝酸（0.2+99.8）洗涤溶样杯数次，合并于 50 mL 容量瓶中，定容待测。同时做试剂空白。

5.6.1.2　标准曲线的绘制

用硝酸（0.2+99.8）配制标准系列，铅为 1.0 mg/L，2.0 mg/L，4.0 mg/L，6.0 mg/L 和 8.0 mg/L，以相应的空白为参比，按仪器工作条件进行测定。

5.6.1.3　注意事项

注意事项包括以下几点：

（1）分别用硝酸、硝酸-盐酸、硝酸-过氧化氢消解污泥样品。试验结果显示，三种体系均消解不完全，样品呈浑浊或有黑色沉淀，测定值偏低。本法采用硝酸-氢氟酸体系，污泥样品消解完全，呈黄绿色溶液。

（2）对于 1.0 mg/L 铅，当相对误差为±5%时，400 倍的 K^{+}、Na^{+}、Mn^{7+}、Co^{2+}、Cd^{2+}、Fe^{2+}、Ni^{2+}；800 倍的 Cu^{2+}、Zn^{2+}；200 倍的 Ca^{2+}、Mg^{2+}、Cr^{3+}不干扰测定。

5.6.2　应用 HG-AFS 法测定污泥中的铅

目前，国内外关于如何测定水体中铅含量的文章比较多，尤其是应用原子吸收或者 ICP 等方法，但应用 HG-AFS 测定铅的文章相对较少，特别是测定污泥中铅的含量的相关文章。应用 HG-AFS 法测定铅近年来有了较大的发展，但是与其他能生成氢化物的元素不同，铅的氢化物生成反应只有在氧化剂或螯合剂存在下才有较高的效率。

5.6.2.1 HG-AFS 法测定污泥的适用范围

HG-AFS 法适用于城市污水处理厂污泥中铅的测定。由于污泥中重金属成分相对复杂，含量相对较高，因此污泥中存在的相互干扰较大，其中常见的重金属离子可在硫氰酸钾—草酸—高铁氰化钾—邻菲罗啉体系中去除。本法的检测限（参考值）为 0.5 ng/mL。本法比原子吸收法的灵敏度高，精密度和准确度比双硫腙比色法好，且操作简单、快捷。

5.6.2.2 原理

污泥样品经过盐酸、硝酸消解，铅及其化合物变成可溶性。在酸性介质中加入硼氢化钾溶液，铅与其他物质反应生成的氢化物由载气（氩气）直接导入石英管原子化器中，进而在氩氢火焰中原子化，受光源的光能激发，铅原子处于基态的外层电子跃迁到较高能级，并在回到较低能级的过程中，辐射出原子荧光，荧光的强度与原子的浓度成正比。

5.6.2.3 样品处理方法

称取 0.1000～0.5000 g 样品于 50 mL 烧杯中，用水湿润，加 7 mLHCl，盖上表面皿，置于电热板上加热至微沸，取下稍冷，加 3 mL HNO_3，继续加热，待污泥分解完全后蒸干，再加 2 次 3 mLHCl 蒸干，取下，稍冷后，加 3 mLHCl（1+2）及少量水溶解盐类，取下冷却，移入 50 mL 比色管中，加混合液 4 mL 摇匀，加 10%硫氰酸 4 mL，用水稀释至刻度，摇匀，在绘制标准工作曲线相同的条件下测定。

5.6.2.4 标准贮备液的配制

称取 1.000 g 高纯铅，加 20 mLHNO_3(1+1)溶解，加热至溶液近干，用 HCl 赶 HNO_3 三次。加入 250 mL HNO_3（1+1），加热溶解 $PbCl_2$，溶液转入 1000 mL 容量瓶中，再加入 250 mL HNO_3（1+1），冷却，用水稀释至刻度，混匀。此溶解含铅 1 mg/mL。

5.6.2.5 标准系列的配制

吸取 5.00 mL1.0mg/mL 铅贮备液，移入 1000 mL 容量瓶中，加入 3 mol/LHCl 溶液 10 mL，用蒸馏水稀释至刻度。此溶液含铅 5.00 μg/mL。

5.6.2.6 注意事项

注意事项包括以下几点：

（1）干扰主要来自 Ag^+、Cu^{2+}、Fe^{2+}、Co^{2+}、Ni^{2+}、Cd^{2+}等过渡金属离子和 Te(Ⅳ)、Se(Ⅳ)、Sn(Ⅱ)、Sn(Ⅴ/Ⅲ)、As(Ⅴ/Ⅲ)等氢化物生成元素。其中 Cu^{2+}、Ni(Ⅱ)、Sb(Ⅲ)、Te(Ⅳ)和 Se(Ⅳ)的干扰最为严重。

（2）乙二胺四乙酸（EDTA）对铅烷的生成有严重的抑制作用。由于铅的氢化物发生反应酸度范围较窄，KBH_4 浓度高，无法通过提高酸度和降低 KBH_4 浓度来减小或消除干扰。消除干扰的主要手段是使用干扰抑制剂或分离，如采用 $K_3Fe(CN)_6$-H_2SO_4 或 1%$H_2C_2O_4$-10%$K_3Fe(CN)_6$-(1+1)HCl 体系受共存离子的干扰最小，而采用 KSCN-$H_2C_2O_4$-$K_3Fe(CN)_6$-邻菲罗啉混全体系，可以消除大多数共存元素的干扰。在硫氰酸钾-草酸-高铁氰化钾-邻菲罗啉体系中，可以消除样品中共存元素的干扰。

（3）特别注意控制酸度。铅的氢化物发生条件对酸度要求十分苛刻，因此，要注意严格按所建议的条件操作，用户如要改变上述流速，请遵循以下原则：保持反应后废液中 pH 值为 8～9。

（4）NaOH(KOH)浓度应根据样品酸度加以确定，以能中和样品至 pH 值为 8～9 为合适。

5.7　污泥中其他金属及其化合物的表征

城市污水处理厂污泥的最终处置是国内外共同面临的难题和挑战。国内现有的污泥处理技术往往过于简单，排放的污泥中有机物含量高，易腐烂，恶臭，并含有寄生虫卵、病原微生物、重金属和多种化合物质，由此看出污泥成分无法达到卫生填埋标准，已经造成了环境污染等一系列严重的后果。由于城镇污水处理厂污泥吸附了水体中绝大部分的重金属污染物，直接将污泥农用会对环境产生污染。重金属对土壤的污染基本上是一个不可逆转的过程，因此污水污泥可以认为是一种危险废物。它们以各种方式危害人体和其他生物的健康，特别是在填埋处置过程中，由于重金属的不可降解性决定了其将长期存在于填埋场中，对填埋周围的环境构成极大的潜在威胁。重金属通常具有急性或慢性毒性，有时会以较为复杂的方式毒害人体，如致癌或非直接性地引发某些疾病。淡水或海洋中的水生生物对水体中的重金属非常敏感，即使很低的重金属浓度也会对它们构成威胁。土壤或灌溉水中的重金属会对植物生长产生不利影响，并且将在植物的叶、茎或根部富集，导致其影响波及整个食链。早在 20 世纪 50 年代初期，重金属的环境污染问题就引起了世界各国的普遍关注。特别是发生在日本的由汞污染引起的“水俣病”和由镉污染引起的“骨痛病”事件，以及欧洲一些国家陆续发现重金属污染产生的严重后果，使得关于重金属污染与防治的研究备受重视。环境中的重金属，由于其化学行为和生态效应的复杂性，近 20 年来，一直是国际环境界不衰的研究课题。2003 年以来，我国北京、上海、广州、深圳、重庆等城市先后编制了污泥处理处置规划，党的十六届五中全会又提出了建设资源节约环境友好型社会的目标，因此，解决好污泥处理处置问题已成为一项非常紧迫的任务。重金属废物来源广泛，涉及矿山、冶金、机械制造、化工、电子和仪表等行业。随着对重金属毒理学的深入研究及检测技术的发展，重金属废物的处理处置也逐渐趋向严格。这一点体现在需要监测的重金属类别的增加，以及所需达到的重金属排放或浸出浓度的降低上。

电镀污泥是电镀废水处理过程中产生的固体废弃物，其中含有一些重金属，如铜、镍、锌和铁等。电镀污泥的水分含量高，若任意填埋的话，不仅会造成土壤的重金属污染，还会污染地下水。但电镀污泥又是一种廉价可回收的资源，合理地利用它，把它变废为宝，是我们追求的目标。

5.7.1　污泥中铜含量的分析方法

5.7.1.1　碘量法测定电镀污泥中铜的含量

若污泥中铜含量高于 1%时，可使用碘量法来测定污泥中铜的含量，具体操作过程如下：称取 0.1～0.5 g 试样于 250 mL 烧杯中，加少量蒸馏水润湿；加入 10～15 mL 盐酸，低温加热 3～5 min，取下稍冷；再加入 10～15 mL 硝酸与硫酸的混合酸（7∶3），盖上表面皿，摇匀，低温加热至试样完全溶解；用少量水洗涤表面皿，继续加热蒸发至干，冷却；再用 20 mL 蒸馏水吹洗表面皿及杯壁，置于电炉上煮沸，使盐类完全溶解，取下冷却至室温；向溶液中滴加 300 g/L 乙酸铵溶液（若铁含量较小，需加 1 mL 100 g/L 三氯化铁）至红色不再加深并过量 3～5 mL；滴加氟化氢铵饱和溶液至红色消失并过量 1 mL，摇匀；迅速用 $Na_2S_2O_3$ 标准滴定溶液滴定至淡黄色；加入 2 mL 5 g/L 当天配制的淀粉溶液，继续滴定至浅蓝色；加入 1 mL 400 g/L KSCN 溶液，激烈摇振至蓝色加深，再滴定至蓝色恰好消失，即为终点。污泥中铜的含量计算如下：

$$w（Cu）（\%）=Vf/m\times100\%$$

式中，f 为与 1.00 mL $Na_2S_2O_3$ 标准溶液相当的铜的质量，g/mL；V 为滴定时消耗的 $Na_2S_2O_3$ 标准溶液的体积，mL；m 为称取试样量，g。

5.7.1.2 *原子吸收光谱法测定污泥中铜的含量*

若污泥中铜含量低于 1%时，可使用原子吸收光谱法来测定污泥中铜的含量，具体操作步骤如下：称取 1 g 左右试样于 250 mL 烧杯中；加 20 mL 盐酸，加热至烧杯中溶液剩 5～10 mL；加 10 mL 硝酸，加热蒸发至 3～5 mL，冷却；加入 5 mL 盐酸（1∶1），加水煮沸，使盐类溶解，冷却；移入 100 mL 容量瓶中定容，过滤；将原子吸收分光光度计波长调至 324.7 nm，测定试样的吸光度，同时测定标准试样的吸光度，并进行空白试验。

5.7.2 污泥中镍含量的分析方法

污泥中镍含量的测定方法也有两种：重量法和原子吸收光谱法。若污泥中镍含量较低时，用原子吸收光谱法测定镍的含量与测铜含量方法基本相同，只是在测镍时应将波长调至 232.0 nm。若镍含量较高时，我们采用重量法来测定污泥中镍的含量，具体方法如下：在氨性介质中，镍与丁二酮肟生成红色丁二酮肟镍的沉淀与其他元素分离，过滤，烘干至恒量以计算镍的含量。分析步骤如下：称取 0.4 g 左右试样于 400 mL 烧杯中，加入少量水润湿；加入盐酸 10 mL，微热溶解并蒸发至干，冷却加入 20 mL 硝酸-氯酸钾饱和溶液，加热并蒸发至 2～3 mL，冷却；加水煮沸使盐类溶解，冷却，移入 200 mL 容量瓶中，定容；移取 50 mL 溶液至 400 mL 烧杯中，加入 20 mL 200 g/L 酒石酸钾溶液，150 mL 沸水，20 mL 200 g/L 乙酸铵溶液，在不断搅拌下加入 3040 mL 10 g/L 丁二酮肟乙醇溶液，用氨水调至 pH 值为 7～8，置于 50℃恒温水浴上保温 20 min；将预先称至恒量的耐酸过滤坩埚置于吸滤瓶上，减压过滤用温水洗净烧杯，并洗涤沉淀 10 次；将连同沉淀的耐酸过滤坩埚置于恒温干燥箱中，于 130℃烘干 1 h，取出，置于干燥器中冷却至室温，称量，并反复烘干至恒量。电镀污泥中镍的含量计算如下：

$$w(\mathrm{Ni})(\%)=(m_2-m_1)\times0.2032/(m\times V_1/V_0)\times100\%$$

式中 m_2——空坩埚加沉淀的质量，g；

m_1——空坩埚的质量，g；

m——称取试样量，g；

V_0——试液的总体积，mL；

V_1——分取试液的体积，mL；

0.2032——丁二酮肟镍换算成镍的系数。

5.8 污泥中挥发性有机化合物的表征

洁净的空气对于人类来说，比任何东西都要珍贵。人二三十天不吃饭，5 天不饮水尚可以生存，但是 5 min 不呼吸就会死亡。空气不仅对人类的生存是必不可少的，而且是维持生活所必需的。做饭、取暖，以及工农业生产等都离不开空气。但是人类在最初大力发展生产力，轰轰烈烈地推动工业化的时候，并没有意识到要对空气加以保护，导致向空气排放的污染物质的量大大超过空气的自净能力，恶化了整个生态系统环境。人们只顾着享受大自然的赐予与科技进步带来的丰硕成果，并没有想到对自然环境应尽的义务，只为征服自然而自豪的结果是可想而知的。美国洛杉矶光化学烟雾事件、马斯河谷事件，以及伦敦烟雾事件终于使人们意识到大气保护的重要性。挥发性有机物是引起大气污染的主要元凶之一。挥发性有机物（volatile organic compounds，VOC）是指在常温下饱和蒸气压约大于 70 Pa，常压下沸点低于 260℃的有机化合物，主要包括含氧烃类、含卤烃类，广义上包含甲烷丙烷、氯烃、氟烃以及醇、醚、酯、酮、醛等含氧烃。随着工业的发展和人们生活水平的提高，VOCs 的排放量也与日俱增，并具有范围广、排放量大等特点。近年出台的 ISO14000 对 VOCs 的排放作了严格的规定，引起各国的高度重视。VOCs 的治理已成为当前国际环保的热点之一。由于生产力及种种主客观条件的限制，在相当长的一段时间内，我国在环境保护方面的研究主要侧重于废水的治理，在 VOCs 防治方面的研究远比经济发达国家落后。

5.8.1　污泥中 VOCs 的危害

近几年来，人们使用各种建筑材料、涂料等装饰装修室内环境，美化居室，并使用各种杀虫剂、洗涤剂和除臭剂等化学物品使生活更方便更舒适，与此同时，空气中挥发性有机化合物浓度也大量增加，人体健康受到不同程度的危害，但相当一部分人并没有意识到这种危害。VOCs 是一类严重危害人体健康的气体污染物，具有毒性、挥发性大且容易逸散到空气中等特点，会经由皮肤接触或呼吸途径伤害人体的呼吸道、肺脏、肝脏、肾脏、造血系统及神经系统等，影响轻者头痛、疲倦，重者呼吸困难、神经麻痹，甚至致癌致命。我国环保局已于 1985 年 10 月决定要求国内石化企业全面回收挥发性有机气体，防止危害人体健康。常见挥发性有机物的环境允许浓度及健康危害见表 5-2。

表 5-2　常见挥发性有机物的环境允许浓度及健康危害

VOCs	环境允许浓度/%	健康危害
甲苯	100×10^{-4}	头痛、目眩、贫血、恶心、肺水肿
苯	5×10^{-4}	可能的致癌物，白血病、呼吸麻痹
二甲苯	100×10^{-4}	贫血、白血球和红血球减少、皮肤黏膜刺激
丙酮	750×10^{-4}	眼睛、皮肤的刺激作用，麻醉、头痛、咳嗽、恶心、昏迷
甲基乙基酮	100×10^{-4}	黏膜刺激症状、麻醉
环已酮	25×10^{-4}	吸入、皮肤接触中度中毒
甲醇	200×10^{-4}	视神经障碍、头痛、呕吐、痉挛、失明
异丙醇	400×10^{-4}	黏膜的刺激、麻醉
乙酸乙酯	400×10^{-4}	弱麻醉作用、皮肤黏膜刺激
乙酸丁酯	150×10^{-4}	眼的刺激、麻醉
二氯甲烷	100×10^{-4}	麻醉性、疑似致癌物
三氯甲烷	350×10^{-4}	头痛、疲倦、中枢神经系统衰弱
一氯甲烷	50×10^{-4}	昏睡、恶心、胃痛、视力障碍
正已烷	50×10^{-4}	头痛、目眩、呕吐、失神
四氯化碳	5×10^{-4}	恶心、呕吐、疑似致癌物
三氯乙烯	100×10^{-4}	流泪、中枢神经刺激、麻醉

续表 5-2

VOCs	环境允许浓度/%	健康危害
乙　醛	10×10^{-4}	黏膜腐蚀、视觉模糊、伤害中枢神经
乙　腈	40×10^{-4}	头痛、眩晕、呼吸困难、伤害中枢神经
乙　醚	400×10^{-4}	麻醉神经系统，伤害肝肾
四氯乙烯	50×10^{-4}	伤害肝脏、麻醉、神经症
丙烯腈	40×10^{-4}	恶心、呕吐、呼吸困难、潜在性致癌物

5.8.2 污泥中 VOCs 的治理技术

对于污泥中的挥发性有机物，目前主要的治理方法包括两个方面：一是 VOCs 的污染控制技术；二是 VOCs 治理技术。VOCs 的污染控制技术主要是通过改进工艺技术、更换设备、防治泄漏乃至消除 VOCs 排放的预防性措施。但是由于目前生产技术水平的限制，向环境中排放和泄漏不同浓度的挥发性有机物是不可避免的。此时，则需要采用 VOCs 的治理技术。

目前常用的 VOCs 治理技术主要有吸附法、冷凝法、膜技术以及生物法等。

5.8.2.1 吸附法

吸附法是利用某些具有吸附能力的物质，如活性炭、硅胶、沸石分子筛、活性氧化铝等吸附污泥中有害的挥发性有机物而达到消除有害污染的目的。吸附法适用于吸附含有中低浓度 VOCs 的污泥治理。吸附效果取决于吸附剂性质、VOCs 种类和吸附系统的操作温度、湿度和压力等因素。

吸附法的应用比较广泛，主要适用于低浓度、高通量的 VOCs 的处理。具有能耗低、工艺成熟、去除率高、净化彻底以及易推广等优点，有很好的环境效益和经济效益。缺点是设备庞大，流程复杂，投资后一般运行费用较高，且具有二次污染产生。当 VOCs 中有胶粒物质或其他杂质时，吸附剂较易中毒。

5.8.2.2 冷凝法

冷凝法是利用 VOCs 在不同温度和压力条件下具有不同饱和蒸气压这一性质，采用高压系统压力或降低系统温度的方法，使处于污泥中的 VOCs 转变为蒸气状态从污泥中分离的过程。常见的冷凝系统工艺流程见图 5-3。

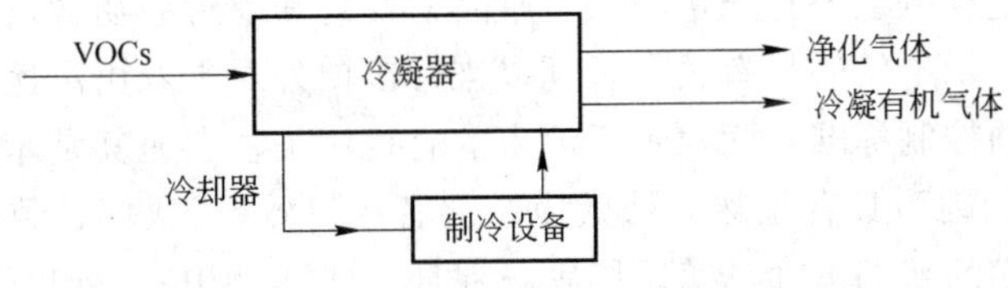

图 5-3　冷凝系统工艺流程

冷凝法去除污泥中的 VOCs 一般需要较高的压力和较低的温度才能保证较高的处理效果，因此该方法运行费用高，适用于含有高沸点和高浓度 VOCs 污泥的治理。该方法一般不单独使用，常常与吸附法、吸收法、膜分离法等联合使用。

5.8.2.3 膜技术

膜技术是一种新型高效分离技术，装置的中心部分为膜元件，常用的膜元件为平板膜、中空纤维膜和卷式膜。又可分为气体分离膜和液体分离膜等。以气体膜分离技术为例，其原理是：利用有机蒸气与空气透过膜的能力不同使得两者分开。其过程分为两步，首先压缩和冷凝有机废气，之后进行膜蒸气分离。

该方法已经成功应用于多个领域，用其他方法难以处理的 VOCs，用该方法则可以有效解决。膜分离法最适用于处理含有较高浓度 VOCs 的污泥。对于大多数间歇过程，因温度、压力、流量和 VOCs 浓度会在一定范围内变化，所以要求治理设备具有较强的适应性，膜系统正好可以满足这一要求。目前，我国采用膜分离技术法处理 VOCs 的研究工作才刚刚开始，离实现工业化应用还有一段距离。

5.8.2.4 生物法

生物法是利用微生物的新陈代谢过程对多种有机物和某些无机物进行生物降解，进而有效去除污泥中的 VOCs。该方法最早应用于脱臭。近年来，随着对 VOCs 治理技术研究的不断深入，该法逐步应用于 VOCs 的治理。VOCs 的生物处理技术主要有：生物过滤池（biofilter）、生物滴滤池（biotrickling filter）和生物洗涤塔（bioscrubber）。

生物法具有设备简单，运行维护费用低，无二次污染等优点，尤其是在处理含有低浓度、生物可降解性好的 VOCs 时更显其经济性。体积大和停留时间长是生物法的主要问题，同时，该方法对成分复杂的 VOCs 或难以降解的 VOCs 去除效果较差。

生物技术在欧洲及美国已经有广泛的应用，设备和工艺路线多，技术也比较成熟；而目前国内在这方面的研究不多，技术应用也较少。

5.9 污泥中苯类化合物的表征

5.9.1 概述

污泥一般是指污水处理厂净化污水时产生的沉积物，是亟待解决的固体废弃物。目前污泥的处置方法主要有填埋、焚烧、倒海和农业利用等。前三种方法由于场地的限制、费用昂贵、易造成二次污染等因素而难以为继或被禁止。其实，污泥中含有丰富的氮、磷、钾和有机质，农业资源化前景比较广阔，有利于城市和农业的可持续发展。英、美、法等许多经济发达国家的污泥农业利用率为 70%左右，有的甚至高达 80%以上。目前我国污泥的农业利用率还是很低（不足 10%），其原因主要是其中污染物含量普遍较高，也与研究程度较低而导致认识上的偏见有关。长期以来，国内外对于农用污泥中的重金属研究较多，并制定了有关的控制标准。而对于污泥中的有机污染物，尤其是苯类化合物的研究相对较少。苯类化合物因为具有生物方法效应，并有“三致”（致癌、致畸和致基因突变）作用而日益引起人们的普遍关注。美国国家环保局（U. S. EPA）列出了 129 种“优控污染物”中有很多都是苯类化合物。

5.9.2 污泥中苯类化合物种类、含量及治理技术

5.9.2.1 多环芳烃类

多环芳烃类（PAHs）是由 2 个或 2 个以上苯环以不同方式聚合而成的一组化合物，

其中许多化合物具有致癌性。污泥中常检测到的 PAHs 化合物主要有：萘、苊、二氢苊、芴、菲、蒽、荧蒽、芘、苯并[a]蒽、屈、苯并[b]荧蒽、苯并[k]荧蒽、苯并[k]芘、茚并[1,2,3-cd]芘、二苯并[a,h]蒽和苯并[g,h,i]芘等，通常以 2～4 个苯环的化合物为主，而 5～6 个苯环的化合物一般含量较低。国外污泥中 PAHs 的总含量一般在 1～10 mg/kg 之间，但是有些甚至高达 20 mg/kg 以上。我国污泥中 PAHs 含量见表 5-3，其中大陆的污泥 PAHs 总含量多数大于 10 mg/kg，香港污泥的 PAHs 总含量在 10 mg/kg 左右。与国外相比，我国污泥中仅单个化合物如苯并[a]蒽、蒽、荧蒽和屈的含量就大于 10 mg/kg，强致癌性的化合物苯并[a]芘在北京污泥和珠海污泥中的含量超过了我国农业利用污泥的控制标准（3.0 mg/kg）。

表 5-3 我国城市污泥中苯类化合物的含量（按干重计） mg/kg

污泥名称	氯苯类	硝基苯类	多环芳烃类	苯并[a] 芘
广州污泥	0.510	1.126	33.071	0.650
佛山污泥	0.457	1.648	18.360	1.020
珠海污泥	0.051	0.389	78.410	6.578
深圳污泥	0.010	0.085	1.388	0.050
无锡污泥	0.770	4.489	15.689	0.024
北京污泥	1.187	7.687	33.636	5.047
兰州污泥	6.917	17.220	143.804	0.049
西安污泥	0.142	0.526	2.271	0.063
香港大铺污泥	1.105	1.991	5.155	0.007
香港沙田污泥	0.351	0.817	11.848	0.033
香港元朗污泥	0.671	0.721	9.676	0.476

5.9.2.2 多氯代二苯并二恶英/呋喃

多氯代二苯并二恶英/呋喃（PCDD/PCDFs）是具有“三致”作用的全球性有机污染物。PCDDs 和 PCDFs 分别有 75 种和 135 种同系物，其中 2,3,7,8-四氯二苯并二恶英（T_4CDD）是目前已知的毒性最强的化合物之一。污泥中 PCDD/PCDFs 同系物的总含量一般较低，通常在 1～100 μg/kg 之间。如德国城市污泥中 PCDDs 和 PCDFs 的平均含量分别为 44 μg/kg 和 3.6 μg/kg。PCDDs 通常以六氯代-、七氯代-和八氯代二苯并二恶英为主。3,7,8-T_4CDD 的含量一般在 1.0×10^{-3}μg/kg 左右，甚至低于检测限。

5.9.2.3 多氯联苯

多氯联苯（PCBs）是由一个或多个氯原子取代联苯环上氢的原子而形成的一组化合物，它有 209 种同系物。污泥中 PCBs 的浓度一般在 0.1～20 mg/kg 之间。污泥中 PCBs 化合物的含量通常随着取代氯原子数的增多而增大。近年来，污泥中 PCBs 的含量呈现逐年下降的趋势。

5.9.2.4 氯苯

氯苯类化合物（CBs）属于中度挥发的有机污染物，污泥中氯苯化合物一般主要包括：1,2-二氯苯（1,2-DCB）、1,3-二氯苯(1,3-DCB)、1,4-二氯苯(1,4-DCB)、1,2,4-三氯苯(1,2,4-TCB)和六氯苯(HxCB)。

目前，国内外对氯苯类化合物降解的研究主要集中在通过对微生物酶活性分析法定性探讨生物降解途径。在作定量研究时，也绕过对目标化合物的直接测定，而是通过非特定参数，如累积好氧量等来表征氯苯化合物的生物降解。有研究从污水处理厂的活性污泥中驯化出能够以氯苯化合物为生长基质的混合菌种，并从不同角度研究了氯苯化合物的生物降解，还通过直接测定目标化合物的减少来定量表征其生物降解性。该研究结果表明，氯苯化合物降解的难易顺序为：1,4-二氯苯(1,4-DCB)> 1,2,4-三氯苯(1,2,4-TCB)> 六氯苯(HxCB)。六氯苯在培养周期内几乎不被微生物降解，即氯原子的引入是氯苯化合物难以生物降解的主要原因，氯取代数越多越难被微生物氧化降解。

5.10　污泥中酚类化合物的表征

5.10.1　概述

酚类化合物为细胞原浆毒物，属高毒性物质。这类物质被广泛地用于炼焦、制药、颜料合成、木材防腐剂、防锈剂、塑料制造、杀菌剂和一般杀虫剂等，而且酚类化合物还是化工、钢铁等工业废水的主要有毒有害成分。这些含酚废水经过污水处理后，只有少部分的酚类化合物被处理，大部分则残留在污泥中，严重威胁人类的健康。目前研究较多的酚类化合物主要是苯酚及氯酚类化合物。

5.10.2　污泥中苯酚的治理技术

苯酚及其衍生物对人类和动植物的毒性都很强，是我国优先控制的污染物之一。含酚污泥主要来自于造纸、炼油、合成纤维、合成橡胶、农药等行业中，是工业排放废弃物中主要的有害污染物组成成分。目前，对于污泥中苯酚类化合物的治理技术主要是生物处理技术和微波催化氧化法等。

5.10.2.1　酚类化合物的生物处理技术

近年来，酚类化合物的处理技术主要是利用从被酚类化合物污染的环境中分离得到多种降解酚类化合物的微生物菌株。由于利用微生物处理含酚类化合物的污泥具有投资少、处理效率较高、运行成本低、二次污染少等优点，生物法受到了越来越多的研究者的重视。有研究从受苯酚污染的土样中筛选出 2 株高效降解苯酚的细菌进行驯化、鉴定及固定化研究。也有研究表明，已经分离、鉴定出的许多微生物都能以苯酚为唯一碳源和能源，如乙酸钙不动杆菌、假单胞菌、根瘤菌、藻类、真氧产碱菌、反硝化菌。有研究者对假单胞菌的苯酚降解能力进行了研究，结果表明，该菌在最适条件下对苯酚的降解率为85%。

但是目前生物处理技术只局限于处理低浓度的苯酚，而高浓度的苯酚类化合物具有污染浓度高、可生化性差等特点，制约了这一技术在实际中的应用。因此，如何开发高活力的菌种成为这一技术进一步推广和应用的关键所在。

5.10.2.2　酚类化合物的微波催化氧化技术

污泥中含有大量难以降解的有机物质，特别是酚类化合物。微波诱导催化氧化的方法既能有效地使酚类化合物得以降解，作用时间短，只需几分钟，降解较彻底，处理量大，效率很高，又节省费用，且安全可靠。微波是一种非电离的电磁能，其穿透能力强，具有由内及外的加热特点及深层次的加热作用。国外曾利用微波诱导催化技术处理土壤中的苯酚类化合物，去除率均达 80%以上，处理效果良好。而污泥与土壤具有类似的性质特点，应用微波技术结合催化氧化技术使得污泥中的酚类化合物分解并转化为农作物可以吸收利用的有机质，无疑会提高污泥的效用，具有重要的现实意义。

有研究者研究以诱导 Fe_2O_3/H_2O_2 体系催化氧化污泥中的酚类化合物，其效率高，效果较好。该研究结果表明，对含 20 g 干污泥的 200 mL 污泥水处理的最佳条件是微波功率为 380 W、辐照时间为 5 min、催化作用量为 2.0 g、氧化剂 H_2O_2 用量为 2.0 mL，酚类有机物的去除率可达 90%以上。同时，因为微波能的无选择性，微波诱导催化氧化技术也可应用于其他难以降解的有机化合物的降解处理，更可以对不同行业的高浓度、难降解的有机污染物进行处理。

5.11 污泥生物学指标的表征

污泥是水和污水处理过程中所产生的固体沉淀物质。在污水处理过程中，细菌及大部分寄生生物留存在污泥中，病毒可以吸附在污水中的颗粒上，随着颗粒的沉淀沉积到污泥中。生污泥中病原菌的数量每克有数亿计，这些微生物包括：大肠菌、大肠粪菌、粪链球菌、噬菌体、沙门氏菌、痢疾菌属、铜绿色极毛杆菌、寄生虫卵/幼虫、蛔虫、鞭虫、群体鞭虫、弓蛔虫、膜翅目幼虫、肠道病毒等。污水主要来源于人类生活环境，大肠菌、大肠粪菌、粪链球菌等是哺乳动物直肠正常的排出物，它们的数量在污水和污泥中基本保持恒定。而其他各种病原菌，如沙门氏菌、痢疾菌、肠道病毒（例如脊髓灰质炎病毒、柯萨奇病毒、肝炎病毒、轮状病毒）和寄生生物（例如蛔虫、鞭虫、内阿米巴从）在污水/污泥中的比例则与当地传染病的流行有关。可见，如果污水处理厂不经严格处理和检验就排出污泥，进入人类的食物链，必然会导致疾病的大肆传播。我国一直以来执行老的《污水综合排放标准》，该标准中没有污泥控制标准，直接导致了污水处理厂对污泥检验的不重视。国家环保部颁布的《城镇污水处理厂污染物排放标准》于 2003 年 7 月 1 日开始实施，特别增加了污泥控制标准的内容，要求城镇污水处理厂的污泥应进行稳定化处理，并提出了控制指标。目前，检验污泥的常规生物指标为：细菌总数、粪大肠菌群及蛔虫卵。这三个常规生物指标有利于控制和检验污水处理厂排放的污泥。

5.11.1 污泥中细菌总数的检测方法

由于细菌种类繁多，在污泥中能够以各种形态存在，如单独个体、链状、簇状等，而且没有任何一种培养基能满足污泥中所有细菌的生长需求。所以，菌落总数的含义并不表示实际污泥中所有细菌菌落总数，而是指在一定量的污泥样品经稀释处理以后，置于营养琼脂培养基中，在 37℃中培养 24 h 后所生长细菌菌落的总数。

根据不同的污泥样品，要选择适宜的稀释度，以期培养后培养皿上得到的菌落总数介于 30～300 之间。如果认为直接培养计数所得的菌落数大于 3000，就应该先将污泥样品稀释 100 倍后，再进行培养计数。目前，污泥的稀释倍数一般选择在 10^{-6}～10^{-4}之间，培养皿上的菌落数在 30～300 之间。一般根据对污泥样品含菌量的估计，选择 2～3 个适宜浓度的稀释菌液用作平板培养。

5.11.2　污泥中粪大肠菌群的检测方法

污泥中粪大肠菌群的基本形状与总大肠菌群相似，而且是总大肠菌群的一部分。为了区别自然环境中的大肠菌群和存在于温血动物肠道内的大肠菌群细菌，可将培养温度提高到 44.5℃，在此条件下仍能产酸气体的，则称为粪大肠菌群（fecal coliform）。由于污泥样品中粪大肠菌群的含量较大，一般采用多管发酵法进行检测。

根据污泥的污染程度选择适合的接种量。对于污水处理厂的污泥，接种量一般选择 10^{-4}，10^{-5}，10^{-6}mL，每个污泥样品至少需要有三个不同的接种量。同一接种水样量要有五管。

5.11.3　污泥中蛔虫卵的检测方法

5.11.3.1　污泥样品中蛔虫卵的分离

一般实验中取一定量污泥样品于清洁的塑料离心管中，注入一定量氢氧化钠溶液，加入玻璃珠数颗，用配套的盖子盖紧离心管管口，置于振荡器上振荡一定时间，振荡频率为 200～300 次/min，然后静置一定时间，再用振荡器振荡一定时间，如此重复 3～4 次，使得污泥样品中被氢氧化钠溶液浸透，经过离心管内玻璃珠的撞击和摩擦，污泥样品中的蛔虫卵被分离出来，不再黏着在一起。

5.11.3.2　漂浮

从振荡器上取下离心管后，用滴管吸取清水，将附着在盖子和离心管口内壁的泥状物冲入离心管内，以免这一部分蛔虫卵漏检，然后在离心机上离心后倒去上清液，水洗一次，即加入清水将沉淀物搅匀后再离心一次，弃去上清液，随后加入少量饱和硝酸钠溶液，用玻璃棒搅成糊状后，再徐徐加入饱和硝酸钠溶液，边加边用玻璃棒搅动，直到液面离管口约 1 cm 为止，再将附着在玻璃棒上的混合液用饱和硝酸钠溶液冲入离心管中，再离心。由于蛔虫卵的相对密度小于饱和硝酸钠溶液的相对密度，所以离心管中的蛔虫卵就漂浮在饱和硝酸钠的表面。

5.11.3.3　液膜转移

用接种环将饱和硝酸钠溶液液面上的液膜移入盛有半杯清水的小烧杯中，约 30 次后再搅拌和离心，适当添加一些饱和硝酸钠溶液，如此反复，直到液膜涂片未查见虫卵为止。

5.11.3.4　抽滤

将烧杯中含蛔虫卵的混悬液，用抽滤器抽滤于微孔滤膜上。若样品中蛔虫卵数量过多，浑浊度大，则可添加一张滤膜。

5.11.3.5　镜检

抽滤后立即用小镊子将滤膜从漏斗的滤台上取下，平铺于大型载物玻片上，滴加 50% 甘油溶液，在低倍显微镜下直接镜检，这样蛔虫卵呈现在较透明和无气泡的视野中，便于观察和计数。目前，污水处理厂的出厂污泥中所含有的蛔虫卵较少，一般 3～8 个/g，有的污泥样品甚至未检出蛔虫卵。

6　污泥的浓缩技术

6.1　概述

6.1.1　污泥浓缩的目的和意义

污泥处理处置的目的以减容化、稳定化、无害化、资源化为原则。污泥浓缩的主要目的和意义在于减少污泥的体积，降低后续构筑物或处理单元的压力，如减小消化池的容积和加热污泥所需的热量。

污泥中所含水分大致分为四类：颗粒间的空隙水，即污泥包围着并不直接与固体结合的那部分水，约占总水分的 70%；颗粒间毛细管内的毛细水，指由于产生毛细现象而密集附着在细小污泥固体颗粒周围的水，约占总水分的 20%；污泥颗粒的吸附水，即包围在微生物细胞膜周围的水；内部水，即细胞内的含水。吸附水和内部结合水大约共占总水量的 10%，污泥中所含水分如图 6-1 所示。污泥浓缩主要是用来降低污泥颗粒间的空隙水，因它占污泥含水总量的 70%左右，故浓缩是减少污泥体积最经济有效的方法。

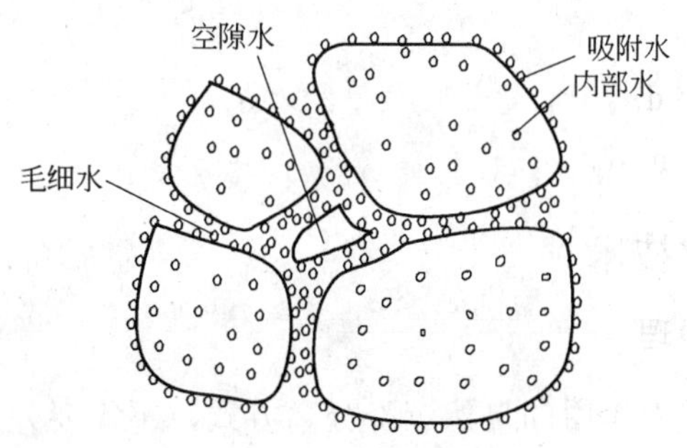

图 6-1　污泥水分示意图

污泥的浓缩可分为重力浓缩、气浮浓缩、机械浓缩等。其中重力浓缩应用较为广泛。在选择浓缩方法时，除了各种方法本身的特点外，还应考虑污泥的性质、来源、整个污泥处理流程及最终处置方式等。如重力浓缩用于浓缩初沉污泥和剩余活性污泥的混合污泥时效果较好；单纯的剩余活性污泥一般用气浮法浓缩。

6.1.2　污泥浓缩效果的测定

污泥浓缩效果通常可用浓缩污泥的浓度、固体回收率和分离率三个指标来评价。

6.1.2.1　*浓缩污泥浓度*

对浓缩污泥的浓度测定最精确的方法是从排泥管中取样分析。一般污泥（混合污泥）浓缩后，固体浓度因废水的处理方法、流入污泥的浓度及季节的变化而变动，其变动范围大致在 2%～5%。

6.1.2.2　固体回收率

固体回收率是指浓缩污泥固体量与流入固体量之比，该指标也是评价浓缩效果好坏的重要工艺参数，因为无论浓缩后污泥浓度有多高，如果固体随溢流水流出，这种浓缩设备的性能就不能说得到发挥。固体回收率η可用式（6-1）表示：

$$\eta=\frac{Q_u\rho_u}{Q_f\rho_f}\times100\%=\frac{Q_f\rho_f-Q_o\rho_o}{Q_f\rho_f}\times100\% \tag{6-1}$$

式中　η ——固体回收率，%；

ρ_f ——流入污泥质量浓度，kg/m^3；

Q_f ——给泥量，m^3/d；

ρ_u ——浓缩污泥质量浓度，kg/m^3；

Q_u ——浓缩污泥量，m^3/d；

Q_o ——溢流水量，m^3/d；

ρ_o ——溢流水污泥质量浓度，kg/m^3。

一般来说，正常运行的浓缩池，固体回收率η在 90%～95%范围内，浓缩初沉污泥时，η应大于 90%，浓缩初沉污泥和活性污泥混合污泥时，η应大于 85%。

6.1.2.3　分离率

分离率是指浓缩池上清液溢流量占流入污泥量的百分比，可用式（6-2）表示：

$$F=\frac{Q_o}{Q_f}\times100\% \tag{6-2}$$

式中　F ——分离率，%；

Q_f ——给泥量，m^3/d；

Q_o ——溢流水量，m^3/d。

6.2　污泥的重力浓缩技术

6.2.1　重力浓缩的基本原理

重力浓缩法是利用重力作用的自然沉降分离方式，不需要外加能量，是一种最节能的污泥浓缩方法。重力浓缩本质上是一种沉淀工艺，属于压缩沉淀。根据悬浮物质的性质、浓度及絮凝性能，沉淀可分为四种类型：

第一类为自由沉淀，当固体颗粒浓度不高时，在沉淀过程中，颗粒之间互不碰撞，呈单颗粒状态，各自独立地完成沉淀过程。沉降的粒子与上清液之间不形成清晰的界面，但可以见到澄清区域。不过，所含胶体粒子如果不失稳，还是得不到清澄的上清液。粒子的沉降速度不受固体颗粒浓度的影响，而决定于粒子的大小和密度。典型例子是砂粒在沉砂池中的沉淀，以及悬浮物浓度较低的污水在初沉池中的沉淀过程。自由沉淀过程可用牛顿第二定律及斯托克斯公式描述。

第二类为絮凝沉淀（也称干涉沉淀），当固体颗粒浓度约为 50～500 mg/L 时，在沉淀过程中，颗粒与颗粒之间可能互相碰撞产生絮凝作用，使颗粒的粒径与质量逐渐加大，沉淀进度不断加快，故实际沉速很难用理论公式计算，主要靠试验测定。这类沉淀的典型例子是活性污泥在二沉池中的沉淀。

第三类为区域沉淀（或称成层沉淀、拥挤沉淀），当悬浮物质浓度大于 500 mg/L 时，在沉淀过程中，相邻颗粒之间互相妨碍、干扰，沉速大的颗粒也无法超越沉速小的颗粒，各自保持相对位置不变，并在聚合力的作用下，颗粒群结合成一个整体向下沉淀，与澄清水之间形成清晰的液-固界面，沉淀显示为界面下沉。典型例子是二沉池下部的沉淀过程及浓缩池的开始阶段。

第四类为压缩沉淀，这是区域沉淀的延续。颗粒间互相交承，上层颗粒在重力作用下，挤出下层颗粒的间隙水，粒子之间相互接触更紧密，使污泥得到浓缩。典型例子是活性污泥在二沉池的污泥斗中及浓缩池中的浓缩过程。

活性污泥在二次沉淀池及浓缩池的沉淀与浓缩过程中，实际上都顺次存在着以上四种类型的沉淀过程，只是产生各类沉淀的时间长短不同而已。图 6-2 所示的沉淀曲线，即活性污泥在二次沉淀池中的沉淀过程。

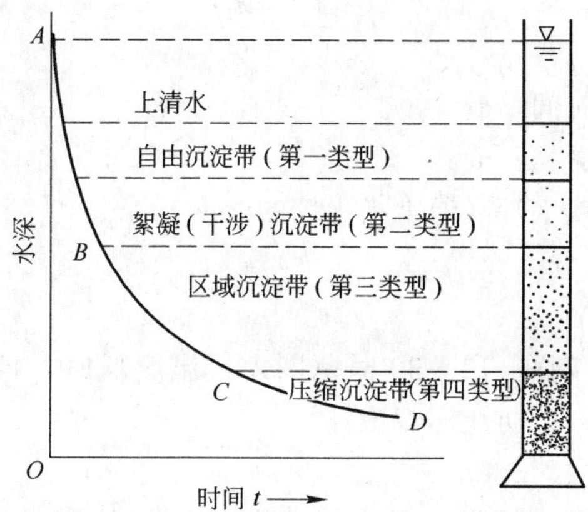

图 6-2　污泥在二次沉淀池中的沉淀过程

6.2.2　重力浓缩的影响因素

影响污泥重力浓缩效果的主要因素有悬浮物的浓度、温度、搅拌强度和设备的结构，深入了解各种影响因素，并在实际操作中正确合理地加以调控是十分重要的。

6.2.2.1　*悬浮液的浓度*

污泥的沉降速度随着悬浮液中固体浓度的增大而减小，这是由于：

（1）污泥颗粒与液体间的表观密度差减小；

（2）液体的表观黏度增大，流体力学条件发生变化；

（3）因污泥颗粒沉降而被置换出来的液体的上升速度，因孔隙率减小而增大，阻碍了颗粒的沉降。

因此，污泥种类和浓缩池确定后，给泥量存在一个最佳控制范围。当给泥量太大，超过了浓缩池的浓缩能力时，会导致上清液固体浓度太高，排泥浓度太低，起不到应有的浓缩效果；当给泥量太低时，不但降低处理量，浓缩池得不到充分利用，还可导致污泥上浮，使浓缩不能顺利进行下去。

浓缩池的给泥量可由式（6-3）计算：

$$Q_{\mathrm{f}}=\frac{q_{\mathrm{s}}A}{\rho_{\mathrm{f}}} \tag{6-3}$$

式中　Q_{f}——给泥量，m^3/d；

ρ_{f}——进泥质量浓度，kg/m^3；

A——浓缩池的表面积，m^2；

q_{s}——固体表面负荷，$kg/(m^2 \cdot d)$。

固体表面负荷大小与污泥种类、浓缩池结构和温度有关。初沉污泥的浓缩性能较好，其固体表面负荷 q_{s} 一般可控制在 90～150 kg/（$m^2 \cdot d$）的范围内。活性污泥的浓缩性能差，q_{s} 一般在 10～30 kg/（$m^2 \cdot d$）之间。常见的形式是初沉污泥与活性污泥混合后进行重力浓缩，其 q_{s} 取决于两种污泥的比例，国内常控制在 60～70 kg/（$m^2 \cdot d$）。

污泥的悬浮物浓度与水力学条件有关，由污泥负荷确定的给泥量还应当用水力学停留时间进行核算。水力学停留时间可用式（6-4）计算：

$$t = \frac{V}{Q_{\mathrm{f}}} = \frac{AH}{Q_{\mathrm{f}}} \tag{6-4}$$

式中　t——水力学停留时间，d；

A——浓缩池的表面积，m^2；

H——浓缩池的有效水深（通常指直墙的深度），m；

V——浓缩池体积，m^3；

Q_{f}——给泥量，m^3/d。

水力停留时间一般控制在 12～30 h 范围内，温度低时，停留时间长一些；温度高时，停留时间短一些为宜，以防止污泥上浮。

6.2.2.2　温度

当温度升高时，一方面，污泥容易水解酸化（腐败），可导致污泥上浮，使浓缩效果降低；但另一方面，温度升高会使污泥的黏度降低，使污泥中的孔隙水容易分离出来，固体颗粒的沉降速度加快，从而提高浓缩效果。在防止污泥水解酸化的前提下，浓缩效果随温度升高而提高。

但是，温度升高，浓缩池周边四壁的冷却形成悬浮液内的对流，也会影响粒子的沉降，需要引起注意。

6.2.2.3　搅拌强度

搅拌强度太大，往往会破坏易凝聚的固体或者是混凝沉淀法生成的沉淀物的凝聚状态，降低沉降速度。但合适的搅拌强度有利于促进凝聚，增大沉降速度。凝聚状态的变化，也会改变压缩脱水的机制，所以搅拌对于沉降浓缩全过程的影响是较为复杂的。

在重力浓缩过程中，从区域沉降状态至压缩沉降状态之间，往往在浓缩泥层中形成一些小通道，下方泥层中的液体经过这些小通道，直接到达泥层表面，在泥层表面见到一个个小的突起，这种现象称之为沟流。当悬浮液中粒子的容积百分率达到 40%前后时，往往会产生这种现象。产生沟流后溶液直接通过这些小通道到达表面，界面的沉降速度急剧增大，沉降速度与浓度不成函数关系。沟流现象目前还缺乏定量的描述，成为沉降浓缩理论的一个盲点。

6.2.2.4　设备结构

当浓缩池直径过小时，沉降受池壁的影响，往往容易形成架桥现象，或者当设备倾斜时，沉降速度也与正常沉降速度不同。因此，在为取得设计参数而进行试验时，需要选用直径不小于 6 cm 的容器。

6.2.3 重力浓缩的设备

重力浓缩池可分为间歇式和连续式两种，当污泥量较少时，可采用间歇进泥式浓缩池，这种形式的浓缩池运转管理较容易。当污泥量较多时，排泥池中的污泥连续排出，可采用连续进泥式浓缩池。

6.2.3.1 间歇式污泥浓缩池

间歇式污泥浓缩池设计的主要参数是停留时间。停留时间最好经过试验决定，一般取 9~12 h。如果停留时间太短，浓缩效果不好；如果停留时间太长，不仅占地面积大，还可能造成有机物厌氧发酵，还会破坏浓缩过程。间歇式污泥浓缩池多用于小型污水处理厂。池形一般为矩形或圆形。

设计时应在浓缩池深度方向的不同高度上设置清液排除管，以便运行时排除浓缩池中的上清液而投入待浓缩的污泥。

6.2.3.2 连续式污泥浓缩池

连续式污泥浓缩池可采用沉淀池的形式，一般为竖流式（或辐流式）。连续式污泥浓缩池的合理设计与运行取决于对污泥沉降特性的确切掌握。污泥的沉降特性与固体浓度、性质及来源有密切关系。所以在设计时，最好先进行污泥浓缩试验，掌握沉降性能，得出设计参数。设计参数主要包括：

（1）浓缩池的固体通量，指单位时间内，通过浓缩池任一断面的干固体量，$kg/(m^2·h)$ 或 $kg/(m^2·d)$；

（2）水利负荷，指单位时间内，通过单位浓缩池表面积的上清液溢流量 $m^3/(m^2·h)$或 $m^3/(m^2·d)$。

（3）水力停留时间（h 或 d）。

目前应用最多的连续式污泥浓缩装置有悬挂式中心传动浓缩池（如图 6-3 所示），垂架式中心传动浓缩池（如图 6-4 所示）和周边传动浓缩池（如图 6-5 所示）。另外，为了减少设备的占地面积，开发了多层辐射式浓缩池，见图 6-6，它实际上是将单层浓缩池重叠，所以多层的结构与单层浓缩池相同。

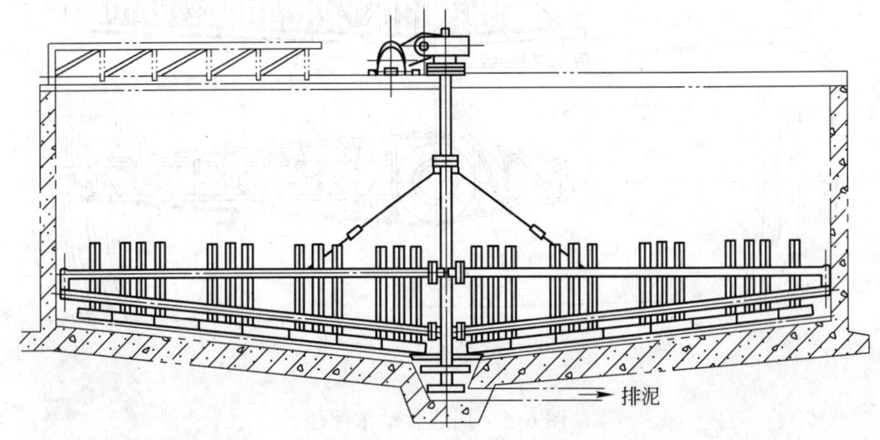

图 6-3 悬挂式中心传动浓缩池

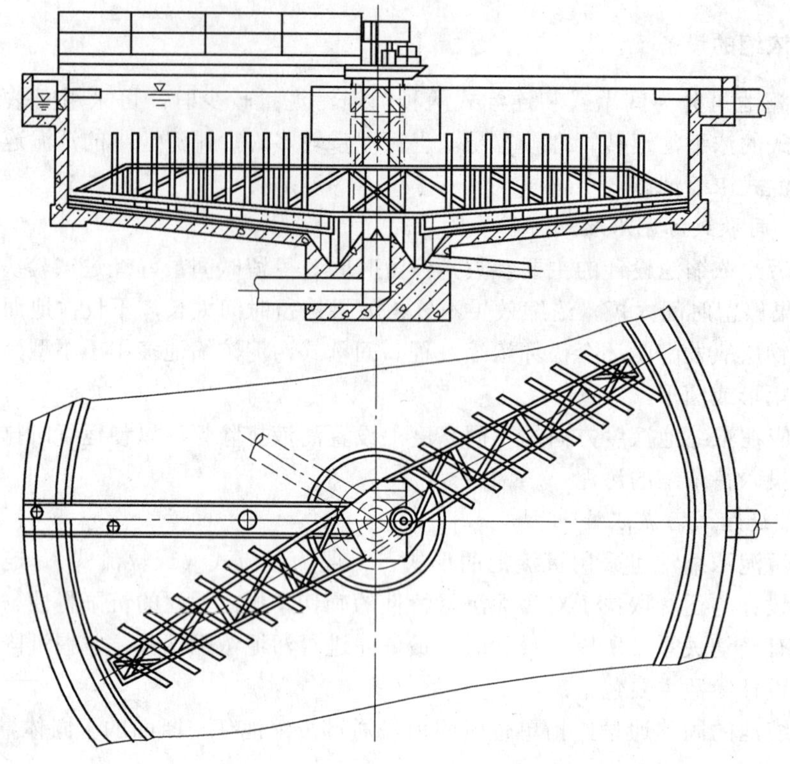

图 6-4　垂架式中心传动浓缩池

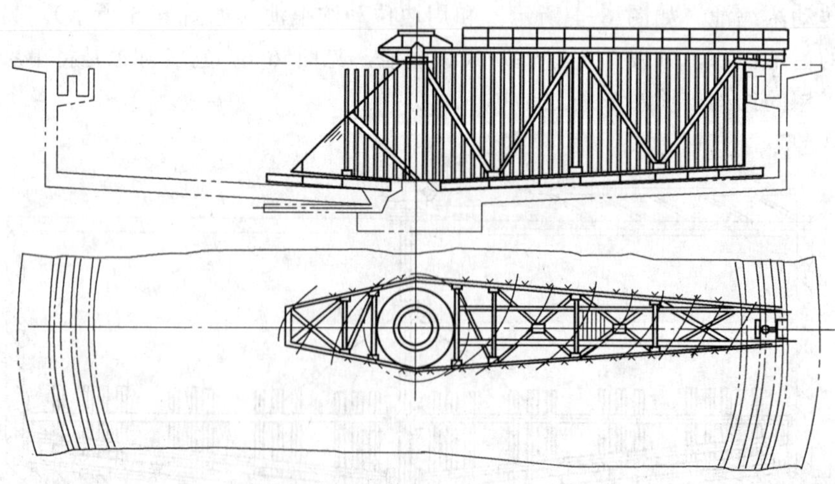

图 6-5　周边传动浓缩池

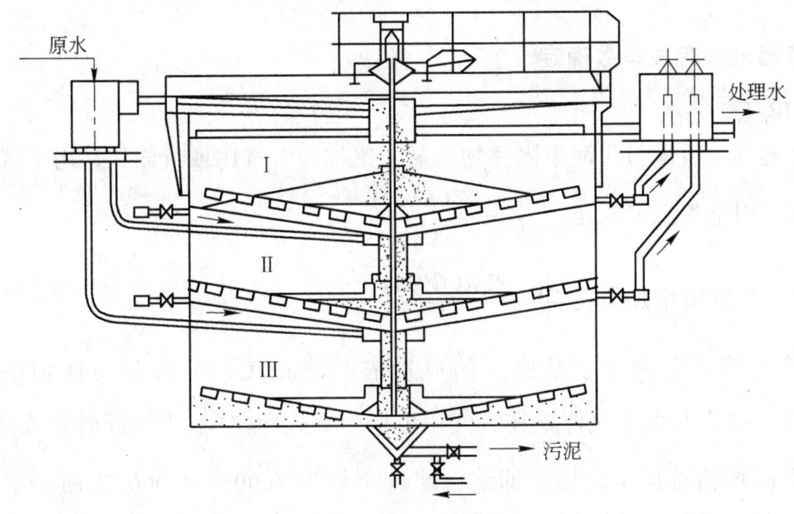

图 6-6 多层辐射式浓缩池

6.3 污泥的气浮浓缩技术

对于处于膨胀状态的污泥，当其密度接近或小于 1 g/cm^3 时，重力浓缩的效果较差。针对此类污泥，近年来气浮浓缩逐渐取代重力浓缩，成为污泥浓缩的主要手段。

6.3.1 气浮浓缩的基本原理

气浮浓缩与重力浓缩的根本差别是促使固液分离的原动力不一样，气浮浓缩是利用固体与水的密度差而产生的浮力，使固体上浮到固液分离，实现固体浓缩的目标。一般来说，固体与水的密度差愈大，浓缩效果愈好。对密度小于 1 g/cm^3 的固体，可以直接进行上浮分离。对于密度大于 1 g/cm^3 的固体，则可以通过改变其密度，使其密度小于 1 g/cm^3 而实现固液分离。改变固体密度的方法有很多，但最经济的方法就是空气，将空气附着在固体颗粒的表面，可以改变固体密度，产生上浮的原动力。

空气从水中释放的过程中会形成许多微细的气泡，黏附在污泥絮体的周围，使污泥絮体密度减小，而被强制上浮。气体对固体颗粒的附着泡也容易附着在疏水性固体颗粒的表面。活性污泥虽然是亲水性的，但由于能形成絮体，污泥颗粒在絮凝过程中能捕集气泡，絮体的捕集作用和吸附作用，足以使污泥颗粒表面附着大量气泡，从而使絮体的密度减轻而达到气浮的目的。

在一定温度下，空气在水中的溶解度与压力成正比，即服从亨利定律，压力愈高，溶解在水中的空气量愈多。当压力降低时，溶解的空气会从水中释放出来，达到与该压力相应的溶解度后处于平衡，空气不再释放出来。

气浮可分为分散空气气浮和加压气浮两种。分散空气气浮是将空气直接吹入悬浮液中，形成的气泡直径比较大，一般在 1000 μm 左右，这种方法一般在矿物、煤炭浮选中使用。加压气浮是在一定压力下使空气溶解在水中，压力恢复到常压，溶解在水中的过饱和空气从水中释放出来，产生大量微气泡，直径只有 10～100 μm，固液分离效率高，污泥浓缩效果好，目前污泥浓缩一般都采用这种方法。

6.3.2　气浮浓缩池的有关参数确定

6.3.2.1　溶气比的确定

气浮时有效空气质量与污泥中固体物质量之比称为溶气比或气固比，用下式表示：

无回流时，用全部污泥加压：$\frac{A_a}{S}=\frac{S_a(fP-1)}{C_0}$

有回流时，用回流水加压：$\frac{A_a}{S}=\frac{S_aR(fP-1)}{C_0}$

上述两式的等式右侧分子是空气的质量浓度，mg/L，分母是固体物质量浓度，mg/L，式中的“−1”是由于气浮是在大气压下操作。式中，$\frac{A_a}{S}$为气浮时有效空气总质量与入流污泥中固体物总质量之比，即溶气比。一般为 0.005～0.060 之间，常用 0.03～0.04，或通过气浮浓缩试验确定。$S=Q_0C_0$，mg/h；S_a 为在 0.1 MPa（1 个大气压）下，空气在水中的饱和溶解度（mg/L），其值等于在 0.1 MPa 下，空气在水中的溶解度（以容积计，单位为 L/L）与空气容重（mg/L）的乘积。0.1 MPa 下，空气在不同温度时的溶解度及容重列于表 6-1；P 为容气罐的压力，一般用 0.2～0.4 MPa，当用上述两式时，以 0.2～0.4 MPa 代入；R 为回流比，等于加压溶气水的流量与入流污泥流量 Q_0 之比，一般用 1.0～3.0；f 为回流加压溶气水的空气饱和度，%，一般为 50%～80%；Q_0 为入流污泥量，L/h；C_0 为入流污泥固体浓度，mg/L。

表 6-1　空气溶解度及容重

气温/℃	溶解度/$L \cdot L^{-1}$	空气容重/$mg \cdot L^{-1}$
0	0.0292	1252
10	0.0228	1206
20	0.0187	1164
30	0.0157	1127
40	0.0142	1092

6.3.2.2　气浮浓缩池表面水力负荷

气浮浓缩池表面水力负荷 q 可参考表 6-2。

表 6-2　气浮浓缩池水力负荷、固体负荷

<table>
<tr><th rowspan="2">污 泥 种 类</th><th rowspan="2">入流污泥固体质量分数/%</th><th colspan="2">表面水力负荷/$m^3 \cdot (m^2 \cdot h)^{-1}$</th><th rowspan="2">表面固体负荷/$kg \cdot (m^2 \cdot h)^{-1}$</th><th rowspan="2">气浮污泥固体质量分数/%</th></tr>
<tr><th>有回流</th><th>无回流</th></tr>
<tr><td>活性污泥混合液</td><td><0.5</td><td rowspan="5">1.0～3.6</td><td rowspan="5">0.5～1.8</td><td>1.04～3.12</td><td rowspan="5">3~6</td></tr>
<tr><td>剩余活性污泥</td><td><0.5</td><td>2.08～4.17</td></tr>
<tr><td>纯氧曝气剩余活性污泥</td><td><0.5</td><td>2.50～6.25</td></tr>
<tr><td>初沉污泥与剩余活性污泥的混合污泥</td><td>1～3</td><td>4.17～8.34</td></tr>
<tr><td>初次沉淀池污泥</td><td>2～4</td><td><10.8</td></tr>
</table>

6.3.2.3 回流比 R 的确定

溶气比确定以后，根据上述方程式可计算出 R 值。无回流时，不必计算 R。

6.3.2.4 气浮浓缩池的表面积

气浮浓缩池的表面积可根据下式计算：

无回流时，$A=\dfrac{Q_0}{g}$

有回流时，$A=\dfrac{Q_0(R+1)}{q}$

式中，A 为气浮浓缩池表面积，m^2；q 为气浮浓缩池表面水力负荷，参见表 6-2，$m^3/(m^2 \cdot d)$ 或 $m^3/(m^2 \cdot h)$；Q_0 为入流污泥量，m^3/d 或 m^3/h。

表面积 A 求出后，需用固体负荷校核。如不能满足，则应采用固体负荷求得的面积。

6.3.2.5 气浮浓缩混凝剂的应用

气浮浓缩可采用无机混凝剂，如铝盐、铁盐、活性二氧化硅等，或有机高分子聚合电解质，如聚丙烯酰胺（PAM）等，在水中形成易于吸附或俘获空气泡的表面及构架，改变气泡-液体界面、固体-液体界面的性质，使其易于互相吸附，提高气浮浓缩的效果。至于使用何种混凝剂及其剂量，最好通过试验决定。

如果气浮浓缩后的污泥用于回流曝气池时，则不宜采用混凝剂，因为混凝剂会影响曝气池中活性污泥的正常运行。

6.3.3 气浮浓缩装置

气浮浓缩装置如图 6-7 所示。气浮浓缩装置一般由三部分组成，即压力溶气系统、溶气释放系统及气浮分离系统。压力溶气系统主要包括水泵、空压机、压力溶气罐及其他附属设备，其中压力溶气罐是影响溶气效果的关键设备；溶气释放系统主要由溶气释放器（或穿孔管、减压阀）及溶气水管路组成，溶气释放器的功能是将压力溶气水通过消能、减压，使溶入水中的气体以微气泡的形式释放出来，并能迅速又均匀地附着到污泥絮体上；气浮分离系统，一般可分为平流式和竖流式两种类型。

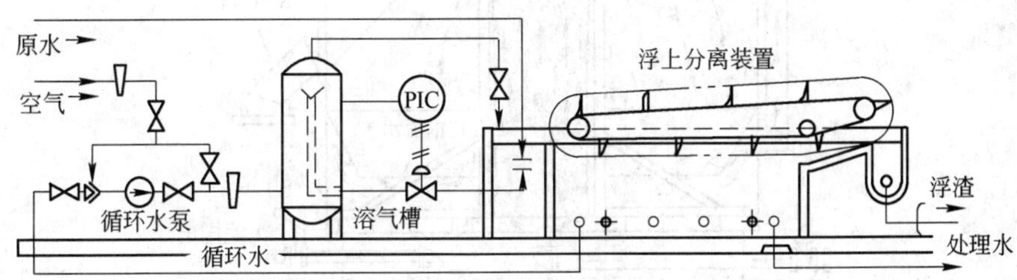

图 6-7 气浮浓缩装置

平流式加压气浮浓缩装置如图 6-8 所示。在气浮浓缩池的一端设置进水室，污泥和加压溶气水在这里混合，释放出来的微气泡附着在污泥絮体上，上浮后从上方以平流方式流入分离池，在分离池中，固体与澄清液分离。用刮泥机将上浮到表面的浮渣送到浮渣室。澄清液则通过设置在池底部的集水管汇集，越过溢流堰，经处理水管排出。在分离池中沉淀下来的污泥将被集中到污泥斗之后排出。

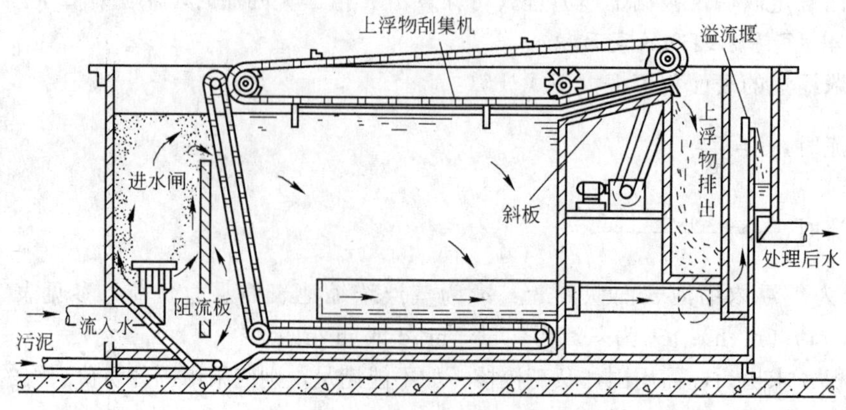

图 6-8　平流式加压气浮浓缩装置

竖流式加压气浮浓缩装置如图 6-9 所示，在浓缩装置的中间设置圆形进泥室，在对流入的污泥悬浮液所具有的能量进行衰减的同时起到均化作用。加压溶气水与污泥悬浮液一同进入进泥室，释放出的微气泡附着在污泥絮体上后，污泥絮体上浮，然后借助刮泥板把浮渣收集排出。未上浮而沉淀下来的污泥，依靠旋转耙收集起来，从排泥管排出。澄清液则从底部收集后排出。刮泥板、进泥室和旋转耙等都安装在中心旋转轴上，从结构上使整个装置变成一体，依靠中心轴的旋转，使这些部件以同样的速度旋转。

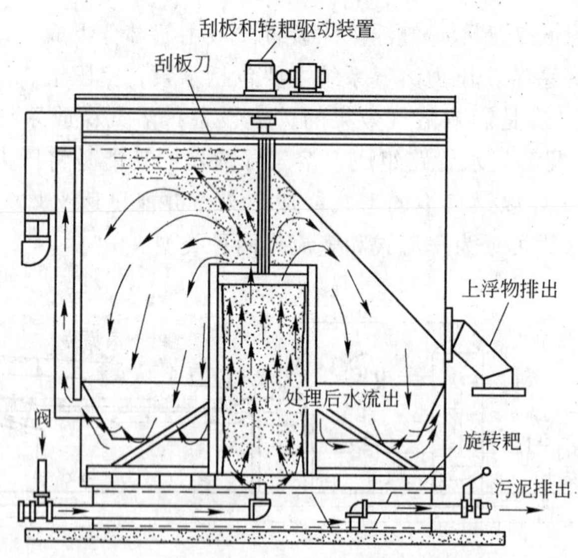

图 6-9　竖流式加压气浮浓缩装置

6.3.4　其他气浮浓缩技术

近年来，生物溶气气浮工艺和涡凹气浮工艺在污泥浓缩中的应用或研究已有所报道。

6.3.4.1 生物气浮浓缩

1983 年，瑞典 Simona Cizinska 开发了生物气浮污泥浓缩工艺。该工艺是加入硝酸盐，利用污泥的自身反硝化能力，在污泥进行反硝化作用时产生气体，使污泥上浮而进行浓缩。硝酸盐浓度、温度、碳源、初始污泥浓度、泥龄和运行时间对污泥的浓缩效果有较大影响。气浮污泥浓度是重力浓缩的 1.3～3 倍，对膨胀污泥也有较好的浓缩效果，气浮污泥中所含气体少，对污泥后续处理有利。

生物气浮污泥浓缩工艺在捷克的 Pisek、Milevsko 污水处理厂和瑞典的 Bjornlunda 污水处理厂进行了生产性试验，结果显示，6.2，10.7，3.5 g/L 的 MLSS 分别浓缩到 59.4，59.7，66.7 g/L，浓缩每增加 1 g/L 浓度的 MLSS，消耗的 NO^{3-}分别为 17.2，16.7，29.7 mg。浓缩时间为 4～24 h。

生物气浮浓缩工艺的日常运转费用比压力溶气气浮污泥浓缩工艺低，能耗小，设备简单，操作管理方便，但污泥停留时间比压力溶气气浮污泥浓缩工艺长，而且需投加硝酸盐。

6.3.4.2 涡凹气浮浓缩

涡凹气浮系统的显著特点是通过独特的涡凹曝气机将“微气泡”直接注入水中，不需要事先进行溶气，散气叶轮把微气泡均匀地分布于水中，通过涡凹曝气机的抽真空作用实现污水回流。

胡锋平等人采用 CAF－5 型涡凹气浮设备对南昌市朝阳洲污水处理厂剩余污泥进行过一些浓缩试验，结果表明，涡凹气浮浓缩工艺具有污泥停留时间短，污泥浓缩效果好，浓缩污泥脱水性能好，设备简单，操作方便，费用低，污泥无磷的释放等特点，适宜于低浓度剩余活性污泥的浓缩。

6.4 污泥的机械浓缩技术

机械浓缩包括离心浓缩、带式浓缩机浓缩和转鼓、螺压浓缩机浓缩等。

6.4.1 离心浓缩

离心浓缩工艺的动力是离心力，是利用污泥中的固体、液体的密度差及惯性差，在离心力场所受到的离心力不同而被分离，由于离心力远远大于重力或浮力，是重力的 500～3000 倍，分离速度快，浓缩效果好。

离心浓缩工艺最早始于 20 世纪 20 年代初，当时采用的是最原始的筐式离心机，后经过盘嘴式等几代更换，现在普遍采用的是卧螺式离心机。与离心脱水的区别在于，离心浓缩用于浓缩活性污泥时，一般不需加入絮凝剂调质，只有当需要浓缩污泥含固率大于 6%时，才加入少量絮凝剂，而离心脱水机要求必须加絮凝剂进行调质。

离心浓缩占地小，不会产生恶臭，对于富磷污泥可以避免磷的二次释放，提高污泥处理系统总的除磷率，造价低，但运行费用和机械维修费用高，经济性差，一般很少用于污泥浓缩，但对于难以浓缩的剩余活性污泥可以考虑使用。

目前，常用的离心浓缩机有螺旋滗水形卧式离心机和笼形立式离心机两种。在螺旋滗水形卧式离心机中，浓缩污泥从转筒中由螺旋将其排出，而笼形立式离心机则通过集泥管排出污泥。图 6-10 为卧式螺旋浓缩机的一种。以污泥供给管为中心，外筒和内筒保持一定的转速差而旋转。污泥通过污泥供给管连续输送到高速旋转的外筒内，由于离心力的作用，污泥絮体在外筒内壁沉降堆积。内筒中设置有螺杆，内筒的转速比外筒低，发生螺旋输送作用，螺杆把外筒内壁堆积的污泥向左推送作为缩污泥排出。上清液从外筒侧面的排出口溢流出来。这类离心浓缩机的分离因数 G 为 1000～3000。

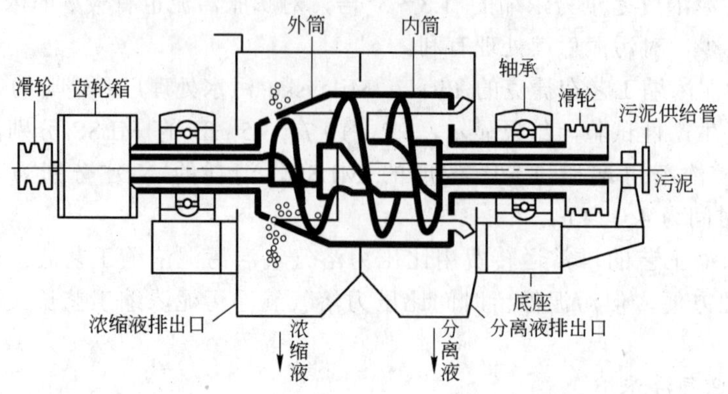

图 6-10　卧式螺旋离心浓缩机

笼形立式离心浓缩机结构示意图见图 6-11。圆锥形笼框内侧铺上滤布，驱动电机通过旋转轴带动笼框旋转。污泥从笼框底部流入，其中的水分通过滤布进入滤液室，然后排出。污泥中的悬浮固体被滤布截留，从而实现固液分离，污泥被浓缩。浓缩的污泥沿笼框壁徐徐向上，从上端进入浓缩室再排出。由于离心和过滤双重作用，该种离心浓缩机大大提高了过滤效率，实现了浓缩装置小型化，大大减少占地面积。

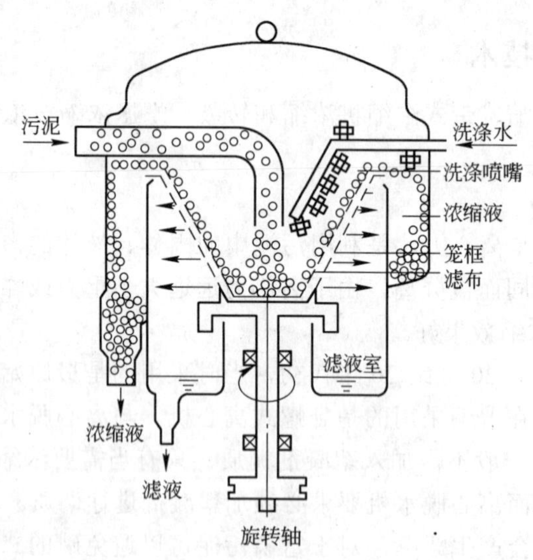

图 6-11　笼形立式离心浓缩机

6.4.2　带式浓缩机浓缩

带式浓缩机主要用于污泥浓缩脱水一体化设备的浓缩段。带式浓缩机（gravity belt

thickener，GBT）主要由框架、进泥配料装置、脱水滤布、可调泥耙和泥坝组成。其浓缩过程如下：污泥进入浓缩段时被均匀摊铺在滤布上，好似一层薄薄的泥层，在重力作用下泥层中污泥的自由水大量分离并通过滤布空隙迅速排走，而污泥固体颗粒则被截留在滤布上。带式浓缩机通常具备很强的可调节性，其进泥量、滤布走速，泥耙夹角和高度均可进行有效的调节以达到预期的浓缩效果。

浓缩过程是污泥浓缩脱水一体化设备关键控制环节，水力负荷是带式浓缩机运行的关键参数。设备厂家通常会根据具体的泥质情况提供水力负荷或固体负荷的建议值。不同厂商设备之间的水力负荷可能相差很大，质量一般的设备 1 m 带宽只有 20～30 m^3/h，但好的设备可以做到 1 m 带宽 50～60 m^3/h 甚至更高，设备带宽最大为 3.0 m。在没有详细的泥质分析资料时，设计选型时水力负荷可按 1 m 带宽 40～45 m^3/h 考虑。带式浓缩机常见滤带跑偏、污泥外溢及滤带起拱等故障，影响带式浓缩机的运行和环境。

6.4.3 转鼓、螺压浓缩机浓缩

转鼓、螺压浓缩机或类似的装置主要用于浓缩脱水一体化设备的浓缩段，转鼓、螺压浓缩是将经化学混凝的污泥进行螺旋推进脱水和挤压脱水，转鼓、螺压浓缩机是污泥含水率降低的一种简便高效的机械设备。

转鼓、螺压浓缩机的工艺参数主要是单台设备单位时间的水力接受能力及固体处理能力。

6.5 污泥浓缩技术的发展趋势

6.5.1 机械浓缩、气浮浓缩工艺逐步取代重力浓缩工艺

重力浓缩法，维修管理及动力费用低，但占地面积大，卫生条件差，浓缩效果不高，特别是对于低浓度活性污泥的浓缩，不能有效地去除污泥中的水分，另外，由于污泥在重力浓缩池停留时间长，浓缩池中形成厌氧环境，富磷污泥在浓缩过程中释磷现象严重，使整个系统的除磷效果变差，使用受到了限制，在污水处理厂中会逐步被取代。

采用机械浓缩、气浮浓缩工艺（或设备）取代重力浓缩池，可以克服以上缺点，并便于实现自动控制。因此，城市污水处理总体工艺在要求简单高效、更加注重脱氮除磷要求的同时，机械浓缩、气浮浓缩技术正逐渐为人们掌握并应用。

6.5.2 进一步完善浓缩脱水一体化设备

浓缩脱水一体化设备具有工艺流程简单、工艺适应性强、自动化程度高、运行连续、控制操作简单和过程可调节性强等一系列优点，正得到越来越多的设计单位和用户，特别是中小城市污水处理厂用户的关注。

在采用污泥浓缩脱水一体化机的工程中，各污水处理厂的污泥进入污泥浓缩脱水一体化设备前，均有污泥贮泥池或污泥均质池（实际上相当于浓缩池），其停留时间甚至比重力浓缩池停留时间还长，如天津经济开发区污水处理厂采用德国 ROEDIGER 公司生产的转鼓预浓缩与带式一体化污泥脱水机，SBR 反应池剩余污泥排入贮泥池，经 48 h 沉淀后排入污泥脱水机房进行污泥脱水，进入转鼓预浓缩前的污泥含水率大多数情况在 94%～

96%。昆明市第三污水处理厂将含固率为 0.7%～0.85%的剩余污泥从 ICEAS 池泵入贮泥池（水力停留时间（HRT）为 7 日），在池中，间歇曝气和间歇浓缩交替进行以防止磷的析出，并使污泥浓缩到含固率为 1.5%，然后进入带式浓缩机和带式脱水机。

污泥浓缩脱水一体化设备的目标与实际应用存在一定的差距，如果把长污泥停留时间的贮泥池看成是重力浓缩池的话，甚至可以认为污泥浓缩脱水一体化设备比传统污泥处理工艺在工艺流程上更加复杂，污泥浓缩脱水一体化设备的应用需要进一步完善。

6.5.3 研究开发低浓度污泥浓缩工艺

典型城市污水处理厂初沉污泥含水率为 95%～97%，二沉污泥含水率为 99.2%～99.6%，有些变革工艺，如重庆大学自行开发研究的一体化氧化沟工艺，不设二沉池，经固液分离器的剩余污泥含水率更高。

根据各环保设备厂的样本介绍，污泥浓缩脱水一体化机适用于含水率在 99.5%以下的污泥，含水率高于 99.5%的污泥不宜直接进入一体化污泥浓缩脱水机，需要先经过其他浓缩方法浓缩。实际应用上，一体化设备对进泥含固率的要求更高，故需进一步研究开发对低浓度剩余活性污泥浓缩新技术。

6.6 污泥浓缩实例介绍

6.6.1 河南省许昌污水处理厂污泥处理工艺

许昌污水处理厂设计规模为 160 kt/d, 一期建成规模为 80 kt/d。2000 年年底竣工投产，实际处理量为 60 kt/d 左右，运行负荷为 0.07～0.10 kg BOD/（kg SS·d）。所进污水中生活污水约占 52%。进水水质 COD_{Cr} 为 273～356 mg/L，BOD_5 为 98～150 mg/L，SS 为 200～300 mg/L，NH_3-N 为 15～20 mg/L；出水水质 COD_{Cr} 为 23～42 mg/L，BOD_5 为 5～11 mg/L，SS 为 10～20 mg/L，NH_3-N 为 2～4 mg/L，出水水质优于设计标准。

污水处理采用卡罗塞尔氧化沟工艺, 具体流程为: 原污水→回转式粗格栅→潜污泵→阶梯式细格栅→旋流沉砂池→配水井→氧化沟→二沉池→出水。污泥处理流程见图 6-12。

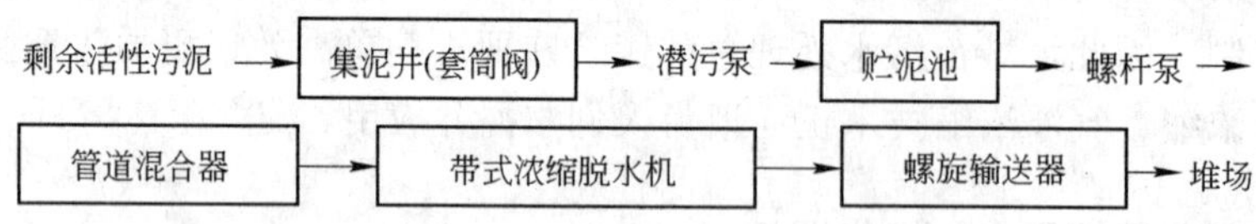

图 6-12 许昌污水处理厂污泥处理流程

污泥浓缩脱水选用德国 Klein 公司 KS200 浓缩脱水机, 包括浓缩脱水机一台, 螺杆泵一台，文丘里管道混合器一台, 全自动干粉投药装置一套、螺旋输送器一套。一期安装了 2 台，带宽 2000 mm，浓缩段滤带面积为 8 m^2，运行带速为 10～13 m/min，浓缩段处理能力为 40～60 m^2/h，允许进泥含水率在 99%以下。

带式污泥浓缩机应用实例运行效果见表 6-3。浓缩段实际处理量为 48～52 m^3/h，最终出泥含水率为 78%～81%。与重力浓缩池相比，效果相同，但节省占地 300 m^2，节省用电设备负荷 35 kW，免除了浓缩池及刮泥装置的维护。实际运行表明，主机运行与自控调节平稳可靠，噪声小于 76 dB(A)，但干粉投药系统和其自控常需人工操作。应注意调整好浓缩段带速、耙式分料器（角度、高度、距离），每次运行后滤带需清洗干净，否则易造成严重跑料，导致脱水段固体收率下降。

表 6-3 许昌污水处理厂带式浓缩脱水机运行效果

单机处理量/$m^3 \cdot h^{-1}$	浓缩段带速/$m \cdot min^{-1}$	PAM 投加量/%	进泥含水率/%	泥饼含水率/%
48～52	12～14	0.20～0.26	98.2～98.8	78～81

6.6.2 郑州污水处理厂污泥处理工艺

郑州污水处理厂设计规模为 800 kt/d，一期建成 400 kt/d，2000 年投产，实际处理量为 360 kt/d 左右。进水水质和出水水质均略高于许昌污水处理厂。该厂采用 A-O 工艺，具有一定脱氮除磷作用。污水处理工艺流程为：原污水→回转式粗格栅→潜污泵→阶梯式细格栅→平流式曝气沉砂池→分水池→中心进水辐流初沉池→前置缺氧曝气池→周边式辐流二沉池→出水。污泥处理流程见图 6-13。

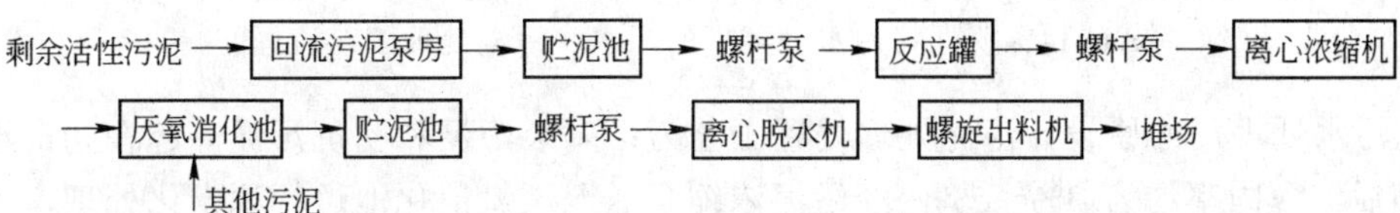

图 6-13 郑州污水处理厂污泥处理流程

该厂采用传统活性污泥法改良工艺（A-O 法），污泥负荷为 0.19～0.24 kg BOD（kg SS·d），剩余活性污泥含水率为 99.3%～99.7%，脱水性能不好，不易以挤压形式脱除自由水，故选用离心机进行浓缩。该机为德国 Flottweg 公司生产的 Z53—4/454 离心机，转鼓直径为 529 mm，转鼓长 116 m，无级调速，最大转速为 3 250 r/min，最大转速差为 25 r/min。污泥允许进料含水率小于 99.85%。单机最大处理能力为 50 m^3/h，单机功率为 45 kW，一期安装 4 台，另外安装相同的 3 台，用于混合污泥消化后脱水。

离心浓缩机的应用实例运行效果见表 6-4。离心机运行时,进料量为 35～40 m^3/h，浓缩后含水率为 97%～98%。与同规模同工艺的天津东郊污水处理厂相比，节省占地 1 250 m^2，增加用电设备负荷 180 kW。污泥车间声高达 95~103 dB(A)，且离心机单机能耗较高。多机同时运行并用一套自控系统时，维持各台机器状态平衡需长期经验积累。另外，应注意根据进泥含水率调整好液环层厚度与转速差，以保证浓缩效果；剩余活性污泥浓缩时一般以较小转速差运行，但应避免转速差太小造成转轴扭矩太大。

表 6-4 离心浓缩机运行效果

单机处理量/$m^3 \cdot h^{-1}$	转速/$r \cdot min^{-1}$	转速差/$r \cdot min^{-1}$	PAM 投加量/%	进泥含水率/%	出泥含水率/%
35～40	（2.9～3.1）×10^3	14～18	0.30～0.38	99.2～99.6	97～98

6.6.3 德国明斯特污水处理厂的污泥处理工艺改进

德国明斯特污水处理厂原设计的污泥浓缩方法为重力浓缩，为了将其改进为机械浓缩污泥工艺，对上述几种机械浓缩机进行了对比试验，以确定最佳的污泥浓缩工艺。

6.6.3.1　明斯特污水处理厂的污泥处理工艺

明斯特污水处理厂位于德国北莱茵州，它采用生物除磷硝化反硝化活性污泥法工艺，污水处理能力为50000 m^3/d，其中95%为生活污水。其主要工艺流程见图6-14。

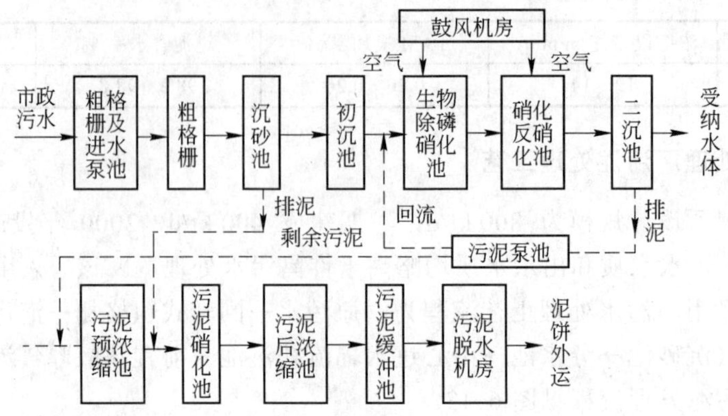

图6-14　明斯特污水处理厂的污水、污泥处理工艺流程

该污水处理厂的原设计污泥处理处置工艺为：剩余污泥和初沉污泥一起在初沉池中混合浓缩后，含固率约为3%～5%，经污泥浓缩泵送入厌氧消化池进行稳定化处理，消化污泥送入压滤机进行脱水处理，脱水污泥产生量为1800～2400 t/d。和其他污水处理厂相比，由于活性污泥池中产生大量的丝状菌，这既阻碍了污泥的沉降，又降低了污泥的浓缩脱水性。因此，明斯特污水处理厂决定采用机械浓缩剩余污泥，然后送至消化池进行稳定化处理的改进工艺。

6.6.3.2　试验方法

为了选择工艺较先进、性能较好、运行费用较低的污泥浓缩机，明斯特污水处理厂委托专业研究所进行了两个阶段的试验。第一阶段，对螺旋式浓缩机A、离心式浓缩机B、转鼓式浓缩机C、离心式浓缩机D、带式浓缩机E（处理量分别为42 m^3/h、40 m^3/h、30 m^3/h、35 m^3/h、55 m^3/h）五种不同的污泥浓缩机进行测试，得出性价比最好的污泥浓缩机类型；第二阶段，对性价比最好的同种污泥浓缩机进行测试。

试验过程中，要求浓缩机的最小处理量为30 m^3/h，每天24 h连续运行。由于污泥浓缩泵的固体浓度限制，污泥机械浓缩后含固率控制在5%～6%，以此为指标调节设备处理量和污泥加药量。

设备调试期间，每天取2次泥样测试污泥的相关参数，各个设备厂家根据测出的参数对设备进行优化，选出最佳的絮凝剂，并将设备调试到最佳运行状态，然后对所有优化好的浓缩设备统一进行测试，每天多次取泥样，测定进泥含固率、滤液含固率、出泥含固率等。最后对设备的处理量、固体回收率、絮凝剂消耗量、能耗等进行综合比较分析。

6.6.3.3　不同类型的污泥浓缩机的性能比较

第一阶段用时约1年。测试结果表明，五种浓缩机的最佳絮凝剂均为液体高分子絮凝剂，因为螺旋式浓缩机和转鼓式浓缩机对污泥絮团的要求很高，因此，加药量相对较大。

试验过程中，污泥的进泥浓度不断变化，变化幅度为0.4%～0.9%。当进泥浓度变化时，并没有相应调整进泥量和加药量，因此，出泥含固率和固体回收率也随之变化。当出泥含固率约为 5.5%～6%时，认为设备为理想的运行状态，浓缩后污泥的体积可减少 90%，固体回收率均高于 92%。因此，螺旋式、转鼓式及带式浓缩机的滤出液完全可以回用为设备自身的冲洗水。五种浓缩机的运行结果见表 6-5。

表 6-5 污泥浓缩机的运行结果

项　目	螺旋式浓缩机 A	离心式浓缩机 B	转鼓式浓缩机 C	离心式浓缩机 D	带式浓缩机 E
絮凝剂消耗（按 DS 计）/$kg \cdot t^{-1}$	7.9	2.9	7.1	0.7	3.0
处理量/ $m^3 \cdot h^{-1}$	43.4	39.2	30	36	51.9
进泥含固率/%	0.57	0.57	0.58	0.71	0.54
污泥干固量/$kg \cdot h^{-1}$	248	223	175	256	282
出泥含固率/%	4.7	4.1	6.2	5.4	6.6
滤液固体浓度/$g \cdot L^{-1}$	0.2	0.21	0.23	0.6	0.17
固体回收率/%	96.7	97.1	96.2	92.6	97.5
能耗（按 DS 计）/$kW \cdot h \cdot kg^{-1}$	0.014	0.13	0.034	0.116	0.025

由表 6-5 可知，离心式浓缩机 D 的药耗最低为 0.7 kg/t，螺旋式浓缩机 A 的药耗最高为 7.9 kg/t；转鼓式浓缩机 C 对污泥的处理量最低为 30 m^3/h，带式浓缩机 E 的最高处理量为 51.9 m^3/h。综合比较后，选择运行效果最好的带式浓缩机继续进行第二阶段试验。

为了确定带式浓缩机 E 是否为最适合该厂的污泥浓缩设备，研究所又选择了两种其他品牌的带式浓缩机 F 和 G（处理量均为 40 m^3/h）进行第二阶段的试验，为期 3 个月。带式浓缩机 F 的带宽最小，在达到相同处理量的条件下，其带速高于带式浓缩机 G 和 E 的。三种带式浓缩机的运行结果见表 6-6。

表 6-6 带式浓缩机的运行结果

项　目	带式浓缩机 E	带式浓缩机 F	带式浓缩机 G
絮凝剂消耗（按 DS 计）/$kg \cdot t^{-1}$	3.0	5.1	6.0
处理量/$m^3 \cdot h^{-1}$	51.9	40.7	40.0
进泥含固率/%	0.54	0.61	0.64
污泥干固量/$kg \cdot h^{-1}$	282	250	258
出泥含固率/%	6.6	5.1	5.8
滤液固体浓度/$g \cdot L^{-1}$	0.17	0.23	0.33
固体回收率/%	97.5	96.8	95.1
能耗（按 DS 计）/$kW \cdot h \cdot kg^{-1}$	0.025	0.019	0.020

由表 6-6 可知，带式浓缩机 E 的药耗最小、固体回收率最高、能耗略高于带式浓缩机 F 和 G。综合以上运行结果，带式浓缩机 E 的性价比最高。

6.6.3.4 经济指标分析

经济指标主要包括工艺投资费用（设备采购费和土建费等）、设备运行费用（药耗、电耗、水耗及人工费等）以及设备维护和保养费用。该污水处理厂运行费用的价格基准为：电费为 0.07 欧元/（kW·h），絮凝剂费为 5.00 欧元/kg，水费为 1.50 欧元/m^3，人工费为 35000 欧元/(人·a)，设备维护和备品备件费为 3%的投资费，设备工作寿命为 10 年。根据厂家提供的设备尺寸图纸，脱水机房的占地面积最小应为 8 m×12 m，该规模的脱水机房的土建费用计入总投资费用中，连同设备的投资费用、维护保养和备品备件费用，按照 10 年的使用年限等值分摊到每年的总费用中。

结合明斯特污水处理厂运行费用的价格基准和各浓缩设备的性能参数，得出各浓缩设备处理 1 t 干污泥所需的费用：螺旋式浓缩机 A 为 68.3 欧元，离心式浓缩机 B 为 49.7 欧元，转鼓式浓缩机 C 为 53.8 欧元，离心式浓缩机 D 为 41.8 欧元，带式浓缩机 E 为 36 欧元，带式浓缩机 F 为 44.9 欧元，带式浓缩机 G 为 43.6 欧元。由此可知，带式浓缩机 E 的处理费用最低，其余带式浓缩机 F 和 G、螺旋式浓缩机 A 及转鼓式浓缩机 C 相比，药耗更少；与离心式浓缩机 B 相比，其投资费用相对较低且电耗少；另外，带式浓缩机 E 可完全回用自身的滤出液作为网带冲洗水，无自来水耗。

6.6.3.5　小结

在浓缩机最小处理量为 30 m^3/h、每天 24 h 连续运行、出泥含固率达到 5%～6%、固体回收率大于 90%的前提条件下，通过对螺旋式、离心式、转鼓式、带式等七种不同的污泥机械浓缩设备的对比试验，德国明斯特污水处理厂最终选择了工艺先进、性能优异、运行费用最低的一台带式浓缩机对该厂的剩余污泥进行浓缩处理。该浓缩机的处理量为 100 m^3/h，带宽为 2200 mm，尺寸为 3200 mm×3900 mm×1800 mm，药耗（按 DS 计）约为 2.5 g/kg，电耗约为 0.12 kW·h/m^3。

7 污泥的调理方法

7.1 污泥调理的目的

随着人们对环境污染控制认识的加深，污水处理厂在各主要城市相续建成并投入运行。目前，大部分城市污水处理厂采用生化工艺处理污水，在此过程中，必然会产生大量的生化污泥，其数量约占处理水量的 0.3%～0.5%。污泥通常组分复杂，变异性大,水分含量高（通常在 99%以上），经浓缩处理的污泥，其含水率仍在 85%～90%，体积庞大，给运输、贮存、使用带来不便，并可能对环境造成二次污染，因而，脱水是污泥处置一般需要经历的过程。但生化污泥是呈胶状结构的亲水性物质，由于微粒的布朗运动、胶体颗粒间的静电斥力和胶体颗粒的表面的水化膜作用，大部分的污泥颗粒不易聚结而分散悬浮于水中，由于污泥颗粒的特殊絮体结构及高度亲水性，使其包含的水分很难被脱除。目前，我国污泥处理费用已占污水处理厂总运行费用的 20%～50%，有效解决污水污泥处理处置问题已成为一件刻不容缓的事情。

目前，污泥脱水已成为污泥处理及处置流程中一个非常重要的过程，为提高污泥厌氧消化、过滤和脱水处理的有效性，以及改善污泥的土力学特性，以便后续的运输、堆肥、焚烧、填埋及土地利用，对污泥进行调理就显得十分必要了。污泥调理可以改变污泥特性，增进污泥脱水性、杀菌和促进有机物的水解，从而减少操作上的困难。

在选择污泥调理的方法上，主要考虑的影响因素有设施的投资费用、运行成本等经济因素，另外，还有调理剂的脱水效果和脱水性能，当然，还必须对浓缩、调理、脱水和后处理作为一个整体进行考虑和分析。所选的污泥调理工艺应该符合污泥机械脱水工艺的要求和标准，并且在工艺上要简单高效，在投资和运行费用上要经济合理，同时管理操作方便、安全可靠，对污泥量和污泥性质的改变要有较强的适应和应变能力。表 7-1、表 7-2 给出了不同污泥调理与脱水方法所能够达到的污泥脱水效果。

表 7-1 污泥浓缩和脱水的界限指标

污泥类型	可浓缩性能		采用不同的污泥脱水方式的脱水能力					
			带式压滤机①和离心脱水机②（采用高分子絮凝剂作为调理剂）		板框压滤机（采用金属盐类或高分子作为调理药剂）			
					不加石灰		投加石灰	
	含固率/%	含水率/%	含固率/%	含水率/%	含固率/%	含水率/%	含固率/%	含水率/%
可浓缩/脱水性良好	>7	<93	>30	<70	>38	<62	>45	<55
可浓缩/脱水性一般	4～7	93～96	18～30	70～82	28～38	62～72	35～45	55～65
可浓缩/脱水性较差	<4	>96	<22	>78	<28	>72	30～35③	70～65③

① 进泥含固率大于 3%和小于 9%;

② 采用高效离心机脱水；

③ 只有通过提高投加石灰的投加量。

表 7-2 不同污泥调理工艺对污泥机械脱水的效果

序号	脱水机械类型 / 调理方式	带式压滤机或者离心脱水机		板框压滤机	
		含固率/%	能否满足垃圾填埋场的承载能力要求	含固率/%	能否满足垃圾填埋场的承载能力要求
1	采用有机高分子药剂	22～30	一般不能	35～45	一般可以
2	采用无机金属盐药剂	一般不采用		30～40	经常可以
3	采用无机金属盐药剂和石灰	一般不采用		35～45	经常可以
4	高温热工调理	40～50	一般不能	>50	一般不能

7.2 污泥调理的方法与原理

污泥调理主要是指通过不同的物理和化学方法改变污泥理化性质，调整污泥胶体粒子群排列状态，克服电性排斥作用和水合作用，减小其与水的亲和力，增强凝聚力，增大颗粒尺寸，改善污泥的脱水性能，提高其脱水效果，减少运输费用和后继处置费用等。

污泥调理脱水是一种十分有效的污泥减量化方法。影响污泥脱水的因素很多，如胞外聚合物（extracellular polymeric substances，EPS）、胶体粒径分布、表面电荷、pH 值、比表面积、密度、分形维数等。其中胞外聚合物被认为是影响污泥脱水性能的最主要因素之一，它由微生物细胞分泌的一类高分子有机聚合体组成，主要成分为多糖、蛋白质和少量的脂类、核酸、腐殖酸等。如在活性污泥中，多糖和蛋白质约占胞外聚合物总量的70%～80%，而这些亲水性物质的存在会在一定程度上增强污泥胶体颗粒的束水性能，同时也给污泥的脱水性能造成不同程度的影响。因此，对胞外聚合物的组成及其提取方法的研究可以为改善污泥的脱水性能提供理论依据。

污泥调理是提高污泥浓缩和脱水效率的一种预处理。通常，由于有机污泥是以有机物微粒为主体的悬浮液，和水之间有很大的亲和力，可压缩性大，因而难以过滤、脱水。

目前，常用污泥调理技术主要有化学调理（药剂调理）和物理调理技术。污泥调理依据调理机制可分成三类：（1）物理法：泛指通过外加能量或应力以改变污泥性质的方法，如冷冻融化处理及机械能、加热处理、超声波处理、微波、高压及辐射处理等。（2）化学法：以加入化学药剂的方式改变污泥的特性，如改变酸碱值、离子强度，添加无机金属盐类絮凝剂或有机高分子絮凝剂、臭氧曝气、芬顿试剂以及酶等添加剂。（3）生物法：主要是指污泥的好氧或厌氧消化过程，在这些过程中，好氧或厌氧菌群利用废弃污泥中的碳、氮、磷等成分作为生长基质，以达到污泥减量与破坏污泥高孔隙结构的目的。以上方法在实际中都有应用，但以化学调理为主，因化学调理方法操作简单，投资成本较低，调理效果较稳定，因此，是目前比较合理的方法。

7.2.1 物理调理

传统物理调理主要包括加热调理和冷冻调理。加热调理可以破坏污泥细胞结构，使污泥间隙水游离，改善污泥脱水性能，提高污泥可脱水程度。污泥的冷冻-融化调理是将污泥冷冻到-20℃再行融解以提高污泥沉淀性和脱水性能的一种处理方式。该法能充分、不可逆地破坏污泥絮体结构，使之变得更加紧密，使污泥结合水含量大大降低，并能减少脱水后污泥残留的水分。尽管目前国内外对这两种技术有一定的研究，但是由于加热调理技术受经济限制，冷冻调理技术受气候条件的限制，这两种技术的推广受到了极大的限制。因此，近年来，在物理调理方面出现了其他调理技术，如超声波调理技术和微波调理技术。

7.2.1.1　洗涤处理

洗涤主要应用于消化污泥的预处理，其目的在于节省混凝剂用量，同时降低机械脱水的运行费用。污泥经厌氧消化后，其挥发性固体大为降低，但其常含有较高的重碳酸盐碱度，一般可在数百 mg/L 到 2000～3000 mg/L 的范围内，因此，在污泥加药处理前如不除掉重碳酸盐，铁盐和铝盐混凝剂就会和其反应形成相应的铁盐和铝盐沉淀以及 CO_2，导致大量药剂的消耗。

洗涤处理不仅可洗去消化污泥中的重碳酸盐碱度，同时还可洗去部分颗粒很小、比表面积很大的胶体颗粒，从而达到节约混凝剂的目的，另外，也能有效地提高污泥浓缩、脱水的效果。洗涤过程主要包括：用洗涤水稀释污泥、搅拌、沉淀分离、撇除上清液。表 7-3 给出了洗涤后污泥的碱度、COD、NH_3-N、pH 值的大致变化情况。

表 7-3　洗涤后污泥的碱度、COD、NH_3-N、pH 值的大致变化情况

洗涤次数	1 次	2 次	3 次	洗涤后的水
碱浓度/mmol·L^{-1}	17.6～27.6	9.3～14.3	6.25～7.65	1.67～6.5
COD/mg·L^{-1}	1006～2707	593～1142	439～886	201～394
NH_3-N/mg·L^{-1}	210～322	115.5～199.5	133	59.5～119
pH 值	7.34～8.05	7.25～8.05	7.5～8.05	7.1～8.02

但污泥的洗涤预处理也有其不足之处，主要表现在洗涤过程中，有机物微粒会被逐渐富集，污泥中的氮素被洗涤水带走，从而导致污泥肥效的降低。因此，当污泥用作土壤改良剂或肥料时，无需进行洗涤处理；另外，由于经浓缩的生污泥的洗涤效果较差，因此，此时不需要进行洗涤预处理而可采取直接加药的方式进行调理。

7.2.1.2　热处理

热处理调理主要是指通过加热，使污泥中的细胞分解破坏，以便细胞膜中的内部结合水游离出来，以提高污泥的脱水性能。污泥中的固体颗粒是由亲水性胶体粒子组成，因此，污泥内部含有大量水分，对污泥加热可加速粒子的热运动，提高污泥胶体粒子的碰撞和结合频率，为胶体粒子间的相互凝聚提供条件。另外，污泥经过加热预处理之后，细胞体会因受热膨胀而破裂，形成细胞膜碎片，同时释放出胞内蛋白质、胶质和矿物质。胶体结构因加热破坏而失稳，释放出大量内部结合水，同时凝聚沉淀。有关资料也显示热处理对于脱水性能很差的活性污泥效果尤其显著。图 7-1 所示为高温法和低温法热调质脱水工艺流程。

污泥热处理法主要分为高温法和低温法两种。其中，高温热处理是指污泥在 180～200℃的高温条件下（压力 1.8～2.0 MPa），加热 1～2 h，使污泥胶体破坏，细胞内水释放而达到改善污泥脱水性能的目的。经过高温热处理的污泥经浓缩处理后，其含水率可减少到 90%以下，如果进一步进行机械脱水，污泥的含水率可降低到 45%～55%。但高温加热处理后，污泥中有机物的溶出导致分离液中的 COD、BOD 浓度较高，这无疑为后面的分离液处理增加了难度，增大了运行费用，另外，臭气问题的加剧也使尾气处理的复杂程度进一步提高。而低温热处理的操作温度较高温低得多，一般在 135～165℃，当温度增加到 175℃以上时，热处理设备很容易结垢，传热效率降低。但污泥低温热处理时，能耗较低，且分离液中 BOD 浓度较低，一般较高温热处理法约低 40%～50%，臭味和色度也明显降低。

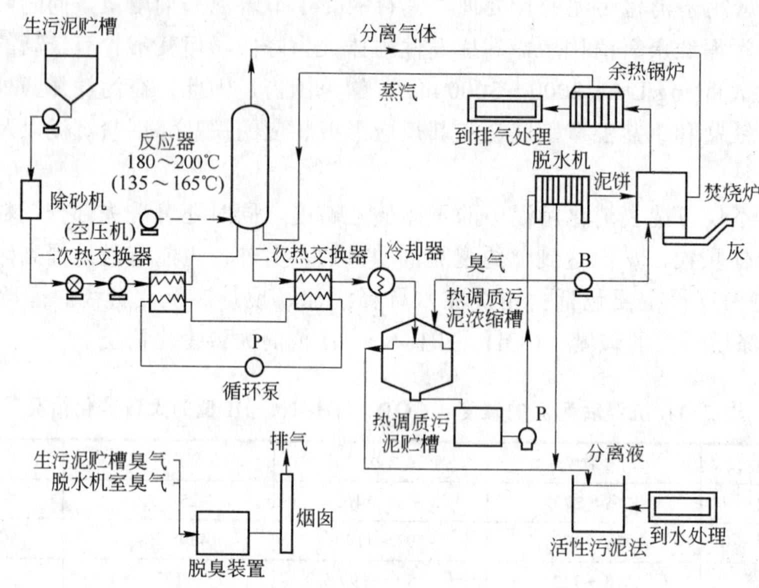

图 7-1　高温法和低温法热调质脱水工艺流程

因此，目前污泥热处理被认为是一种钝化微生物最有效的方法之一。污泥经热处理后，不仅可溶性显著增加，推进污泥消化过程的进行，同时可以有效地改善污泥的脱水性能。热处理污泥经机械脱水后，泥饼含水率可降到 30%～45%，泥饼体积减小为浓缩机械脱水法泥饼的 0.25。在污泥的焚烧与堆肥处置中，热处理比加药处理更为适合。该法适用于初沉池污泥、消化污泥、活性污泥、腐殖污泥及它们的混合污泥。污泥热处理法的主要缺点是：污泥分离液浓度很高，回流处理将大大增加污水处理构筑物的负荷，有臭气，设备易腐蚀，需要增加高温高压设备、热交换设备及气味控制设备等，费用很高，这些条件通常限制了热处理法优点的充分发挥，因此难以普及。

7.2.1.3　超声波处理

超声波是指频率从 20 kHz 到 10 MHz 的声波，超声波预处理原理主要归因于超声波的空化效应，其是指存在于液体中的微小泡核在超声波作用下，经历超声的稀疏相和压缩相，微小泡核的体积生长、收缩、再生长、再收缩，多次周期性震荡，最终高速度崩裂的动力学过程。此过程发生时间极短（在数纳秒至微秒之间），气泡内的气体受压后急剧升温，在其周期性震荡特别是崩溃过程中，会产生极大的瞬态高温和高压，并使气泡内气体和液体界面的介质裂解。因此，超声波具有频率高、方向性恒定、穿透力强、能量集中等特点。由于大振幅（低频率）超声波能量集中，可使介质产生剧烈振动，常用于超声清洗、钻孔、超声波定位、医疗诊断、化学处理、乳化、探伤等方面。自从 20 世纪中叶以来，人们逐渐认识到超声波在污水和污泥处理中的应用潜力。20 世纪 70 年代，研究人员就曾利用超声波来提取细胞壁上的聚合物来研究污泥中微生物的表面特性。20 世纪 90 年代，超声波技术被引入污泥处理研究中。因为该技术具有能量密度高、分解污泥速度快等特点，不仅可以有效地破碎污泥细胞，提高污泥的溶解性能，还可以将其内部结合水释放成容易去除的自由水，改善污泥的脱水性能且对环境几乎无任何负面影响，所以成为改善污泥脱水性能的一种有效的预处理方法。因此，在污泥脱水处理领域，超声波预处理技术引起了人们越来越多的关注。

例如，杨金美等人就超声波处理对一次污泥强化沉降与脱水性能的影响进行了系统研究。结果表明，短时间的超声作用可以提高污泥脱水和沉降性能，超声处理 7 s 后，滤饼含水率降低 2.9%；超声处理 10 s 时黏度和比阻值最小，比原污泥分别减小了 29.4%和 24.2%；15 s 后污泥沉降速率是原污泥的 3.7 倍左右。当絮凝剂投加量为 0.054 g/L 时，污泥的沉降速率最快，最终污泥体积为 84.5%，黏度值最低为 84.5 MPa·s。而超声作用 10 s 后的最佳絮凝剂投加量为 0.027 g/L，且最终污泥体积比单独投加絮凝剂 0.054 g/L 时减小 4%，黏度值降低 14.8%。而超声波与絮凝剂的联用可以改善污泥脱水性能和沉降性能，投加絮凝剂的减少量达一半以上。

Xin Feng 等人也分析了不同超声能量（按 TS 计）（0～35000 kJ/kg）对污泥脱水性能的影响。结果表明，过高的超声能量（大于 4400 kJ/kg）不仅不会改善污泥的脱水性能，相反会导致其脱水效果的恶化，而低能量（小于 4400 kJ/kg）的超声处理可以轻微地改善污泥的脱水性能，并且当其为 800 kJ/kg 时，可获得最佳的脱水效果，此时的毛细停留时间（CST）和过滤比阻（SRF）分别从原来的 94.2 s 和 2.35×10^{10}m/kg 下降到 83.1s 和 1.30×10^{10}m/kg，因此，超声能量的选择会直接影响预处理的效果；研究还表明，超声与阳离子聚合电解质的联合应用与电解质的单独预处理相比效果并不显著，这与 Yin X.等人的研究相悖，Yin X.等人研究发现，当聚合电解质与超声联合预处理时，污泥的过滤比阻（SRF）较聚合电解质单独作用时会有一定程度的减少（SRF 从 3.59×10^{12}m/kg 减少到 1.18×10^{12} m/kg），同时，聚合电解质的剂量也会相应减少大约 25%～50%，即聚合电解质与超声的应用效果要优于聚合电解质的脱水效果。

此外，关于超声预处理对污泥减量化的影响研究人员也进行了相关研究。如 Mohammed Reza Salsabil 等人基于超声波能有效地破碎细胞、改善有机物的溶解性能等优点，对超声预处理后的污泥进行好氧和厌氧消化处理，结果表明，在厌氧消化过程中，污泥的减量化效果显著，且破碎程度越高，污泥的减量化效果就越好，最高可以达 80%，而好氧消化却效果较差。又如，Tiehm A 等人对活性污泥进行超声波预处理，结果表明，超声预处理能使消化器的污泥处理量显著增加，同时，污泥的稳定质量不受损害。这主要归因于细胞破裂、污泥固体分离，溶解有机化合物释出，从而使紧随超声预处理的废活性污泥的厌氧消化效果提高很多。在随后的消化过程中，挥发性固体的降解率由 21.5%增加到 33.7 %；沼气的产量也增加了，增幅达到 41.6%。

7.2.1.4 微波调理

微波调理污泥在本质上是加热调理污泥，但是微波并非从物质材料的表面开始加热，而是从各方向均衡地穿透材料均匀加热。微波技术引入污泥的处理始于 20 世纪 90 年代初，该技术优势表现为加热速度快、热效高、热量立体传递、设备体积小等。将污泥进行适宜时间的微波辐射，污泥沉降速度会明显加快，污泥沉降比（SV）较未经微波处理的污泥明显减少，同时，微波还可明显改善污泥过滤性能。有研究表明，原污泥经微波分别辐射适宜时间后，污泥比阻较未经预处理污泥降低约 75%，且经真空抽滤后的滤饼含水率较未经微波处理滤饼含水率也明显下降。另外，Eva W.E. 也研究了微波处理对污泥脱水性能的影响，结果表明，微波处理能够改善污泥的脱水性能，经微波处理后，污泥的 CST、SRF 和泥饼含水率均较原污泥减少。相对于传统的加热调理，微波调理具有加热速度快、易于控制和节省能量等特点，但微波穿透介质的深度有限，所以用微波处理污泥时要注意污泥量的控制，同时，微波对人体有害，调理时还要注意密封性。

尽管微波技术在污泥处置方面的应用尚存在不足与未知，但大量研究已经证明，采用微波技术调理污泥，在较短微波辐射时间内即可改善污泥的絮体结构和 EPS 的组分，使污泥的脱水性能得到明显的改善，而且不需将污泥加热到较高的温度。因此，采用微波技术改善污泥脱水性能，效率高、设备简单，较传统加热预处理大大节省了能量消耗。

7.2.1.5　污泥的冻融调理

污泥的冻融调理是将污泥冷冻到−20℃再行融解以提高污泥沉淀性能和脱水性能的一种处理方式。该法能不可逆地改变污泥结构，使之变得更加紧密，并能减少脱水后污泥残留的水分。污泥冻融后，其胶体性质完全被破坏，颗粒迅速凝聚沉降，上层即为上清液，沉降速度可提高 2～6 倍，过滤产率比冷冻前提高几十倍之多，因此，可以不用混凝剂处理而通过自然过滤脱水，这样能节省可观的药剂费用。污泥冻融后，再经真空过滤脱水，可得含水率为 50%～70%的泥饼，而用化学调理真空过滤脱水，泥饼含水率为 70%～85%。

对不同种类污泥分别采用冻融调理与化学调理法进行预处理，其脱水效果见表 7-4。

表 7-4　污泥冻融调理与化学调理脱水效果对比

污泥种类	原污泥含水率/%	真空过滤泥饼含水率/%	
		冻融调理后	化学调理后
电镀污泥	92.5～98.2	54.6～69.3	78.7～87.4
酸洗污泥	97.5	47.0	78.3
炼铁污泥	97.2	55.2	85.1
自来水厂污泥	89.8～95.1	47.7～56.2	72.1～88.5
造纸厂污水污泥	95.1～96.2	52.9～65.2	73.8～79.4

污泥冻融除无需混凝剂、显著提高污泥脱水性能和沉降速度、比热处理显著降低热能消耗等优点外，还有促进胞外多聚体集中从污泥中释放出来的特点，在某些情况下，还能有效地杀灭污泥中有害微生物。冻融调理的主要不足是难以适用于活性污泥，因为活性污泥凝聚作用强烈，其水分子结合的程度比脱水后残余分子结合得更加紧密。

7.2.1.6　加骨粒调理

惰性骨粒在污泥压滤脱水过程中可以起到骨架作用，以此达到抵抗滤饼的压缩、维持其较大的孔隙度和渗透性能的目的，从而为压滤脱水提供通道。目前，褐煤常与聚合高分子电解质联合应用于污泥脱水研究中，例如 K.B. Thapa 等人通过机械压缩试验研究了褐煤对经聚合电解质调理的污泥的脱水性能的影响，结果表明，污泥在褐煤调理与聚合电解质絮凝联合作用下较单独聚合高分子电解质絮凝作用下的脱水效果有一定程度的提高。另外，其他的含碳物质，如木炭和煤炭等也常作为辅助调理剂，此外，对一些惰性物质，如生活垃圾焚烧飞灰、水泥炉灰渣、石膏、甘蔗渣和木屑等的应用也有报道。

7.2.2 化学调理

7.2.2.1 化学调理原理

化学调理是指通过添加适量的絮凝剂、助凝剂等化学药剂来改变悬浮溶液中胶体表面电荷或立体结构, 克服粒子间的斥力, 并以搅拌等外力使其相互碰撞, 污泥颗粒絮凝成团而发生沉淀, 达到去稳定化的效果。污泥胶体颗粒体积的增加大幅地降低了其比表面积，从而改变污泥表面与内部的水分分布状况，减少水分的吸附，进而使污泥脱水性能得到有效的改善。

一般认为，由絮凝作用引起的主要是三方面作用的结果：

（1）压缩双电层作用。吸附层和扩散层, 合称双电层。污泥颗粒本身带负电荷，离子间存在静电斥力，因而胶体分散体系可以长时间保持稳定的状态。除了静电斥力外，胶体颗粒之间通常还存在范德华力。当向水中加入大量阳离子电解质时，正离子就会涌入扩散层甚至吸附层，增加扩散层及吸附层中的正离子浓度，使扩散层变薄，从而使胶核表面的负电性降低，降低粒子的 ξ 电位。双电层被压缩时，颗粒间的静电斥力就会降低，当大量正离子涌入吸附层以致扩散层完全消失时，胶粒间静电斥力消失，此时胶粒最容易发生聚集形成絮团。因此，一般来说，絮凝剂的电荷量越多，达到同样的效果时所消耗的絮凝剂的量就会越少。但当絮凝剂添加量太大时，胶体颗粒表面的电荷就会发生逆转，从而造成胶体颗粒的重新悬浮，如铝盐和铁盐，以及一部分有机高分子絮凝剂均会导致这种情况的发生。

（2）吸附架桥作用。一些高分子絮凝剂在浓度较低时，吸附在颗粒表面上的高分子长链可同时吸附在另一颗粒表面上，通过“架桥”方式将两个或更多的颗粒连在一起，使颗粒逐渐增大，从而导致絮凝。如高分子絮凝剂能依靠分子上的—COO—，—$CONH_2$，—NH—等活性基团所产生的氢键力、范德华力、配位键力等物理化学作用与污泥颗粒发生作用，把许多污泥小胶粒吸附起来，可形成更大的颗粒，或在同号污泥胶体之间通过异号高分子将其连接起来，形成胶团。一般认为，聚合物在微粒表面的覆盖率在 1/3～1/2 时为凝聚剂的最佳投加量，能使已脱稳胶体再悬浮或产生胶体保护作用时覆盖率为90%。最佳凝聚剂浓度主要取决于其所含官能团数量与极性，而与相对分子质量的大小无关，因此，最佳絮凝效果发生在胶体颗粒 ζ 电位为零的附近。但相对分子质量越大，凝聚速度越快。

（3）网捕作用。当铝盐或铁盐作为絮凝剂投加到水溶液中时，此类阳离子高分子发生水解形成溶解的单聚、二聚和多聚的羟基配合物离子水合物而发生沉淀。由于这些水合金属氢氧化物具有巨大的网状表面结构，并且带有较高正电荷的阳离子高分子。因此，在沉淀过程中，会对带负电荷的胶粒产生吸附作用，集卷、网捕水中的颗粒，从而形成絮凝状沉淀沉积在水底。

凝聚剂调质效果的好坏，不仅取决于所使用凝聚剂的物化特性，同时还与所处理对象、水质条件有关。因此，只有通过科学的试验，才能正确选择凝聚剂的种类、使用条件和方法。

7.2.2.2　化学调理剂

目前，应用于污泥脱水的化学调理剂主要分为无机絮凝剂和有机絮凝剂两大类。

A　无机絮凝剂

无机絮凝剂按金属盐可分为铝盐系及铁盐系两类。铝系化合物有：硫酸铝（$Al_2(SO_4)_3 \cdot 18H_2O$）、明矾（$Al_2(SO_4)_3 \cdot K_2SO_4 \cdot 2H_2O$）及三氯化铝（$AlCl_3$）等；铁系化合物主要有：三氯化铁（$FeCl_3$）、氯化绿矾（$FeClSO_4$）、氯化亚铁（$FeSO_4Cl$）、绿矾（$FeSO_4 \cdot 7H_2O$）、硫酸铁（$Fe_2(SO_4)_3$）等。

铝盐溶于水后，在一定条件下常会发生水解、集合及沉淀等一系列化学反应，反应过程如下：

$$x\mathrm{Al}_3^{3+} \xrightarrow{y\mathrm{OH}^-} \mathrm{Al}_x(\mathrm{OH})_y^{(3x-y)+} \xrightarrow{y\mathrm{OH}^-} \mathrm{Al}_x\mathrm{O}_z(\mathrm{OH})_y^{(3x-2z-y)+} \xrightarrow{y\mathrm{OH}^-} \mathrm{Al(OH)}_3 \tag{7-1}$$

因铝盐的水解程度不同，其水解产物通常可以分为四种：未水解铝离子 Al^{3+}、单核羟基化合物$[Al(OH)]^{2+}$、多羟基化合物如$[Al_2(OH)_2]^{4+}$和$[Al_{13}O_4(OH)_2]^{4+}$，以及无定形氢氧化物沉淀 $Al(OH)_3$，但在碱性条件下，将会产生带负电荷的单核羟基离子化合物$[Al(OH)_4]^-$，这会导致其脱水性能的恶化。

铁盐在一定条件下也能发生水解、聚合、成核，以至沉淀等一系列化学反应，形成铁的不同水解产物。尽管 Fe^{2+}和 Fe^{3+} 可以相互转化，但这并没有增加铁离子水解组分的复杂程度，因为Fe^{2+}和 Fe^{3+} 在较宽的 pH 值范围内均可以保持稳定。

Fe^{3+} 的水解能力较 Fe^{2+}大得多，只要 pH 值大于 1，Fe^{3+} 便会生成单核羟基配合离子。酸性条件下，可以形成$[Fe(OH)]^{2+}$、$[Fe(OH)_2]^+$ 两种单核配合物及$[Fe_2(OH)_2]^{4+}$、$[Fe_3(OH)_4]^{5+}$等两种多核组分。如果 pH 值继续增大时，其水解产物将会形成无定形的$Fe(OH)_3$而沉淀。

而 Fe^{2+}的水解产物均为单核组分，当 pH 值位于 7～14 之间时，其可以逐步转化生成$[Fe(OH)]^+$、$Fe(OH)_2$（溶解态）、$[Fe(OH)_3]^-$，以及$[Fe(OH)_4]^{2-}$。直到目前，Fe^{2+}的水解产物为多核的情况还未见报道。

最早应用于聚集悬浮污泥颗粒的无机絮凝剂出现在 1920 年。当时，铁盐、铝盐单独使用或联合石灰一起使用，此类方法被广泛应用于污泥的混凝、絮凝过程中。但是，无机絮凝剂的应用条件比较苛刻，一般都有规定使用的 pH 值范围和离子强度范围，因此，在无机化学药剂使用过程中，常需要添加一定量的苛性物质如石灰等，以便调节污泥的 pH 值、硬度，以及在污泥脱水过程中形成能承受高压的骨架结构，为污泥的机械处理提供脱水流通道。同时，由于无机絮凝剂特别是铝盐絮凝剂因存在投药量大、处理效果不理想等缺点，更重要的是 Al^{3+}的环境问题日益突出，如铝系絮凝剂的大量使用会导致老年痴呆症的产生。因此，近年来有机絮凝剂开始取代无机絮凝剂应用于污泥脱水和增稠过程。

郝红艳等人以三氯化铝作为调理剂模拟徐州市污水处理厂污泥工程调理，结果表明，加药量为 2. 5 %时污泥脱水效果最好，此时脱水量比不加药时的脱水量增加 24.35%。

周立祥等人构建了一个以 70 L 生物淋滤反应器为主体的制革污泥生物除铬的工艺。污泥沉降与离心脱水试验表明，生物淋滤具有显著的污泥调理功效，显著提高污泥沉降与机械脱水性能。生物淋滤处理的污泥，经 12 h 的静置沉降，污泥体积可减少 57.2 %，并且无需添加任何絮凝剂，即可取得良好的机械脱水效果。生物淋滤处理导致的污泥体系

pH 值的下降与 Fe^{3+}浓度的上升，可能是污泥沉降与脱水性能得以改善的主要原因。

目前，有关芬顿试剂的研究逐渐增加。芬顿试剂因其极强的氧化性能，可有效地破坏污泥结构，导致胞内物质的释放而被作为化学调理剂用于改善污泥的脱水性能。例如 Ming-Chun Lu 等人在用芬顿试剂（Fe^{2+}/H_2O_2 和 Fe^{3+}/H_2O_2）作为调理剂研究污泥脱水的试验中发现，当污泥中 Fe^{2+}和 H_2O_2 的浓度分别为 6000 mg/L 和 3000 mg/L 时，其过滤比阻（SRF）急剧减少，仅为原来的 10%，滤饼的含水率也从原来的 85 %减少到了 75.2%。Maha A. Tony 等人也对芬顿试剂（Fe^{2+}/H_2O_2）和类芬顿试剂（Cu(Ⅱ), Zn(Ⅱ), Co(Ⅱ) 或 Mn(Ⅱ) /H_2O_2）作为调理剂时对铝盐污泥脱水性能的影响进行了相关的研究，结果表明，芬顿试剂对污泥的脱水效果最好，毛细停留时间（CST）可减少 47%。尽管芬顿试剂对污泥的脱水效果不如高分子聚合物好，但高分子聚合物对环境的长期潜在危害不容忽视，而芬顿试剂的环境安全性较高，因此，从可持续的角度来看，采用芬顿试剂对污泥进行脱水有较为广阔的应用前景。

但应该注意的是，由于无机絮凝剂用量很大，污泥脱水后体积增大，污泥中无机成分的比例提高，且易产生二次污染，增加了后续工艺的投资成本，降低了处理效率。另外，无机絮凝剂在水中的形态也较难确定，从而也限制了它的广泛使用。

B 有机絮凝剂

有机絮凝剂从 1960 年开始投入使用。随着聚合物工业的发展和污泥脱水设备的成熟，有机絮凝剂逐步占领了污泥脱水剂市场 90%以上的份额。与无机絮凝剂的结构和类型单一不同，有机絮凝剂可以分为许多不同类型的产品，这些产品具有不同的化学组成、有效官能团以及生产成本。此外，新的产品还在不断的研究开发中。表 7-5 所示为目前常用有机高分子絮凝剂的种类。

表 7-5 有机高分子絮凝剂的种类

聚合度	离子型	絮凝剂名称
低、中聚合度（相对分子质量为 1000～数十万）	阴离子型	藻朊酸钠（SA）、羧甲基纤维素（CMC）等
	阳离子型	水溶性苯胺树脂、聚硫脲、聚乙烯亚胺、阳离子化氨基树脂、苯胺树脂盐酸盐等
	非离子型	淀粉、水溶性蛋白、水胶、水溶性尿素树脂等
	两性型	动物胶、蛋白质等
高聚合度（相对分子质量为 1×10^6～1×10^7）	阴离子型	水解聚丙烯酰胺、聚炳烯酸钠、聚苯乙烯磺酸、羧甲基 F691 等
	阳离子型	聚丙烯氨基阳离子变性物、聚乙烯吡啶盐、聚乙烯亚胺等
	非离子型	聚丙烯酰胺、聚氧化乙烯、环氧乙烷聚合物、聚乙烯醇等

高分子凝聚剂因其较强的亲水性能和对污泥胶体粒子表现出来的较强的黏合力，使它既可以溶于水相，又很容易被吸附到污泥胶体颗粒表面。但非离子、阴离子和阳离子高分子凝聚剂在水溶液中基本能保持各自的化学性质，但当溶液中的 pH 值改变时，其离子性能可能也会随之发生变化。例如，非离子型聚丙烯酰胺中的酰胺基在碱性溶液中会发生水解反应，生成阴离子型的聚丙烯酰胺。另外，除分子重复单元的化学组成外，该分子絮凝剂的整体几何构型也会对其絮凝性能产生很大的影响。其中，决定分子构型的主要因素是带电单元在分子中的位置和电荷量大小，同时带点单元之间存在的斥力作用，也有利于

高分子絮凝剂分子的线性展开。

在污泥脱水中，常用的有机絮凝剂主要有天然高分子改性型和合成型两大类。

a　天然高分子改性型

天然高分子及其改性型絮凝剂包括淀粉、纤维素、藻朊酸钠、羧甲基纤维素（CMC）、改性植物胶 CGA、甲壳素、多糖类、壳聚糖衍生物和蛋白质等类别的衍生物，这类絮凝剂一般属于无毒性产品，适于作为饮用水源水和食品行业等强化固液分离助剂。

它们主要是以天然高分子链为主链，运用各种聚合方法接枝上丙烯酰胺类物质，引入阳离子基团等进行改性处理。其中最有发展潜力的是水溶性淀粉衍生物、纤维素接枝共聚物和多聚糖改性絮凝剂。目前，国外在这方面的研究较多，如 Cai 等人以高锰酸钾为引发剂，淀粉或微晶态纤维素作为主链与丙烯酰胺接枝共聚，共聚物水解后与烷基氨基甲醇反应，成功制得一种絮凝性能良好的絮凝剂。这类絮凝剂的研究开发为天然资源的利用和生产无毒絮凝剂开辟了新的途径，有利于原材料的充分利用，且价格低廉、技术简单，反应条件温和，产品絮凝性能好、适应能力强、可二次降解，是一种理想的无毒污泥脱水剂，故通常被认为是一种理想的污泥脱水剂。

b　合成型

随着污泥脱水絮凝剂合成技术的日新月异，合成型絮凝剂的品种也越来越繁多。目前，按可离解基团电离出的电荷类型，一般可分为非离子型、阴离子型、阳离子型和两性型；按其合成方法可分为溶液聚合、乳液聚合、反相乳液聚合和分散聚合等；产品规格可分为粉末状、粒状、球状和薄片状。由于污泥由带负电荷的粒子群组成，阳离子絮凝剂可中和负电荷，使其絮凝脱水，因此，阳离子絮凝剂成为污水处理厂处理污泥的主要产品，而阴离子型、非离子型絮凝剂脱水性能较差，因此在实际应用中也较少。

合成高分子絮凝剂的主要产品是聚丙烯酰胺及其阴离子型、阳离子型和两性型衍生物。它是一类应用性能优良的合成高分子系列絮凝剂，其产品约占整个高分子絮凝剂产量的 80%，除销量的系列外，有应用价值的还有聚乙烯亚胺、聚苯乙烯磺酸、聚乙烯吡啶等絮凝剂。

合成途径如下:

（1）从丙烯酰胺单体出发，通过各种聚合方式得到各种相对分子质量、各种形态的聚丙烯酰胺，然后通过 Mannich 反应进行胺甲基化反应，再通过季铵化反应得到阳离子聚丙烯酰胺。这种反应的缺点是，在 Mannich 反应过程中引入的甲醛等物质容易残留在聚合物中，影响聚合物的质量，而且反应得到的聚合物的阳离子度不易控制。

（2）以丙烯酰胺单体和其他阳离子型单体共聚得到阳离子型聚合物，这类阳离子型单体主要是二甲基二烯丙基氯化铵。阳离子单体也可以有多种，根据需要还可以合成自己需要的阳离子单体，与丙烯酰胺单体聚合，从而引入其他官能团。

（3）利用接枝共聚反应，合成类似梳状化合物，充分发挥支链的功效，利用相对集中的正电荷和超长的主链发挥吸附絮凝架桥功能。

因此，随着人们对不同种类的阳离子絮凝剂脱水性能的深入研究，处理污泥所用的阳离子絮凝剂也逐渐由单一的阳离子均聚物转向几种阳离子单体的共聚物或它们的复合物。如采用 N-乙烯基甲醚胺和丙烯腈共聚物加酸水解得到的脒类阳离子絮凝剂、阳离子纤维素衍生物和含季氨基的阳离子絮凝剂处理污泥。采用共聚物或复合型絮凝剂的优点很多，尤其是其可以降低絮凝剂成本，有效地提高脱水效率。其原因可能是不同结构的阳离子基团，吸引负电荷的能力不同，因此，合成型阳离子絮凝剂以其多重的阳离子基团有效地吸附带电量不同的各类污泥粒子，从而达到了絮凝、脱水的效果。

例如，刘宏合成了 CPAM，并将其应用于重庆某城市污水处理厂浓缩池污泥进行絮凝脱水。结果表明，当干粉质量浓度为 0.325%～0.48%、投加量为湿泥总量的 0.01%～0.02%、污泥 pH 值为 4.5～8.0 时，对污泥的调质效果较好，上清液浊度去除率高达 96%、色度去除率高达 93%、滤饼含水率降低至 68%。

7.2.3 生物调理

微生物絮凝调理技术是使用微生物絮凝剂进行污泥调理的技术。微生物絮凝剂主要包括直接用微生物细胞作为絮凝剂、微生物细胞提取物质作为絮凝剂，壳聚糖及微生物细胞的代谢产物作为絮凝剂三类，其主要成分为糖蛋白、黏多糖、蛋白质、纤维素和 DNA。其中，微生物细胞的代谢产物主要是指利用某些微生物在适宜的生理条件（如营养物质、温度等）下，把糖类等转化为黏多糖——微生物胶（即微生物分泌的高分子物质）而得到的一种生物调理剂。

例如，1985 年和 1986 年，Ryuichiro Kurane 等人采用从自然界分离出的红球菌属 Rhodococcus erythropolis 的 S-1 菌株，用特定培养基及培养条件研制的微生物絮凝剂 NOC-1，并将其用于畜产废水处理、砖厂生产废水处理、膨胀污泥处理和废水的脱色处理等方面，均取得了很好的处理效果，被认为是目前发现的最好的微生物絮凝剂。有关研究人员提出，微生物絮凝剂的絮凝性能主要由位于染色体上和染色体外的絮凝遗传基因所决定，并进一步从具有絮凝性能的酵母菌菌体细胞中成功分离出相对分子质量为 37 000 的多肽和氨基酸类物质，为生物絮凝剂高效性的研究奠定了理论基础，也为提高生物絮凝剂的活性指明了方向。

张娜等人采用酱油曲霉产生的微生物絮凝剂（MBF）作为污泥絮凝脱水剂，对城市污水处理厂浓缩污泥进行调理，结果表明，当微生物絮凝液最佳投加体积为 6%～8%（体积比），调理温度为 28～32℃、pH 值为 6～7 时，经微生物絮凝剂调理的污泥在 3000 r/min 离心 9 min 后可以获得高达 82.7%的脱水率，滤饼含水率降低至 77.3%，污泥脱水后体积减至原来的 1/5 左右，在一定程度上实现了污泥的减量化。

尽管微生物絮凝剂具有无毒、无二次污染、可生物降解、污泥絮体密实、对环境和人类无害等优点，但因其存在絮凝剂的用量大，研究水平较低，制备成本较高，絮凝机理尚无明确解释，针对性不强等问题，使其在工业上的广泛应用受到很大限制。目前，对微生物絮凝剂的研究主要集中于微生物絮凝剂的制备，在给水和污水水质处理方面已被广泛应用，且复合型微生物絮凝剂、微生物絮凝剂与高分子有机、无机絮凝剂复配药剂也不断出现，并表现出良好的改善污泥脱水性能的效果。如赵继红等人从活性污泥中筛选出一株微生物絮凝剂产生菌，将在优化培养条件下所产的微生物絮凝剂 M-127 与聚丙烯酰胺、聚合氯化铝以及硫酸铝进行脱水效果对比，试验结果表明，M-127 投加量为 2 mg/L 时，污泥沉降性能得到明显改善；当此生物絮凝剂投加量为 40 mg/L M-127，pH 值为 6.5 时，污泥比阻（SSR）可降至 4.71×10^{10} m/kg，脱水率可达 96.3%，效果优于 PAC、PAM 以及 $Al_2(SO_4)_3$。但微生物絮凝剂存在的不足仍不容忽视，今后仍需进一步改善和提高其絮凝性能，对微生物絮凝剂的种类、成分与处理污泥类型之间关系作进一步的研究，使其能够单独使用于污泥调理中，并取得良好效果，做到真正的无二次污染。

7.2.4　联合调理

联合调理技术主要包括药剂联用、物理调理和化学调理联用技术以及污泥联合调理技术。

7.2.4.1　化学调理剂的复合使用

对絮凝剂进行合理的复合使用，不仅可以降低污泥调理的综合费用，还可以发挥各种絮凝剂的优点，提高脱水性能。如无机絮凝剂和两性聚合物复合使用时，可先添加无机絮凝剂，通过电中和作用使污泥脱稳，然后加入两性高分子絮凝剂进行脱水，这样可以降低两性有机高分子絮凝剂的投加量，形成高强度的絮凝体；阳离子型聚合物和非离子型聚合物联合使用时，先加入阳离子型聚合物，使其吸附在污泥表面，形成初级絮体，再加入非离子型聚合物，通过水的亲和力和范德华力，吸附在初级絮体上，形成更大的絮体。由于阳离子型、两性型絮凝剂都有较好的脱水效果，为了进一步降低投加量，提高絮凝性，可以采用两类絮凝剂联用的方法进行污泥脱水。

目前，化学药剂，如铝盐、三氯化铁、硫酸亚铁和聚合电解质等常被用于改善污泥的脱水性能，尤其是聚合电解质在污泥脱水预处理上的应用更为广泛。例如，日本专利JP58-51988 用聚合硫酸铁作为无机絮凝剂并单独加入一种高分子有机絮凝剂来对污泥进行絮凝脱水处理。Y. Watanabe 等人用两性高分子电解质对污泥进行脱水预处理时发现，脱水滤饼的含水率较传统预处理（阳离子、阴离子高分子电解质的联合或单独的预处理）要低 2%～5%。日本专利 JP56-16599 也用一种无机絮凝剂和一种两性高分子絮凝剂对污泥进行处理。另外，人们为了改进聚合物的性能，也作了许多尝试，日本专利 JP11-156400 开发了一种新的污泥脱水剂，主要成分为一种两性高聚物，是由一种阳离子单体、阴离子单体及一种水溶性非离子单体和一种溶解度不超过 1 g 的疏水性丙烯酸衍生物共聚反应制备而成的。为解决在单体聚合过程中产生的凝胶现象，美国专利 US 200502300319 发明了一种新型水溶性共聚物，它是由一种水溶性单体与一种端基带有乙烯类不饱和基的聚环氧烷低聚物共聚而成，该聚合物具有极佳的絮凝特性，对各种类型的污泥均有良好的脱水性能。Haase 等人分析并提出了一种用季铵类高分子絮凝剂处理化学污泥的五种方法：方法一，将聚合季铵盐与聚丙烯酰胺混合后直接加入生物污泥中；方法二，将聚合季铵盐和阴离子聚丙烯酰胺单独分开加入；方法三，将丙烯酰胺与季铵化单体合成的共聚物直接加入到污泥中；方法四，将季铵化聚丙烯酰胺与阳离子聚丙烯酰胺共同加入到污泥中；方法五，将硫酸铝、铁的氯化物与聚合季胺一起加入污泥中。结果表明，这五种添加方法在污泥调理预处理上针对不同性质的污泥均有很好的脱水效果，污泥的脱水性能会得到不同程度的有效提高。

章继龙等人利用粉煤灰改善精对苯二甲酸（PTA）化工废水剩余污泥的性质进行了系统研究，结果表明，絮凝剂 PAM、粉煤灰与干污泥的最佳投放量（质量比）1∶125∶300，污泥的絮凝沉降性能和在带式压滤机上的助滤效果得到了有效提高。污泥 30 min 沉降比由原来的 98%下降到 40%，浓缩后的污泥质量浓度由原来的 5 g/L 提高到 25 g/L，上清液 COD_{Cr} 的质量浓度由原来的 1500～2000 mg/L 降至 200 mg/L 左右，泥饼含水率不大于 85%，产泥量由原来的 30～50 kg/h 增加到 1000 kg/h；宋宪强等人采用三种常见药剂复配成的新型复合混凝剂——FO 混凝剂对污泥进行调理，通过污泥沉降性能和过滤性能试验，确定了 FO 混凝剂中三种药剂的最佳配比为 1∶2∶0.05，投加量为 9.15%（固体药剂质量占干污泥质量的比例）时，可使污泥比阻值由 $2.03\times10^9\ s^2/g$ 下降到 $0.29\times10^9\ s^2/g$，污泥的脱水性能得到了很大的改善，在进一步的中试试验中发现，在投加最佳配比的 FO 混凝剂时，污泥经压滤脱水后的泥饼含水率可降低到 73.21%，固体回收率接近 95%，处理湿泥的药剂费用为 1.95 元/t。

7.2.4.2 物理调理和化学调理联用

传统物理调理主要包括加热和冷冻调理。加热调理可以破坏污泥细胞结构，使污泥间隙水游离，改善污泥脱水性能，提高污泥可脱水程度。冷冻-融化调理也能充分破坏污泥絮体结构，使污泥结合水含量大大降低。目前，国内外对这两种技术也有一定的研究，但是，由于加热调理技术受经济上的限制、冷冻调理技术受气候条件的限制，这两种技术难以推广使用。在物理调理方面，出现了其他调理技术，主要为超声波调理技术和微波调理技术。由于超声波在水中产生的各种效应十分复杂，超声波调理污泥的机理至今还没有得到统一的解释。用微波处理污泥时要注意污泥量的控制，同时微波对人体有害，调理时还要注意密封性。基于单独的物理调理或化学调理技术有一定的缺陷性，近年来出现了物理调理和化学调理联用技术。

污泥物理调理和化学药剂联用调理污泥，取得比单独使用污泥物理调理或化学药剂调理取得的效果好，既节约了物理调理所需要的能量，又节约了化学药剂，降低了化学药剂对环境的污染。

例如，薛向东等人在固定频率为 25 kHz、不同声强及作用时间下，考察和比较了超声预处理前后污泥结合水及过滤比阻的变化，并就超声预处理污泥的絮凝脱水性能进行了相关测试。结果表明，低声强（0.1～0.15 W/mL）、短时间（2～3 min）的超声预处理可有效降低污泥的结合水量及过滤比阻；当药剂投加量相同时，经超声预处理的污泥絮凝脱水性能明显优于未预处理的污泥。

尹军等人以某城市污水处理厂低有机质剩余污泥（$\frac{m(\mathrm{VSS})}{m(\mathrm{SS})}=0.42$）为对象，通过实验研究了超声与碱（NaOH 和 CaO）联合预处理对污泥特性的影响，分析了加碱和未加碱时，污泥上清液中 pH 值、ORP（氧化还原电位）、SCOD、TP 和 NH_3-N 等随超声处理时间的变化规律。结果表明，在超声处理 30～120 min 范围内，超声加碱处理可使污泥上清液中 ORP 明显下降；超声加碱处理可明显提高污泥上清液中的 SCOD 释放量，且加 NaOH 比加 CaO 更为明显；NaOH 加超声处理可促进污泥中 TP 的释放，但 CaO 加超声处理则与此相反；无论是否加碱，超声处理对污泥上清液中 NH_3-N 的释放影响较小；超声加碱处理剩余污泥可明显改善污泥絮体，使其更为紧密。由此可见，污泥物理调理和化学药剂联用调理较单一处理技术在有效改善污泥的性能方面具有更好的效果，既节约了物理调理所需要的能量，又节约了化学药剂，降低了化学药剂对环境的污染。

尽管在污泥物理调理和化学药剂联用调理方面有关人员已经进行了大量的探索与研究，但其作用的机理还有待进一步的探究。另外，将微生物絮凝剂与化学絮凝剂复合使用，不仅能获得更好的净化效果，而且可大大降低絮凝剂。

尽管有机絮凝剂在污泥脱水的应用中越来越多，但影响有机高分子絮凝剂絮凝性能的因素种类繁多，如絮凝剂用量、pH 值、相对分子质量、阴阳离子度以及絮凝剂混合搅拌机转速等，用量过少时，不足以使污泥形成絮团，脱水效果不好；用量过大时会起分散作用，絮体不结实，也不利于污泥脱水。因此，进一步研究和探索影响有机絮凝剂脱水效果因素的研究依旧是今后脱水处理的主要问题。

7.3　污泥调理实例分析

污泥调理是减少污泥体积的主要措施，因此，近年来在污泥调理预处理脱水方面的研究日益增加，污泥的调理不仅为后续机械脱水减少污泥的有效体积提供了条件，同时极大地减少了污泥的运输、焚烧、消化、填埋等后处理费用，取得了一定的环境效益和经济效益。目前，污泥调理应用到污泥脱水的工程实例颇多，下面用一个工程实例来进一步说明污泥的调理预处理在污泥处理处置中的关键地位和作用。

以上海某污水处理厂为例，该厂的污水日处理量在 $3.2\times10^4\ m^3/d$ 左右，处理处置的污泥为 A / O 法和氧化沟法得到的剩余污泥，污泥的日产生量在 $700\ m^3/d$ 左右，含水率在 99.3%，有机物含量较高。为了提高污泥的分离效果，该厂采用向污泥中投加絮凝剂的方法。

该厂采用的絮凝剂为水溶性高分子凝聚剂——聚丙烯酰胺，它属于阳离子型，主要的作用机理为电性中和作用和吸附架桥作用，由于阳离子型聚丙烯酰胺的相对分子质量较低、黏度较小，所以配制浓度以 0.2%为准，但不应超过 0.4%，否则会引起管道的堵塞，具体的配置浓度根据污泥的浓度作相应的调整。目前絮凝剂的配比浓度为 0.2%。

加药量主要是根据进泥的流量和泥质作相应的调整。目前该厂待处理的污泥主要来自于以下三部分：（1）东区三槽式氧化沟工艺的剩余污泥；（2）西区 A/O 工艺的剩余污泥；（3）西厂初沉池的剩余污泥。由于三部分泥的黏度、浓度、颗粒大小和密度等不太一样，所以给加药量的调节带来一定的困难，还需要进一步摸索，才能达到最佳效果。另外，可采取一定的措施（如在储泥池中曝气）使待处理的污泥浓度、黏度等较为稳定再进行脱水处理。如果加药量过少，就无法达到很好的分离效果；反之，加药量过多，就会产生胶体保护作用，也不利于达到一个很好的分离效果，同时还会增加运行的成本。另外，如果投加絮凝剂过量，脱水干污泥黏性会比较大，不利于排泥。目前根据进泥情况，加药量一般控制在 $1.1\sim1.3\ m^3/h$ 之间。

8 污泥的机械脱水技术

8.1 污泥机械脱水的目的和意义

近年来，城市污泥产生量增长速度愈来愈快，干污泥的年排放量约为 57200～62400 t，且不断增加。究其原因可分为两方面，污水管网的服务人口不断增加以及水质排放标准越来越严格。污泥通常是一种由固体和液体两部分组成的悬浊液，相对密度通常为 1 左右，未经处理的污泥含水率高达 95%以上，所以去除污泥中的水分，使其体积减量化是其后续有效利用的关键问题之一。

污泥处理与处置技术系统通常为浓缩、稳定、脱水，处理后的污泥通常采用农用、填埋或焚烧的处置方法。在实际应用中，在采用农用的利用方法时存在较多的困难，如浓缩污泥含水率过高，造成运输困难、运输量大的问题，脱水泥饼分散困难，田间操作时需借助机械设备等。采用填埋的处置方法时，同样由于含水率过高的原因，致使污泥的土力学性质差，填埋时需混入大量泥土，土地的利用率很低。采用焚烧脱水泥饼方法时，由于泥饼含固率低，能值低，焚烧时需加入辅助燃料，使处理成本明显增加，难以承受。从上述分析中不难看出，污泥的含水率是关键的影响因素。因此，解决目前在污泥处理过程中所遇到的许多问题时，降低污泥含水率是关键所在。

污泥脱水的方法主要有自然干化、机械脱水及热处理法。在污泥的脱水方式中，自然干化的占用面积大，卫生条件相对较差，易受天气状况的影响。与加热脱水相比，机械挤压的能量消耗相对较低，20 MPa 的能量相当于 70 kJ/kg，汽化热为 2200 kJ/kg，因此，机械脱水被广泛应用于污泥脱水中。

8.2 污泥机械脱水的原理

污泥中的水有四种存在形式：间隙水、毛细管结合水、表面吸附水及内部（结合）水，这四种形式分别反映了水分与污泥固体颗粒结合的情况。

（1）间隙水：污泥块之间包围着的间隙水不与固体直接结合，作用力弱，很容易被分离。这部分水是污泥浓缩的主要对象，占污泥水分总量的 70%。

（2）毛细管结合水：毛细现象形成的毛细管结合水由于受到液体凝聚力和液固表面附着力作用，需要较高的机械作用力和能量才能将其分离出来。分离方法可以采用与毛细水表面张力相反的作用力，如离心力、负压抽真空、电渗力或热渗力等。实际中常用离心机、真空过滤机或高压压滤机来去除这部分水。污泥中的各类毛细管结合水约占污泥中水分总量的 20%。

（3）表面吸附水：由于污泥常处于胶体状态，而胶体的特征为颗粒小、比表面积大，所以表面吸附水分较多。表面张力较强导致表面吸附水的去除较难，不能用普通的浓缩或脱水方法去除。通常要在污泥中加入电解质混凝剂，利用凝结作用使污泥固体与水分分离。表面吸附水占污泥中水分的 7%。

（4）内部水：微生物的细胞膜包围了一部分污泥中的水，形成内部结合水，与微生物结合得很紧，如要去除，必须破坏细胞膜。通常采用生物作用（好氧堆肥化、厌氧堆肥化等）将细胞分解，或采用其他方法使细胞膜破裂，使内部水扩散出来再进一步去除。内部水约占污泥中水分的 3%。

污泥浓缩主要是针对间隙水，经浓缩后的污泥含水率为 90%以上，呈流动状态，体积依然很大，故需要进行机械脱水，将污泥中的毛细管结合水分离出来。物料经机械脱水后物料的体积减少到原来的十分之一以下，大大降低了后续处理的难度。

Ruth 提出了常规滤饼过滤理论来描述恒压条件下的过滤状态。

$$\frac{\mu\bar{\alpha}\,\bar{c}}{2A^2\Delta p}V^2+\frac{\mu R_{\mathrm{M}}}{A}V-t=0 \tag{8-1}$$

式中，$\bar{\alpha}$ 为具体的平均阻力；Δp 为过滤压力；$\bar{c}$ 为单位体积滤液中的固体物质的干质量；μ为液体运动黏度；R_{M} 为过滤介质阻力；A 为过滤面积。

平均特定阻力和以体积分数表示的平均滤饼浓度可以用滤饼成压的幂函数表示：

$$\bar{a}=a_0(1-n)\Delta p_g^n \tag{8-2}$$

$$\bar{c}=c_0(1-m)\Delta p_g^m \tag{8-3}$$

式中，a_0，n，c_0 和 m 都为实验常数，单位体积滤液中固体物质的干重的平均值可以从滤饼平均浓度和滤浆中固体物质的质量分数中获得：

$$\bar{c}=\frac{1}{\dfrac{1-s}{s\rho_1}-\dfrac{1-c}{c\rho_s}} \tag{8-4}$$

式中，ρ_1 和 ρ_s 分别为液体密度和固体密度。

瞬时过滤效率 Q 可用式（8-5）表示：

$$Q=\frac{\mathrm{d}V}{\mathrm{d}t}=\left(\frac{\mu\bar{a}\,\bar{c}}{A^2\Delta p}V+\frac{\mu R_{\mathrm{M}}}{A}\right)^{-1} \tag{8-5}$$

$$\Delta p_g=\Delta p-\frac{\mu R_{\mathrm{m}}}{A}Q \tag{8-6}$$

式（8-6）表示可以通过总压减去滤液中的压降来计算滤饼中的压降。

滤饼的瞬时厚度可以从如下关系中计算得出：

$$L=\frac{\Delta p_{\mathrm{g}}^{l-m-n}}{\mu a_0 c_0\rho_s(l-m-n)}\frac{A}{Q} \tag{8-7}$$

滤饼内部高度为 y 处的体积浓度为：

$$c_y=c_0\Delta p_g^m\left(\frac{y}{L}\right)^{m/(l-m-n)} \tag{8-8}$$

机械脱水的速度不仅受到污泥粒子粒径和其分布的影响，还受到泥饼层内的有效孔隙率、深度、粒子的比表面积和形状的影响，并且这些因素都会随着污泥的分散凝聚程度不同而不同。

过滤过程中粒子的捕捉机理如图 8-1 所示。

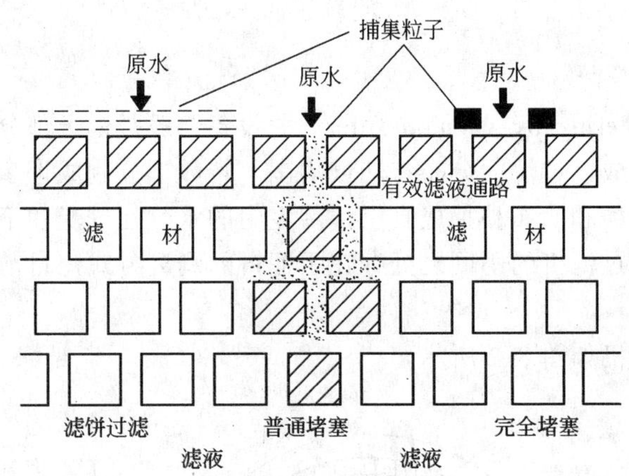

图 8-1 过滤过程中粒子的捕捉机理

在间歇过滤过程中，滤液通路内为层流状态，忽略流速分布和粒子移动，过滤速度可以表示为：

$$\frac{1}{A}\frac{\mathrm{d}V}{\mathrm{d}t}=\frac{A\Delta p g_{\mathrm{C}}(1-mw)}{\mu(V+V_{\mathrm{M}})\rho w\bar{\alpha}}; \tag{8-9}$$

$$\Delta p=\Delta p_{\mathrm{m}}+\Delta p_{\mathrm{c}}$$

式中，m 是湿润泥饼对干燥泥饼的质量比，即

$$m=\frac{1}{w}-\frac{\rho V}{W_{\mathrm{m}}}$$

式中，w 为干燥泥饼的质量；W_{m} 是与滤材阻力相当的泥饼质量；$\bar{\alpha}$ 是干燥泥饼单位质量的过滤阻力，即平均比阻，m/kg 或 mm/g。

8.3 污泥机械脱水技术

污泥脱水的机械主要分过滤式和产生人工力场式两类。过滤式分负压过滤，如真空过滤和正压过滤，如带式压滤机和板框压滤机。产生人工力场式是在人工力场的作用下，借助固体和液体的密度差来使固液分离。

在选择机械脱水形式时，应考虑到污泥的调理方式及污泥脱水之后的处置方式，干燥，焚烧和最终处置方式。只有含固率大于 20%～25%的污泥才能被直接用于农业。如果选择污泥卫生填埋，则必须同时考虑到含水率和承载力两方面的要求。国外经验证明，要达到填埋场的要求，需使用无机药剂的化学调理和板框压滤机相结合才能达到要求。此外，还应结合当地情况，考虑污泥调理剂的种类、价格和投资及运行成本等因素。污泥生物稳定的时间、方式、程度对污泥的脱水性能有着明显的影响。污泥稳定时间越长，稳定程度越好，脱水效果越好。就污泥的生物稳定方式来说，厌氧消化稳定的污泥比好氧消化

稳定的污泥效果要好。对于稳定时间不长和稳定程度不好的污泥来说，要想达到与正常稳定的污泥同样的脱水效果，所需要的化学调理剂更多，脱水时间更长。即便是使用同一种脱水机械，由于污泥理化性质的不同，也可能产生不同的脱水效果，在脱水方式的选择时应慎重考虑，已有的污水处理厂的经验只能作为参考。

8.3.1　真空过滤

真空过滤（dewatering by vacuum filter）的设备一般是由一部分浸在污泥中，同时不断旋转的圆筒转鼓构成，过滤面分布在转鼓周围。转鼓被分割成许多小室，为过滤区段和干燥区段。首先，滤鼓和滤布被抽成真空，污泥中的水分在过滤和干燥区段被过滤，泥饼在滤布上形成。各种过滤机的不同之处存在于泥饼的剥离方式，目前常用的是转鼓式和履带式两种。

转鼓式真空过滤机如图 8-2 所示。

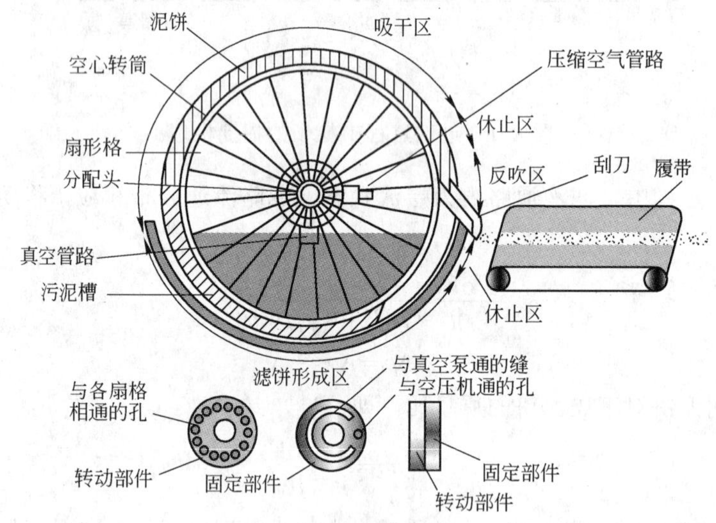

图 8-2　转鼓真空过滤机

在长度/直径较小的圆筒内表面布置滤材进行内部供液式真空过滤。圆筒兼做母液槽。滤材随圆筒旋转进入母液中，滤饼由减压过滤作用形成，然后依次进行滤饼脱水和洗涤，滤饼转到料斗上方时，靠滤材反面吹入空气，或脉冲吹入压缩空气剥离后，经皮带运输机或螺旋输送机排出。如果悬浊液的粒度比较大（大于 10%），需要形成 15 mm/min 的滤饼。转鼓真空过滤机适用于沉降速度较大的母液，不使用与滤饼易脱落或是必须洗涤的场合。其有效过滤面积较小，滤布紧包在转鼓上，容易堵塞，影响过滤效率。

履带式真空过滤机的结构如图 8-3 所示。

履带式真空过滤机的滤布大部分没有紧贴在转鼓上而呈环形，随着旋转滤布离开转鼓被卷到直径小的滚筒上。由于曲率发生急剧变化，运动角速度剧增，滤饼从滤布上被剥离下来。滤布堵塞得到改善。相对于转鼓真空过滤机来说，扩大了适用范围，提高了脱水性能，泥饼含水率为 70%～75%。

真空过滤机的滤布种类很多，实际应用中应根据污泥的性质和调理药剂的性质来选择，最好先进行滤布实验，滤布先洗涤 3～5 次，便于发现问题。

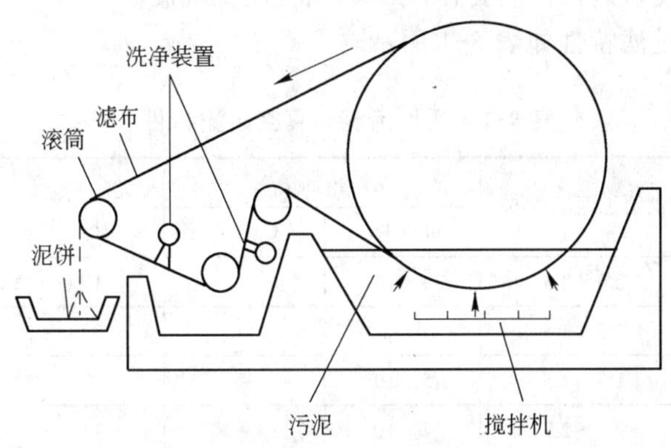

图 8-3 履带式真空过滤机

8.3.1.1 真空过滤的控制指标

最需经常测定的指标为过滤速度，用过滤机出口处单位时间单位过滤面积上的滤饼的干重来表示。

固体回收率，用生成的滤饼量与污泥的供给量的比来表示。实际应用中有时为了提高处理量，往往降低回收率。

泥饼的含水率一般为 70%～80%，应根据最终处理处置方法加以调整。液体中固体的浓度一般为 500～1000 mg/L，原液中 10%～20%的固体进入滤液中，需进行循环过滤，长此以往会导致循环固体的累积，影响处理设备和过滤性能。所以，液体中的固体浓度尽量控制在较低的范围内。

8.3.1.2 影响过滤脱水的污泥性质

大小和形状不同的固体颗粒通过其压缩性和絮凝性影响过滤脱水性能。大小形状均匀、粒径较大的污泥颗粒孔隙率大，过滤性能好，不易板结。实际中，为改善大小不均、颗粒较细的污泥，通常加入较多的调理药剂来影响过滤性能。

污泥的腐败变质也会影响其脱水性能。消化后的污泥，其中的纤维组织和颗粒物质被分解为类胶体、胶体和溶解性物质，填在小颗粒物质的孔隙中，影响其过滤性能。如果污泥放置 24 h 而未曝气，就会发生腐败变质。如想获得与未变质的污泥同样的过滤脱水效果，则需加入两倍的调理药剂量。

污泥浓度是影响脱水性能的因素之一。随着脱水的进行，污泥的浓度增大，泥饼的产生量增大，产生单位质量泥饼的滤液量减少，需要对真空过滤机的运行参数进行调整。对于浓度过低的污泥，增大转鼓的浸入深度，延长污泥的抽吸时间，泥饼的厚度增加，同时含水率也增加，可以通过延长过滤周期，留有足够的水分干燥时间，降低泥饼的含水率，这种方式降低了真空过滤机的效率。通常，进入率是转鼓总面积的 15%～25%。

污泥的可压缩性能也会影响脱水性能。由于污泥的压缩性好，泥饼阻力随着真空度的增加而增大，因此，要保持一定的真空度，通常为 50.66 kPa。实际操作中可采用在污泥中投加碳粉、硅藻土、木屑等来增加孔隙率，提高过滤速度，克服因污泥的可压缩性导致的不利因素。

滤液和悬浮液的黏度，固体颗粒在液体中的分散度也影响污泥的脱水性能。因此，过滤槽中搅拌装置的速度可调，以防止浓度不均或者发生沉淀。

活性污泥的真空过滤特性如表 8-1 所示。

表 8-1　活性污泥的真空过滤特性

污泥种类	供给污泥浓度/%	调理药剂量/%		过滤速度/$kg\cdot(m^2\cdot h)^{-1}$	泥饼含固率/%
		$FeCl_3$	$CaCO_3$		
二沉池污泥	2.0～2.5	9～10	—	17.0～22.0	15～20
浓缩污泥	3.5～4.5	10～12	—	22.0～25.4	13～15
二沉池污泥	1.3～1.8	5～10	—	7.3～8.8	18～24
二沉池污泥	2.0～2.7	7～10	—	11.2～15.1	20～30
二沉池污泥	2.9～3.6	6～10	—	9.8～11.7	14～18
混合污泥	6.4	4.4	13.3	20.0	29.0
初沉和消化污泥	5.3	2.5	7.6	35.2	26.4

8.3.2　加压过滤

加压过滤脱水（dewatering by pressure filter）即利用液压泵和空压机形成 4～8 MPa 的压力来增加过滤的推动力的污泥脱水方式，其基本原理与真空过滤相同，区别在于加压过滤使用正压，真空过滤采用负压。其优点为过滤效率高、滤饼的固体含量高、滤液中固体含量低，前处理时可不加或加少量的调理剂，滤饼的剥离方式简单，因此，加压过滤方式被广泛使用。加压过滤经历了由间歇操作到连续操作的发展，根据不同的压滤形式又分不同的类型。目前广泛使用的为板框压滤机和带式压滤机。

板框压滤机的结构如图 8-4 所示。

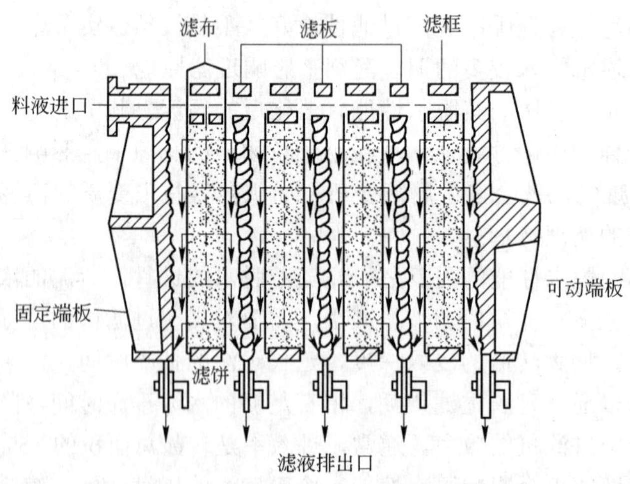

图 8-4　板框压滤机的结构

板框压滤机的滤板和滤框平行交替排列，在滤板和滤框中间布置滤布，用可动端把滤板和滤框压紧，这样在滤板与滤板之间形成了压滤室。压滤机工作时污泥从进液口流入，水通过滤板从滤液排出口流出，滤布上过滤出滤饼，将滤板和滤框松开就可以将泥饼剥落下来。板框压滤机的工作周期为：滤板、滤框关闭→污泥压入过滤脱水→滤板、滤框开启→泥饼剥离→滤布洗净。

板框压滤机的优点为滤材使用寿命长，滤饼的厚度可通过改变滤框的厚度来改变，且滤饼厚度均一，结构较简单，操作容易，运行稳定，故障少，过滤面积选择范围灵活，且单位过滤面积占地较少，过滤推动力大，所得滤饼含水率低，对物料的适应性强，适用于各种污泥。其不足之处在于，滤框给料口容易堵塞，滤饼不易取出，不能连续运行，处理量小，滤布消耗大。因此，它适合于中小型污泥脱水处理的场合。通常情况下，板框压滤机的滤饼含水率为45%～80%，初沉池污泥为45%～65%，活性污泥为75%～80%，混合污泥为55%～65%，滤液悬浊液浓度为400 mg/L,BOD_5为1500～2500 mg/L。

带式压滤机的结构图如图8-5所示。

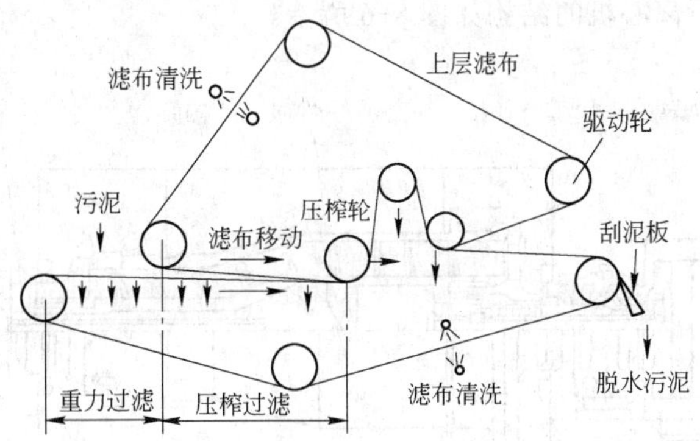

图8-5　带式压滤机的结构

带式压滤机由滤布和滚压筒组成，利用滚压筒的压力和滤布的张力在滤布上榨去污泥中的水分。污泥进入在滚压筒之间连续转动的上下两块带状滤布上后，利用滤布的张力和滚压筒的压力及剪切力来对两块滤布之间的污泥进行加压脱水。污泥先后经过重力脱水、压榨脱水和剪切脱水三个过程。脱水污泥由刮泥板剥离，滤布用水清洗以防止堵塞，影响过滤速度。

采用带式压滤机时，只需加入少量高分子絮凝剂，便可使污泥脱水后的含水率降到75%～80%，不增加泥饼质量，操作简单，运转稳定。由于其关键控制参数为滤布的速度和能力，运行负荷范围广，无噪声和振动，易实现密闭操作，适宜于活性污泥和有机亲水污泥的脱水。

带式压滤机的型号较多，主要有压辊-压辊挤压式，如日立克莱因式，SKW型，MRP型，Unimat型，旋转式，塔式；转筒-压辊挤压式，如固液分离器，浓缩聚凝物挤压式，RF脱水机，栅状皮带压滤器，温克勒压滤器，SSP皮带过滤器，三级皮带压滤器等。

8.3.3　离心脱水

离心脱水（dewatering by centrifuge）是利用离心力代替重力和压力进行污泥脱水的操作。

离心分离操作的效果一般用分离因数来表示，即离心力与重力之比：

$$Z=\frac{m\omega^2 r}{mg}=\frac{\omega^2 r}{g}\approx\frac{N^2 r}{900} \tag{8-10}$$

式中，Z 为分离因数；m 为物体质量，kg；ω 为旋转角速度，s^{-1}；r 为旋转半径，m；g 为重力加速度，9.8 m/s^2；N 为离心机转速，r/min。

Z 为 1000～1500 时为低速离心机，Z 为 1500～3000 时为中速离心机，Z 超过 3000 时为高速离心机。

离心过滤机适用于非压缩性物料的过滤，洗涤和脱水；离心脱水机适用于黏度小的液体的分离和洗涤；离心沉降机的原理为利用固液或液液密度差而进行分离。前两者可用于乳状液和固体物质较少的悬浮液，后者用于沉降速度较大，浓度较高的悬浊液和泥浆。实际工艺中常用到的为卧式倾析离心机（卧式圆筒形倾析离心）和碟倾片式离心机（分离板型离心机）。卧式倾析离心机的结构如图 8-6 所示。

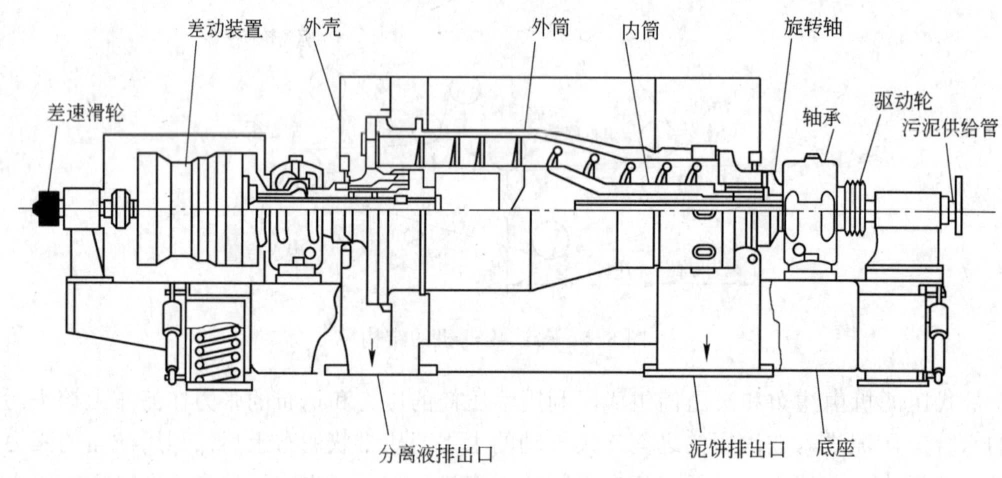

图 8-6　卧式倾析离心机

卧式倾析离心机可以实现污泥连续供给，连续脱水，泥饼和分离液连续排出。离心机工作时，污泥从供给管流到内筒，由分散装置分散均匀，到达外筒，污泥随内外筒同时高速旋转，在离心力的作用下，在外筒的内层，沿转轴形成一定厚度的料液层，液面为外筒圆锥形斜面高度的一半。污泥在外筒的溢流孔处固液分离，泥饼留在外筒壁上，液体从溢流孔流出。积聚在外筒壁上的污泥在离心力的作用下不断被浓缩压实。由于内外筒的转速不同，一般相差 0.2%～3%，浓缩压实的污泥由内筒上的螺旋慢慢推到外筒的圆锥部分，形成泥饼，由排出口排出。此时的污泥在离心力的作用下飞散排出，需经收集罩收集起来。

通常，污泥颗粒沉降速度与离心力大小成正比，离心力越大，固态物质回收率越高，但同时存在污泥打滑、凝聚物破裂、脱水效率下降等问题，还会导致机械磨损，动力消耗大，形成噪声。通常选择 Z 小于 2000 的离心机。

卧式倾析离心机的脱水效果如表 8-2 所示。

表 8-2　卧式倾析离心机的脱水效果

污 泥 种 类	泥饼含水率/%	SS 回收率/%	絮凝剂投加量/%
处沉污泥	65～70	>98	0.4～1.0
活性污泥	78～83	>98	0.6～1.2
混合污泥	70～80	>98	0.4～1.2
厌氧消化污泥	70～82	>98	0.4～1.2
好氧消化污泥	75～83	>98	0.6～1.2

碟片式离心机的结构如图 8-7 所示。

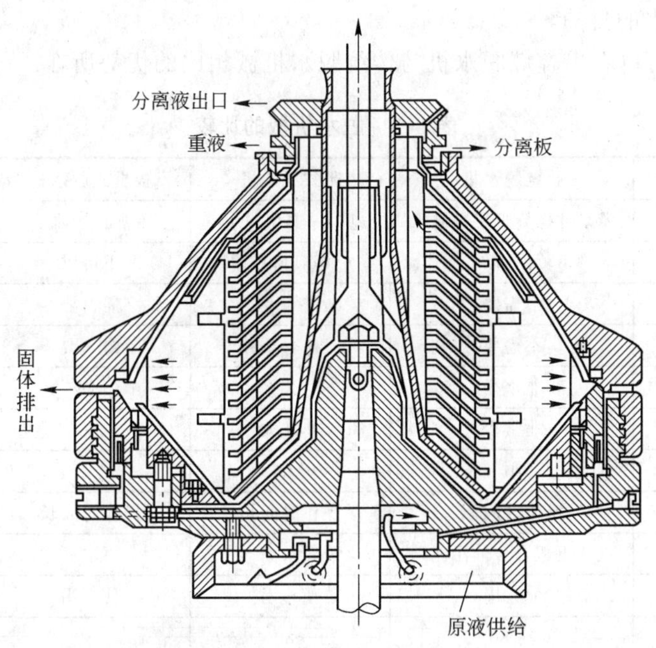

图 8-7　碟片式离心机

碟片式离心机的 Z 一般大于 3500，甚至达到 10000，主要用于分离密度非常接近的液体，细微粒径的乳浊液或悬浊液等高度分散的液体。这些液体中的颗粒组成相近，粒径小，沉降速度低，需分离因素高的离心机才能将其分开。碟片式离心机的处理能力一般为 120～10000 L/h，沉降距离较小的悬浮颗粒容易被捕捉，通过转筒上的细孔连续排出，其密度浓缩了 5～20 倍。由于转筒上细孔的直径为 1.27～2.54 mm，该离心机对污泥的浓度和粒径有一定的要求，通常的方法是对污泥进行筛分。

碟片式离心机也可以进行固体、油、水的三相分离。目前主要用于一般离心机难分离的悬浊液或者三相分离的液体，其脱水能力不是很强。

叠螺脱水机的结构如图 8-8 所示。

叠螺脱水机的螺旋主体是由固定环和游动环相互层叠而成，螺旋轴贯穿其中。前段为浓缩部,后段为脱水部。固定环和游动环之间形成的滤缝以及螺旋轴的螺距从浓缩部到脱水部逐渐变小。螺旋轴的旋转在推动污泥从浓缩部输送到脱水部的同时，也不断带动游动环清扫滤缝，防止堵塞。

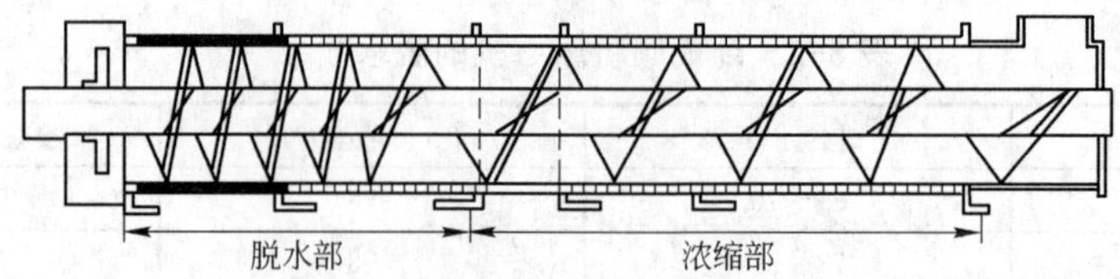

图 8-8　叠螺脱水机

叠螺脱水机工作时，污泥在浓缩部经过重力浓缩后，被运输到脱水部，在前进的过程中随着滤缝及螺距的逐渐变小，以及背压板的阻挡作用下，产生极大的内压，容积不断缩小，达到充分脱水的目的。

从表 8-3 中可以看出叠螺脱水机与传统脱水机械相比的优势所在。

表 8-3　脱水机械的比较

种　类	叠螺脱水机	带式脱水机	板框式脱水机	离心式脱水机
脱水方式	游动环螺旋形层叠脱水	重力+剪切脱水	加压脱水	离心脱水
低浓度污泥脱水	可　以	不可以	不可以	不可以
污泥浓缩池	不需要	需　要	需　要	需　要
污泥贮存槽	不需要	需　要	需　要	需　要
用电量	非常少	大	中	最　大
清洗冲淋水用量	非常少	非常大	少	少
运转噪声，震动	小	大	大	极　大
维修管理	操作时间短	操作时间长	操作时间长	操作时间长
污泥黏性要求	低（更适合含油污泥）	要求高	要求低	中
絮凝剂	使　用	使　用	使　用	使　用
泥饼含水率/%	约 80	>80	<80	约 80
污泥处理率/%	>95	90～95	85～95	90～95
24 h 无人连续运行	可　以	不可以	不可以	不可以

8.4　污泥机械脱水实例分析

8.4.1　实例背景

上海某饮料食品有限公司专门生产各类茶饮料、果汁饮料、含酒精饮料，在生产过程中排放的污染物以糖、茶粉和果汁等有机物为主，以及清洗过程中产生的酸碱废水等，可生化性好。该公司原先没有污泥处理设施（浓缩池、脱水机等），其产生的非常少量的剩余污泥储存在消化池中，现在由于工艺的变化和水量的增加，生物处理系统有剩余污泥产出，因此需增加污泥处理装置。

8.4.2　污泥处理装置的选择

目前使用比较普及的污泥脱水机有三种——板框式压滤机、带式压滤脱水机与离心脱水机。

板框式污泥脱水机的脱水污泥含水率最低，但不符合该公司的实际情况。原因如下：首先，板框式污泥脱水机最大的缺点是占地面积较大，该食品饮料公司在规划时没有预留多余的地方，同时，上海的地价很高，不能满足其需要的空间；其次，板框式污泥脱水机为间断式运行，效率低，其具体操作步骤都需要人工来完成，污水处理厂现有3人，人力上达不到要求，若通过 PLC 远端控制来完成，成本太高；再者，操作间环境较差，对人体的伤害比较大。

带式污泥脱水机具有出泥含水率较低且稳定、能耗少、管理控制简单等特点。但是在具体考虑时，这种脱水机同样不适合该公司的情况。具体原因如下：首先，带式污泥脱水机虽然比板框式压滤机小，但其占地面积仍然比较大；其次，滤带冲洗水用量大，一般每1 m 宽滤带用水量为 27 m^3/h，对小型污水处理厂来说冲洗水用量比较大，再者，滤布易堵塞，操作繁琐。

离心脱水机也不大适合该公司的情况。具体原因为处理能力低，且一次性投资比较大，噪声大，影响设置于旁边的办公检测室的日常工作，能耗高，一般单位体积污泥耗电量为 10 kW/m^3。

同时，该食品饮料公司的污水处理厂之前没有建设污泥浓缩池，这也是上述三种污泥脱水机不适用的一个原因。综合上面的分析，该公司选用了叠螺式污泥脱水机。

叠螺式污泥脱水机包括以下优点：不仅可处理高浓度污泥的脱水，也可对低浓度污泥进行直接脱水；能处理含油污泥，不会发生无法分离、或是堵塞滤布、滤孔等问题；无二次污染，可实现无人值守运行。

工程优势包括以下几个方面：

（1）由于叠螺式污泥脱水机能直接对曝气池内污泥或二沉池污泥进行浓缩和脱水，不需设置常规的污泥浓缩池和污泥贮池，从而节省污泥处理系统占地；

（2）污泥脱水的状态为好氧条件，传统污泥浓缩池或贮存池存在的由于缺氧或厌氧导致污泥磷释放的现象不会发生，使整个污水处理系统的脱磷功能得到提高；

（3）运行安全简单，结合全自动加药系统，可实现 24 h 无人值守运行；

（4）可减轻后续生化反应器处理负荷，提高系统处理效率。

9 新型过滤技术在污泥预处理中的应用

9.1 污泥的粒径分布与脱水性

由于污水量的增加和活性污泥法的广泛应用，导致污泥量的急剧增加。污水经过沉淀处理后会产生大量污泥，即使经过浓缩及消化处理，含水率仍高达95%以上，体积很大，难以消纳处置，必须经过脱水处理，提高泥饼的含固率，创造后续处理的条件。污泥的脱水可以有效降低污泥的体积，以降低污泥处理及最终处置的费用。可以说，污泥的脱水是污泥处理过程中最经济的处理方法。

9.1.1 污泥的来源

在水处理工程中，主要的污泥来源有以下几种：

（1）栅渣：格栅或滤网，呈垃圾状，量少，易处理和处置；

（2）浮渣：上浮渣和气浮池，可能多含油脂等，量少；

（3）沉砂池沉渣：沉砂池，相对密度较大的无机颗粒，量少；

（4）初沉污泥：初沉池，以无机物为主，数量较大，易腐化发臭，可能含有虫卵和病变菌，是污泥处理的主要对象；

（5）二沉污泥：二沉池，剩余的活性污泥，以有机物质为主，含水率高，易腐化发臭，难脱水，是污泥处理的主要对象；

另外，在给水处理过程中，在原水被净化时也会产生各种污泥，主要是各种化学污泥，即经化学处理后，除含有原废水中的悬浮物外，还含有化学药剂所产生的沉淀物，易于脱水与压实。

9.1.2 污泥脱水性质的主要指标

与污泥脱水性质相关的指标有：含水率和含固率、脱水性能及污泥颗粒等。

9.1.2.1 含水率与含固率

含水率是污泥中含水量的百分数；含固率则是污泥中固体或干污泥含量的百分数。湿泥量与含固率的乘积就是污泥量，含水率降低（即含固量提高）将大大降低湿泥量（即污泥体积）。含水率发生变化时，可近似计算湿污泥的体积。污泥含水率和含固率的计算公式如下：

污泥含水率（P）=水分/污泥总重≈1

污泥含固率（C）=固体物/污泥总重

$$\frac{V_1}{V_2}=\frac{100-P_2}{100-P_1}=\frac{W_1}{W_2}=\frac{C_2}{C_1}$$

式中，V为污泥体积；W为污泥重量。

通常，含水率大于85%，污泥呈流状；含水率为65%～85%，污泥呈塑态；含水率小于 65%，呈固态。

9.1.2.2　脱水性能

污泥的脱水性能与污泥性质、调理方法及条件等有关，还与脱水机械种类有关。常用污泥过滤比阻抗值（r）和污泥毛细管吸水时间（CST）两项指标来评价污泥的脱水性能。

A　比阻抗值（r）

单位干重滤饼的阻力，其值越大，越难过滤，其脱水性能越差。比阻抗公式为：

$$\frac{\mathrm{d}V}{\mathrm{d}t}=\frac{pA^2}{\mu(rcV+R_\mathrm{m}A)}$$

式中　$\mathrm{d}V/\mathrm{d}t$——过滤速度，m^3/s；

V——滤出液体积，m^3；

t——过滤时间，s；

p——过滤压力，N/m^2；

A——过滤面积，m^2；

c——单位体积滤出液所得滤饼干重，kg/m^3；

r——污泥过滤比阻抗，m/kg；

R_m——过滤开始时单位过滤面积上过滤介质的阻力，m/m^2；

μ——滤出液的动力黏滞度，$N\cdot s/m^2$。

当 p 为常数值时，则可积分得：

$$\frac{t}{V}=\left(\frac{\mu rc}{2pA^2}\right)V+\frac{\mu R_\mathrm{m}}{pA}$$

研究发现 t/V～V 呈直线关系，令其斜率 b 为：

$$b=\frac{\mu\cdot rc}{2pA^2}$$

则有

$$r=\frac{2bpA^2}{\mu c}$$

式中　b——与污泥性质有关的常数，s/m^6。

B　毛细吸水时间

毛细吸水时间（Capillary Suction Time，CST）：污泥中水分由于毛细管作用，在滤纸上渗透 1cm 距离所需要的时间。其测定是表现污泥过滤性和状态的一个快速、可靠的方法，该方法于 1970 年起被广泛应用。

9.1.2.3　污泥的粒径

裴海燕等人对活性污泥和消化污泥的脱水性和粒径分布进行了研究，结果表明，新鲜活性污泥的 CST 为 9.84 s，消化污泥的 CST 为 607.5 s。这里发现，活性污泥的平均粒径为 132.6 μm,消化污泥的均粒径仅为 70.48 μm，结果导致消化污泥脱水性能变差。其活性污泥和消化污泥的粒径分布如表 9-1 所示。

表 9-1　活性污泥和消化污泥的粒径分布统计　　μm

项　目	平均粒径	d_{10}	d_{25}	d_{50}	d_{75}	d_{90}
活性污泥	132.6	23	47.4	99.5	186	289
消化污泥	70.48	14.8	28.4	48.3	87.4	145

注：d_{10} 为样品中体积累计百分比为 10%时，颗粒的最大直径，余同。

研究认为，污泥胞外聚合物（EPS）对污泥的颗粒形成有积极作用，可以把小颗粒凝聚成较大污泥颗粒，从而改善污泥的脱水性。

9.1.3　污泥水分存在形式及其脱水的可行性

污泥与晶体物质的脱水性有很大的差异，污泥中水分有四种存在形式：游离水、毛细水、附着水及内部水分，分别反映了水分与污泥固体颗粒结合的情况。

9.1.3.1　游离水

游离水又称间隙水，是存在于污泥颗粒间隙中的水，约占污泥水分的70%左右。其并不与固体直接结合，作用力弱，因而很容易分离。这部分水是污泥浓缩的主要对象。

浓缩的方式可以分为重力浓缩、气浮浓缩和机械浓缩等形式。重力浓缩又包括间歇式（圆形、矩形等）和连续式（辐流式、竖流式等），其固体通量（污泥固体负荷）一般为30～60 kg/（$m^2 \cdot d$）（一般情况下剩余污泥为 30 kg/（$m^2 \cdot d$），初沉污泥为 60 kg/（$m^2 \cdot d$）），浓缩后含水率为 97%～98%。气浮浓缩可采用压力容气气浮（加药）形式，浮渣含水率 95%～97%。机械浓缩如浓缩脱水一体机等。

9.1.3.2　毛细水

毛细管结合水又称毛细水，约占污泥水分总量的 20%。污泥中的各类毛细管结合水在污泥水分中所占比例不大，要分离出毛细管结合水需要有较高的机械作用力和能量，可以用与毛细水表面张力相反的作用力来去除这部分水。

9.1.3.3　附着水

表面吸附水又称附着水。污泥常处于胶体状态，胶体颗粒很小，比表面积大，所以由于表面张力作用吸附水分较多。表面吸附水的去除较难，不能用普通的浓缩或脱水方法去除。通常要加入混凝剂，以达到凝结作用而易于使污泥固体与水分分离。

9.1.3.4　内部水

内部水指一部分污泥水被包围在微生物的细胞膜中所形成的内部结合水。内部水和固体结合得很紧，要去除它必须破坏细胞膜。可用生物作用（好氧堆肥法、厌氧堆肥法等）使细胞进行生化分解，或采用其他方法破坏细胞膜，使内部水变成外部液体从而进行去除。

污泥脱水方法的选择常取决于污泥的含水率和最终处理的方式。污泥脱水通常是去除毛细水和表面吸附水的部分。

9.1.4　污泥的脱水性

污水处理所产生的污泥具有较高的含水量，由于水分与污泥颗粒结合的特性，采用机械方法脱除具有一定的限制，污泥中的有机质含量、灰分比例，特别是絮凝剂的添加量对于最终含固率有着重要影响。一般来说，采用机械脱水可以获得 20%～30%的含固率，所形成的污泥也被称为泥饼。

污泥的脱水性质和污泥性质有重要的关系。污泥成分是根据污水处理厂的来水水质变化的，当然，在很大程度上也会受到污水处理工艺的影响。通常，会关注污泥中絮凝剂含量、污泥的黏度、弹性、有机物在干物质中的比例、油脂类物质的比例等情况。

脱水过程主要采用真空、加压、离心、干燥等方法来实现体积减小的目的。在污泥脱水过程中存在着诸多难脱水的现象，污泥脱水难的原因有：

（1）污泥表面的亲水性；

（2）污泥中微生物的细胞壁不容易破坏（细胞壁气孔的大小为 3.0～4.0 nm）；

（3）由高黏性物质组成的黏液层存在于细胞的表面，并表现为负电荷；

（4）污泥表面电荷呈现电性相反；

（5）污泥含水，具有高表面张力（污泥吸附水）。

脱水性的改善通常采用污泥的调理来实现。污泥的调理主要指在污泥进行脱水之前对其进行一定的预处理以提高其脱水性能，常见的污泥调理方法是加药调理法，即在污泥中加入带有电荷的无机或有机调理剂，使污泥液体颗粒表面发生化学反应，中和颗粒表面的电荷，使水游离出来，同时使污泥颗粒凝聚成大的颗粒絮体，降低污泥的比阻抗或毛细吸水时间。调理效果的好坏与调理剂种类、投加量及环境因素等有关。

9.1.5 污泥脱水的形式

污泥脱水和干化的目的是除去污泥中的大量水分，缩小其体积，减轻其质量；一般经过脱水、干化处理后，污泥含水量能从 90%左右下降到 60%～80%，体积减小到仅为原来的 1/10~1/5。自然干化多采用干化床；机械脱水多采用板框压滤机、带式压滤机、离心脱水机等。

9.1.5.1 污泥干化

污泥经过浓缩或消化后含水率 P 为 95%～97%，通过干化场内蒸发或渗透，2～3 天后含水率下降到 85%，数周后可以降至 75%的含水率。采用干化场一般要注意场地，要根据面积负荷设计场地面积，同时考虑气候条件、污泥性质、加药等情况的影响。

自然干化主要采用的是污泥干化床，其中主要的干化机理是自然蒸发与渗透。一般经过自然干化处理后的出泥含水率可接近 65%。但由于自然干化床的占地面积较大，一般仅适用于中小规模的污水处理厂。

9.1.5.2 机械脱水

欧洲国家的污泥脱水主要采用机械脱水方法，且多用于大中型污水处理厂的污泥处理。脱水机的种类很多，按脱水原理可分为真空过滤脱水、压滤脱水及离心脱水三大类。国内污水处理厂常用的有压滤机（包括带式压滤机及板框式压滤机）和离心式脱水机。

在机械脱水过程中以过滤介质两面压力差为推动力，污泥水分强制通过过滤介质，形成滤液固体颗粒为滤饼。

A 真空过滤机

真空过滤是 20 世纪 80 年代广泛使用的机械脱水方法，其设备名称为真空过滤机。它是将比较粗大的污泥颗粒通过真空泵吸附在滤布上，利用滤布两侧的压力差（小于 1.0×10^5 Pa）进行过滤。真空过滤主要是脱去污泥中结合力较弱的毛细水。它的优点是连续运转，操作平稳，整个生产过程可实现自动化，处理量大，适应于各种污泥的脱水处理。但其缺点就是脱水前必须预处理，附属设备较多，工序较复杂，运行费用比较高，从而逐步被淘汰。

B 板框压滤机

板框压滤机是通过板框的挤压，使污泥内的水通过滤布排出而达到脱水目的。20 世纪 80 年代以来，板框式压滤机得到广泛使用，其脱水污泥含水率最低。

板框压滤机由机架、压紧机构、过滤机构三部分组成。

a　机架

机架是板框压滤机的基础部件，两端是止推板和压紧头，两侧的大梁将二者连接起来，大梁用以支撑滤板、滤框和压紧板。主要构件有止推板、压紧板和大梁。止推板与支座连接，将压滤机的一端坐落在地基上。压紧板用以压紧滤板滤框，两侧的滚轮用以支撑压紧板在大梁的轨道上滚动。大梁是承重构件，根据使用环境防腐的要求，有硬质聚氯乙烯、聚丙烯、不锈钢包覆或新型防腐涂料等涂覆。

b　压紧机构

压紧机构可以分为手动压紧、机械压紧、液压压紧三类。手动压紧是以螺旋式机械千斤顶推动压紧板将滤板压紧。机械压紧机构由电动机（配置先进的过载保护器）减速器、齿轮副、丝杆和固定螺母组成，利用电动机转动，传动机械能将滤板、滤框压紧。液压压紧机构由液压站、油缸、活塞、活塞杆及活塞杆与压紧板连接的哈夫法兰卡片组成。由液压站提供高压油，利用液压传动原理实现滤板、滤框压紧。

c　过滤机构

过滤机构由过滤板、滤框、滤布、压榨隔膜组成。滤板两侧由滤布包覆，需配置压榨隔膜时，一组滤板由隔膜板和侧板组成。隔膜板的基板两侧包覆着橡胶隔膜，隔膜外边包覆着滤布，侧板即普通的滤板。物料从止推板上的进料孔进入各滤室，固体颗粒因其粒径大于过滤介质（滤布）的孔径被截流在滤室里，滤液则从滤板下方的出液孔流出。滤饼需要榨干时，除用隔膜压榨外，还可以用压缩空气或蒸汽，从洗涤口通入，气流冲去滤饼中的水分，以降低滤饼的含水率。

滤液流出的方式分明流过滤和暗流过滤。滤饼需要洗涤时，有明流双向洗涤和单向洗涤，暗流双向洗涤和单向洗涤。

图 9-1 所示为液压框式压滤机。

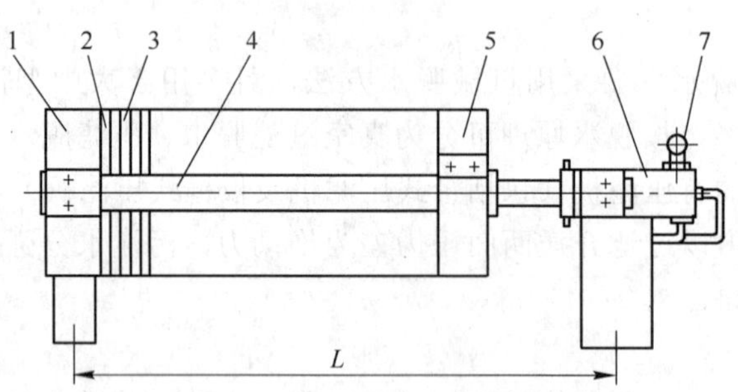

图 9-1　液压框式压滤机

1—止推板；2—滤框；3—滤板；4—横梁；5—压紧板；6—液压联体装置；7—压力表

板框压滤机的优点是滤饼的含固率高、滤液清、药剂用量少，适用于中小型污水处理厂。板框压滤机的缺点是占地面积较大、基建投资大，间断式运行，过滤能效低，动力消耗大、存在二次污染等，在水厂中已逐渐不采用。在工业污水处理中使用量仍较大，目前已有塑料板框、预加压脱水等新技术推广使用。

C　带压式压滤机

带式压滤脱水机是由上下两条张紧的滤带夹带着污泥层，从一连串按规律排列的辊压筒中呈 S 形弯曲经过，靠滤带本身的张力形成对污泥层的压榨力和剪切力，把污泥层中的毛细水挤压出来，获得含固量较高的泥饼，从而实现污泥脱水。

一般带式压滤脱水机由滤带、辊压筒、滤带张紧系统、滤带调偏系统、滤带冲洗系统和滤带驱动系统构成。

带式压滤脱水机进入中国时间较早，已有相当数量的厂家可以生产这种设备。在污水处理工程建设决策时，可以选用带式压滤机以降低工程投资。目前，国内新建的处理厂绝大部分都采用带式压滤脱水机，因为该种脱水机具有出泥含水率较低且稳定、能耗少、管理控制不复杂等特点。但带压式压滤机存在占地面积较大，滤带冲洗水用量大，滤布易堵塞，操作比较麻烦的不足。图 9-2 所示为带式压滤过滤机。

图 9-2　带式压滤过滤机

目前，带式压滤机的技术发展的重点在于对滤带的研究，如立毛纤维滤带使用，污泥介于“方向性立毛纤维”滤带之间，借由两侧凸凹排列的滚轮，逐渐增加压力脱水，分离水则轻易从槽沟排出，有效地解决了滤液排出困难、污泥侧滑逃离及滤带阻塞的问题。

D　离心脱水机

离心脱水机主要由转载和带空心转轴的螺旋输送器组成。污泥由空心转轴送入转筒后，在高速旋转产生的离心力作用下，立即被甩入转鼓腔内。污泥颗粒相对密度较大，因而产生的离心力也较大，被甩贴在转鼓内壁上，形成固体层；水密度小，离心力也小，只在固体层内侧产生液体层。固体层的污泥在螺旋输送器的缓慢推动下，被输送到转鼓的锥端，经转鼓周围的出口连续排出，液体则由堰四溢流排至转鼓外，汇集后排出脱水机。

离心脱水设备主要有转筒式离心机。利用离心机使污泥中的固、液分离；离心力场可达到重力场的 1000 倍以上；处理量大，适用于各种污泥，基建和占地面积少，操作简单，自动化程度高，密闭无味，不堵塞，可不投入或少投入化学调理剂。但离心脱水机具有噪声大、能耗高、处理能力低、设备成本高、一次性投资比较大等缺点。同时，离心脱水机受污泥负荷的波动影响较大，对运行人员的素质要求较高，因此，一般污水处理厂均不采用离心脱水工艺。

20 世纪 80 年代中期以来，离心脱水技术有了长足的发展，尤其是有机高分子絮凝剂的普遍应用，使离心脱水机处理能力大大提高。目前，国内污泥脱水中离心脱水机是近几年才日益受到人们的重视。图 9-3 所示为卧螺离心机结构图。

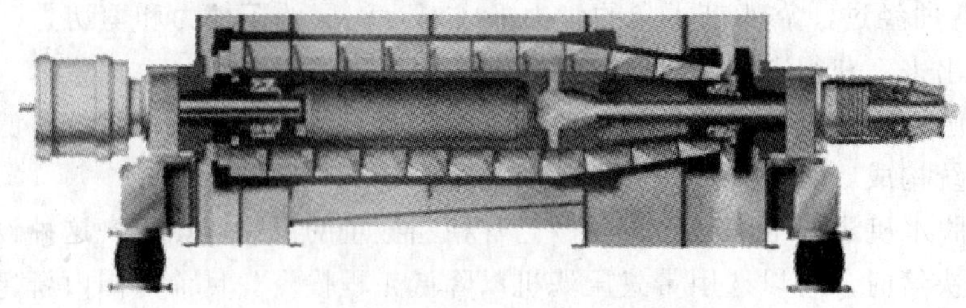

图 9-3　卧螺离心机结构图

当前国际上开发并推广应用离心式污泥脱水机，因其占地面积小、污泥脱水率高、产率高、自动化程度高，在污水处理厂使用比例逐渐扩大。近年来，还发展了传统的带式滤机与机械浓缩设备相结合的污泥浓缩脱水一体化装置，可以取消重力浓缩池。

目前，市场开发的新一代污泥脱水设备还有碟片螺旋式固液分离机，它有较好的污泥脱水能力。该设备由多重固定环、游动环和螺旋过滤部构成，有机地结合了过滤浓缩技术和压榨技术，将污泥的浓缩和压榨脱水工作在一筒内完成。在浓缩腔内，它利用定、动叠片间的相对游动，使滤液快速排出。在脱水腔内利用螺旋腔室内体积的不断收缩，增强内压及背压板的调压机理，实现了固液分离和自清洗技术。转碟式固液分离机具有适用污泥浓度的范围广、可处理含油污泥、无二次污染、体积小、节水、节能的特点。

9.2　过滤在污泥预处理中的应用

过滤（filteration）是在外力作用下，利用过滤介质使悬浮液中的液体通过，而固体颗粒被截留在介质上，从而实现固液分离的一种单元操作。过滤介质具有多孔结构，可以截留固体物质，而让液体通过；我们把待过滤的悬浮液成为滤浆（slurry），而过滤后分离出的固体称为滤渣或滤饼（filter cake），通过过滤介质的液体称为滤液（filterate）。

过滤过程属于复相流体通过多孔介质的流动过程。过滤主要有两大特点：

（1）流体通过多孔介质（包括过滤介质和滤饼）的流动属于层流，有两种因素会影响其运动：多孔介质的特性、滤饼结构、操作压力、料浆浓度、滤液黏度等宏观流体力学因素；电动现象、毛细现象、絮凝现象等微观物理化学因素。固体粒径越大，宏观因素占主导地位；反之则微观因素占主导地位。

（2）悬浮于流体中的固体颗粒连续不断地沉积在介质的表面或介质孔隙的内部，沉积在介质表面的滤饼，不断受到压缩，孔隙变小，颗粒变形，因此，随着过滤的进行，流动阻力不断增加，过滤速度会迅速降低。

1856 年，达西（Darcy）提出了著名的渗流过滤速率的半经验公式，奠定了过滤理论的基石，该公式至今仍被视为过滤方程的基础：

$$Q=\frac{K}{\mu}A\frac{\Delta P_{\mathrm{r}}}{\Delta L}$$

式中　Q——通过砂岩的流量，cm^3/s；

K——砂岩的渗透率,μm^2；

A——渗流截面积，cm^2；

ΔL——两渗流截面间的距离，cm；

μ——液体黏度，mPa·s；

ΔP_r——两渗流截面间的折算压力差，0.1 MPa，即大气压。

过滤研究发展中逐步形成了一套基本规律。其中一个以罗斯（Ruth）为代表，着重研究过滤阻力对过滤的影响；另一个以柯泽尼（Kozeny）和卡门（Carman）为代表，根据渗流理论从研究滤饼结构和颗粒形状入手，着重研究滤饼的可压缩性和渗透系数对过滤的影响。此后形成了毛细管模型、现代过滤理论、多相过滤理论、滤饼结构和孔隙率的研究等理论。

9.2.1 过滤及脱水的基本原理

过滤是给多孔过滤介质（简称滤材）两侧施加压力差而将悬浊液过滤分成滤渣和滤液两部分的固液分离操作。过滤操作所处理的悬浊液如污泥称为滤浆，所用的多孔物质称为过滤介质，通过介质孔道的液体称为滤液，被截留的物质称为滤饼，其操作如图 9-4 所示。

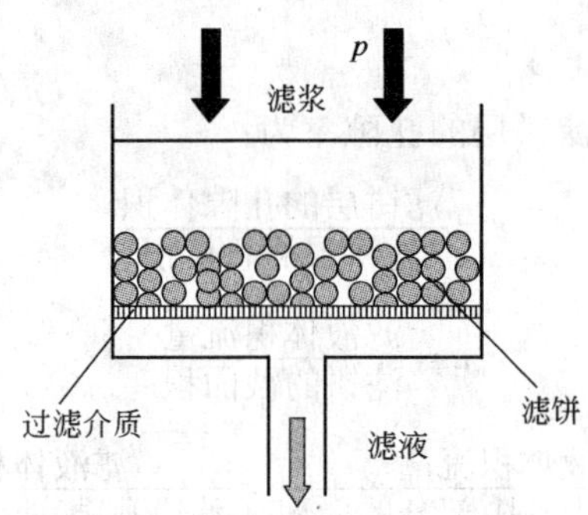

图 9-4 过滤的基本过程

9.2.1.1 过滤速度的定义

过滤速度指单位时间内通过单位过滤面积的滤液体积，即

$$u = \frac{dV}{A d\theta}$$

式中 u——瞬时过滤速度，$m^3/(s \cdot m^2)$ 或 m/s；

V——滤液体积，m^3；

A——过滤面积，m^2；

θ——过滤时间，s。

说明：

（1）随着过滤过程的进行，滤饼逐渐加厚。可以想见，如果过滤压力不变，即恒压过滤时，过滤速度将逐渐减小。因此，上述定义为瞬时过滤速度。

（2）在过滤过程中，若要维持过滤速度不变，即维持恒速过滤，则必须逐渐增加过滤压力或压差。

总之，过滤是一个不稳定的过程。上面给出的只是过滤速度的定义式，为计算过滤速度，首先需要掌握过滤过程的推动力和阻力。

9.2.1.2　过滤速度的表达

A　过程的推动力

在过滤过程中，需要在滤浆一侧和滤液透过一侧维持一定的压差，过滤过程才能进行。从流体力学的角度讲，这一压差用于克服滤液通过滤饼层和过滤介质层的微小孔道时的阻力，称为过滤过程的总推动力，以 Δp 表示。这一压差部分消耗在了滤饼层，部分消耗在了过滤介质层，即 $\Delta p = \Delta p_1 + \Delta p_2$。式中，$\Delta p_1$ 为滤液通过滤饼层时的压力降，也是通过该层的推动力；Δp_2 为滤液通过介质层时的压力降，也是通过该层的推动力。

B　考虑滤液通过滤饼层时的阻力

滤液在滤饼层中流过时，由于通道的直径很小，阻力很大，因而流体的流速很小，应该属于层流，压降与流速的关系服从 Poiseuille 定律：

$$u_1 = \frac{d_e \Delta p_1}{32\mu l}$$

式中　u_1——滤液在滤饼中的真实流速；

μ——滤液黏度；

l——通道的平均长度；

d_e——通道的当量直径。

（1）u_1 与 u 的关系：定义滤饼层的孔隙率为：

$$\varepsilon = \frac{\text{滤饼层的孔隙体积}}{\text{滤饼层的总体积}}$$

$$u = \frac{\text{滤液体积流量}}{\text{滤饼的截面积}}$$

$$u_1 = \frac{\text{滤液体积流量}}{\text{滤饼截面中孔隙部分的面积}} = \frac{\text{滤液体积流量}}{\text{滤饼孔隙率} \times \text{滤饼截面积}}$$

所以，$u_1 = \frac{u}{\varepsilon}$。

（2）孔道的平均长度可以认为与滤饼的厚度成正比：

$$l = K_0 L$$

（3）孔道的当量直径

$$d_e = \frac{4 \times \text{流通截面积}}{\text{润湿周边长}} \frac{L}{L} = \frac{4 \times \text{孔隙体积}}{\text{颗粒表面积}} = \frac{4 \times \text{滤饼层体积} \times \text{孔隙率}}{\text{比表面积} \times \text{颗粒体积}}$$

$$= \frac{4 \times \text{滤饼层体积} \times \text{孔隙率}}{\text{比表面积} \times \text{滤饼层体积} \times (1 - \text{孔隙率})} = \frac{4\varepsilon}{S_0 (1-\varepsilon)}$$

根据这三点结论，可以导出过滤速度的表达式：

$$\frac{\mathrm{d}V}{A\mathrm{d}\theta} = u = u_1 \varepsilon = \frac{\varepsilon d_e^2 \Delta p_1}{32\mu K_0 L} = \frac{\varepsilon^3 \Delta p_1}{2K_0 S_0^2 (1-\varepsilon)^2 \cdot \mu L} = \frac{\Delta p_1}{r\mu L} = \frac{\text{推动力}}{\text{阻力}}$$

式中，$\frac{1}{r} = \frac{\varepsilon^3}{2K_0 S_0^2 (1-\varepsilon)^2}$，称为滤饼的比阻，其值完全取决于滤饼的性质。

可以看出，过滤速度等于滤饼层推动力/滤饼层阻力，而后者由两方面的因素决定，一是滤饼层的性质及其厚度，二是滤液的黏度。

C 考虑滤液通过过滤介质时的阻力

对介质的阻力作如下近似处理：认为它的阻力相当于厚度为 L_e 的一层滤饼层的阻力，于是介质阻力可以表达为：$r\mu L_e$。

滤饼层与介质层为两个串联的阻力层，通过两者的过滤速度应该相等，即

$$\frac{dV}{Ad\theta}=\frac{\Delta p_1}{\mu rL}=\frac{\Delta p_2}{\mu rL_e}=\frac{\Delta p}{\mu\left(rL+rL_e\right)}=\frac{\Delta p}{\mu\left(R+R_e\right)}$$

式中，$R=rL$，$R_e=rL_e$。

D 两种具体的表达形式

滤饼层的体积为 AL，它应该与获得的滤液量成正比，设比例系数为 c，于是 $AL=cV$。由 $c=AL/V$，可知 c 的物理意义是获得体积的滤液量能得到的滤饼体积。

由于 $R=rL=rcV/A$，$R_e=rL_e=rcV_e/A$。式中，V_e 为滤得体积为 AL_e 或厚度为 L_e 的滤饼层可获得的滤液体积。但这部分滤液并不存在，而只是一个虚拟量，其值取决于过滤介质和滤饼的性质。于是：

$$\frac{dV}{d\theta}=\frac{A^2\Delta p}{\mu rc\left(V+V_e\right)} \tag{9-1}$$

又设，获得的滤饼层的质量与获得的滤液体积成正比，即 $W=c'V$。式中，c' 为获得单位体积的滤液能得到的滤饼质量。

由 $R=rL=r\frac{滤饼体积}{滤饼面积}$ 可知，R 与单位面积上的滤饼体积成正比，可认为它与单位面积上的滤饼质量成正比，只是比例系数需要改变，即：

$$R=r'\frac{滤饼质量}{滤饼面积}=r'W/A=r'c'V/A$$

$$R=r'W_e/A=r'c'V_e/A$$

于是我们可以得到与式（9-1）形式相同的微分方程：

$$\frac{dV}{d\theta}=\frac{A^2\Delta p}{\mu r'c'\left(V+V_e\right)} \tag{9-2}$$

由获得这一方程的过程可知：$rc=r'c'$

以上即是过滤速度的两种形式。

9.2.1.3 过滤介质

A 织物介质

又称滤布,包括由棉、毛、丝、麻等天然纤维及由各种合成纤维制成的织物，以及由玻璃丝、金属丝等织成的网。价格便宜，清洗及更换方便，应用最广。

B 多孔性固体介质

具有很多微细孔道的固体材料，如多孔陶瓷、多孔塑料及烧结金属（或玻璃）制成的多孔管或板。此类介质多耐腐蚀，且孔道细微，适用于处理只含少量细小颗粒的腐蚀性悬

浮液及其他特殊场合。

C　堆积粒状介质

由细砂、木炭、石棉、硅藻土等细小的颗粒或非编织纤维（玻璃纤维等）堆积而成，一般用于处理含固量很小的悬浮液，如水的净化处理等，多用于深床过滤。

9.2.1.4　滤饼

由被截留下来的颗粒累积而成的固定床层，随着操作的进行，滤饼的厚度与流动阻力均逐渐增加。

A　不可压缩性滤饼

不可压缩性滤饼指当滤饼两侧压强差增大时，颗粒形状和颗粒间孔隙均无显著变化，单位厚度床层的流体阻力恒定的滤饼。如由硅藻土、碳酸钙等不易变形的坚硬固体颗粒构成的滤饼。

B　可压缩性滤饼

可压缩性滤饼指当滤饼两侧压强差增大时，颗粒形状和颗粒间孔隙显著改变，单位厚度床层的流动阻力增大的滤饼。如果由某些氢氧化物之类的胶体物质所构成的滤饼。

9.2.1.5　流体流过固定床的流体力学规律

A　床层特性

固定床是指众多固体颗粒堆积而成的静止的颗粒层。床层的孔隙率是众多颗粒按某种方式堆积成固定床的疏密程度：

$$\varepsilon=\frac{\text{床层体积}-\text{颗粒所占体积}}{\text{床层体积}}$$

床层孔隙率对流体阻力的影响很大。一般认为床层具有各向同性：工业上的小颗粒床层通常以乱堆方式形成，颗粒堆集时的取向随机的，从而可以认为床层是各向同性的。各向同性床层横截面上可供流体通过的孔隙面积（即自由截面）与床层截面之比在数值上等于床层孔隙率 ε。

床层的比表面积：单位床层体积具有的颗粒表面积称为床层的比表面积，以 a_B 表示。如忽略因颗粒相互接触而使裸露的颗粒表面减少，则 a_B 与颗粒比表面积 a 间的关系：

$$a_B=(1-\varepsilon)a$$

B　颗粒床层的简化模型

a　床层的简化物理模型

图 9-5 所示为床层的简化物理模型。

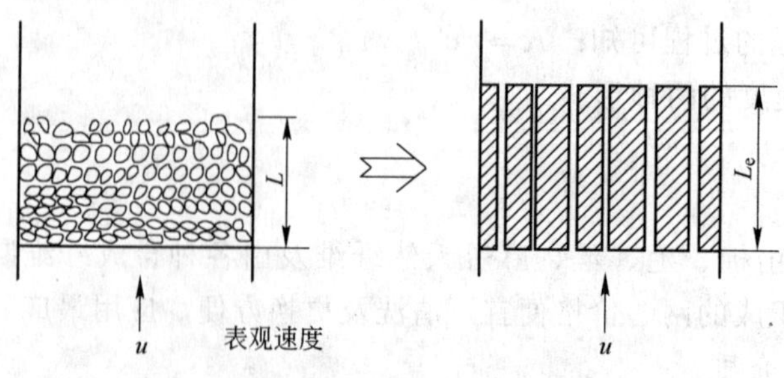

图 9-5　床层的简化物理模型

流体通过固定床的流动问题，在工程上，人们感兴趣是流体通过床层的压降（能量损失）。所以，模型要求：

（1）细管的内表面积等于床层颗粒的全部表面积；

（2）细管的全部流动空间等于颗粒床层的孔隙容积。

简化方法：将床层中的不规则通道简化成直径为 d_e，长度为 L_e 的一组平行细管，见图 9-5。

$$d_e=\frac{4\times\text{通道的截面积}}{\text{润湿周边}}=\frac{4\times\text{床层的流动空间}}{\text{细管的全部内表面积}}=\frac{4\times\text{床层的流动空间/床层体积}}{\text{细管的全部内表面积/床层体积}}=\frac{4\varepsilon}{a_B}$$

$$d_e=\frac{4\varepsilon}{(1-\varepsilon)a}$$

$$L_e/L=\text{常数}$$

b 流体压降的数学模型

流体压降的模型见图 9-6。其中，u_1 为流体在细管内的流速，即流体通过实际填充床中颗粒孔隙的流速，由连续性方程可得其与空床流速的关系。

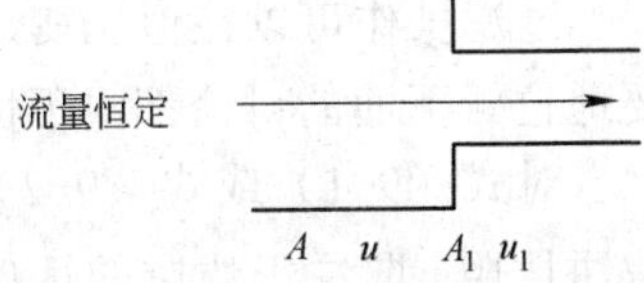

图 9-6 管流计算简图

由质量守恒定律：$Au=A_1u_1$

$$A_1/A=\varepsilon$$

可得：$u=\varepsilon u_1$

$$u_1=\frac{u}{\varepsilon}$$

且化简，令 $\lambda'=\frac{\lambda}{8}\frac{L_e}{L}$

故方程式$\Delta p=\lambda\frac{L_e}{d_e}\frac{\rho u_1^2}{2}$可表示为：

$$\frac{\Delta p}{L}=\left(\lambda\frac{L_e}{8L}\right)\frac{(1-\varepsilon)a}{\varepsilon^3}\rho u^2$$

模型参数：就其物理含义而言，也可称之为固定床的流动摩擦系数。

c 模型的检验和模型参数的估值

康采尼(Kozeny)实验：当流速较低、雷诺数 Re 小于 2 时

$$Re=\frac{d_e u_1\rho}{4\mu}=\frac{\rho u}{a(1-\varepsilon)\mu}$$

$$\lambda'=\frac{K}{Re}$$

式中，K 称为康采尼常数，其值为 5.0。

康采尼方程：

$$\frac{\Delta p}{L}=K\frac{a^2(1-\varepsilon)^2}{\varepsilon^3}\mu u$$

$$u=\frac{\varepsilon^3}{5a^2(1-\varepsilon)^2}\left(\frac{\Delta p}{\mu L}\right)$$

9.2.2 恒压过滤

滤饼是由颗粒堆积而形成的，也可视为一种多孔性的过滤介质，孔道属于毛细管，因

此，真正的过滤层包括滤饼和过滤介质。恒压过滤开始时，滤液仅要克服过滤介质的阻力，当滤饼逐渐形成后，滤液还需克服滤饼本身的阻力。由于过滤介质中微孔的直径往往大于部分悬浮污泥颗粒直径，在过滤开始阶段，因细小泥粒穿过介质而使滤液混浊，由于颗粒的“架桥现象”，使得尺寸小于孔道直径的细小颗粒也能被拦住，滤饼开始生成，滤液也变得澄清，过滤开始有效地进行。在过滤中，起主要分离作用的不是过滤介质，而是滤饼层。

恒压过滤特点主要有以下几点：

（1）过滤压强差Δp维持恒定；

（2）随着过滤的进行，滤饼不断变厚，阻力逐渐增加，过滤速率逐渐变小。

过滤操作可以在恒压变速或恒速变压的条件下进行，但实际生产中还是恒压过滤占主要地位。下面的讨论都限于恒压过滤。

对式（9-1）或式（9-2）分离变量积分（式（9-1）），式中的μ取决于流体的性质，滤饼比阻r取决于滤饼的性质，c取决于滤浆的浓度和颗粒的性质，积分时可将这三个与时间无关的量提到积分号外，而V_e可以作为常数放在微分号内：

$$\int_{V_e}^{V+V_e}(V+V_e)d(V+V_e)=\frac{\Delta pA^2}{\mu rc}\int_0^\theta \mathrm{d}\theta$$

可得：

$$V^2+2VV_e=KA^2\theta \tag{9-3}$$

式中，$K=\frac{2\Delta p}{\mu rc}=\frac{2\Delta p}{\mu r'c'}$，称为过滤常数，$m^2/s$。式（9-3）还可以写成如下形式：

$$q^2+2qq_e=K\theta \tag{9-4}$$

式中，$q=V/A$为单位过滤面积得到的滤液体积；$q_e=V_e/A$。

（1）恒压过滤方程式给出了过滤时间与获得的滤液量之间的关系。这一关系为抛物线，如图 9-7 所示。值得注意的是，图中标出了两个坐标系，积分时横坐标采用了$0\sim\theta$，纵坐标采用了$V_e\sim V+V_e$，但实际得到的滤液量仍是V。图中的θ_e为得到V_e这一虚拟滤液量所需要的时间，因而也是一个虚拟时间。

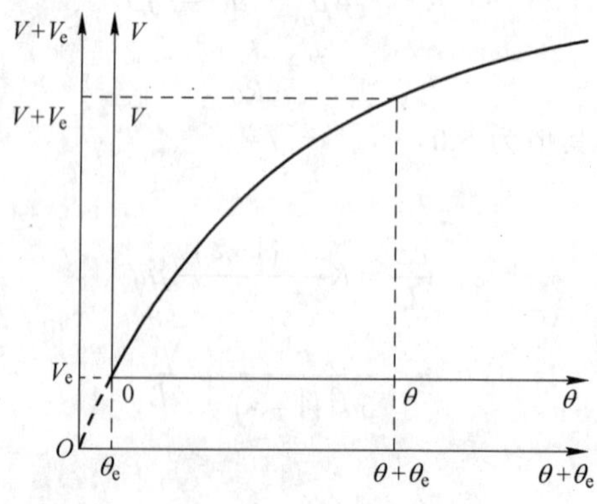

图 9-7　过滤时间与获得滤液量的关系

（2）由比阻 r 的定义可以看出，其值与滤饼的孔隙率 ε 及比例系数 K_0 有关。如果滤饼不可压缩，则这两个量便与压力无关，则比阻便与压力无关，于是过滤常数 K 便与压力无关。如果滤饼可压缩，则 $\varepsilon, K_0 \to r \to K, q_e$ 与压力有关，则在某一压力下测定的 r、K、q_e 不能用于其他压力下的过滤计算。

（3）平均比阻与压力之间有如下经验关系：$r = r_0 p^s$ 或 $r' = r'_0 p^s$，式中，s 称为压缩性指数，其值取决于滤饼的压缩性，若不可压缩，则 $s=0$，r_0 或 r'_0 为不随压力而变的常数。将这关系代入过滤常数的定义式可得：

$$K = \frac{2p^{1-s}}{\mu c r_0} = \frac{2p^{1-s}}{\mu c' r'_0}$$

另外，介质的阻力 $R_e = rL_e = r_0 p^s \dfrac{cV_e}{A} = r_0 p^s c q_e =$ 常数，所以 $q_e \propto p^{-s}$。

9.2.3 过滤方式

过滤是在压力差作用下,通过多孔过滤介质从流体中分离固体颗粒的过程，分为滤饼过滤和深层过滤。污泥预处理过滤是利用重力或压差使悬浮液通过某种多孔性过滤介质，悬浮液中的固体颗粒被截留，滤液则穿过介质流出,从而实现固液分离。

9.2.3.1 饼层过滤

当固体粒子体积分数大于 0.1%时，粒子到达过滤介质表面，由于粒子大小和相互“架桥”作用，固体颗粒被滤材表面截留堆积形成滤渣层，起着滤材过滤作用，称为滤饼过滤或表面过滤。此种过滤方式适用于污泥处理，具体见图 9-8。

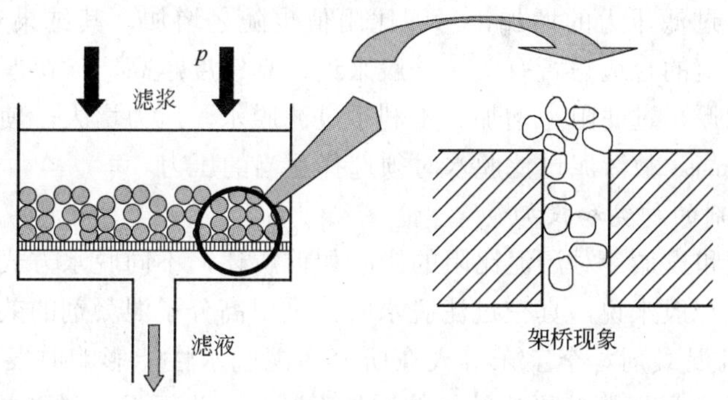

图 9-8 饼层过滤原理

过滤介质的网孔尺寸常稍大于悬浮液中部分颗粒尺寸，过滤开始初期，滤液混浊；随着过滤的进行，架桥的形成，颗粒被截留形成一定厚度的滤饼层，其孔隙尺寸小于颗粒尺寸，滤液澄清，操作正常。滤饼是饼层过滤真正有效的过滤介质。

9.2.3.2 深层过滤

当悬浊液中固体粒子体积分数低于 0.1%时，固体颗粒大小比过滤介质表面孔径小得多，固体粒子没有在过滤介质表面被拦截而进入过滤介质的多孔通道内，由于碰撞、吸附、静电吸引等作用，主要靠滤材层表面的物理或化学作用捕集分离，这种过滤方式称为澄清过滤或深层过滤，具体见图 9-9。

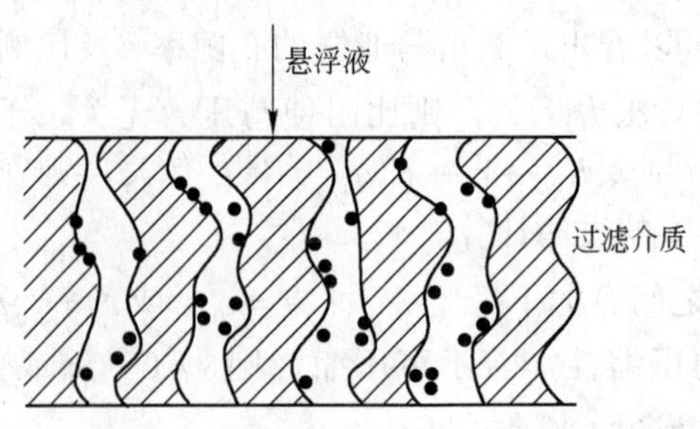

图 9-9　深层过滤原理

固体颗粒并不形成滤饼而沉积于较厚的过滤介质内部。此时，颗粒尺寸小于介质孔隙，颗粒可进入长而曲折的通道；在惯性和扩散作用下，进入通道的固体颗粒趋向通道壁面并借静电与表面力附着其上。深层过滤常用于净化含固量很少（颗粒的体积分数小于0.1%）的悬浮液。

9.2.4　过滤及脱水的影响因素

9.2.4.1　污泥的种类和性质

污泥的性质将直接影响污泥脱水效果，污泥中污泥颗粒粒径的大小及其分布决定过滤脱水的难易程度和好坏。研究证明，城市污水处理厂初沉污泥较剩余活性污泥容易脱水。活性污泥要优于消化污泥的脱水性能，其颗粒的分布情况如表 9-1 所示。同时，污泥中的有机物含量及污泥颗粒大小直接影响化学药剂的投加量。

9.2.4.2　过滤压力

城市污泥随着过滤压力的增加，污泥比阻值也随之增加，其结果对过滤的影响,与物料的压缩性及压力值的合适与否有关。一般来说，真空度越高，滤饼厚度越大，含水率越低。但由于滤饼加厚，过滤阻力增加，不利于过滤脱水。压力增大，使动力消耗增加，从而污泥处理成本提高。故污泥过滤脱水时须选择适当的压力。

9.2.4.3　混凝剂的种类和投加量

混凝剂的种类和投加量对污泥比阻的影响如前所述，不同脱水方式需采用不同的混凝剂并确定投加量。一般来说，真空过滤脱水时，采用高分子混凝剂的效果较好；离心脱水时，不宜采用无机混凝剂。李宝东等人在研究污泥脱水性能影响时发现：采用阴离子型PAM，污泥比阻随着污泥颗粒平均粒径的增加而减少，当污泥粒径增加到 800～1000 μm 时，污泥比阻降低至 5×10^{11} m/kg 左右,已属于易脱水污泥。

9.2.4.4　过滤介质

过滤介质的性能影响着过滤压力、过滤产率、滤液悬浮物浓度、固体回收率及滤饼的剥离性能。不同的过滤机械，其过滤介质各不相同。具体表现的性能差异很大。如真空过滤和压滤脱水机械中，通常采用织物制品。同时，滤布不同，滤后滤饼脱落的难易程度不同。比如采用立毛纤维滤带，污泥介于“方向性立毛纤维”滤带之间，可以增加压力脱水，滤液分离率高。

10 特殊污泥的预处理

10.1 油田含油污泥的预处理

10.1.1 油田含油污泥的预处理综述

油田含油污泥的组成成分极其复杂，一般由水包油、油包水及悬浮固体杂质组成，是一种极其稳定的悬浮乳状液体系，含有大量老化原油、蜡质、沥青质、胶体、固体悬浮物、细菌、盐类、酸性气体、腐蚀产物等，还包括生产过程中投加的大量凝聚剂、缓蚀剂、阻垢剂、杀菌剂等水处理添加剂。油田含油污泥是油田开发及储运过程中产生的重要污染物之一，也是影响油田及周边环境质量的一大难题。因此，在不同的水质、处理工艺和药剂类型与投加量的条件下，含油污泥的排出量和物性差异很大。

油田含油污泥已被列为危险固体废弃物，若处理不当会产生严重的环境污染问题，而有机污染物对人体及环境具有很高的毒害作用，并已逐渐引起人们的高度关注。含油污泥的预处理技术发展很快，油田含油污泥的预处理技术大致包括机械分离、溶剂萃取、生物处理和热处理等等。

10.1.2 油田含油污泥的预处理法

10.1.2.1 机械分离法

机械分离法是指污泥经重力、气浮等方法浓缩后，用机械力使污泥进一步脱水、减容或分离，达到便于运输，污泥达标排放或利用要求。由于其工艺简单，可连续操作，处理量大，被广泛应用于含油污泥的预处理。由于含油污泥黏度高、过滤比阻大等特点，必须先进行污泥调质。因此，污泥机械分离主要包括污泥调质、选择污泥脱水机械和设计脱水系统。

A 污泥调质

污泥的调质是通过一定手段调整固体粒子群的性状和排列状态，使之适合不同脱水条件的预处理操作。污泥调质能显著改善脱水效果，提高机械脱水性能。含油污泥调质应分为两个步骤，首先，以适当方式投加飞灰、煤粉等固体粉末调节剂，并混合均匀；其次，再投加有机絮凝剂，这样才能顺利进行含油污泥的脱水。用硅藻土、石灰和飞灰等微细粉末作为调节剂，可使易变形的含油污泥粒子形成有刚性的污泥骨架，使泥饼呈毛细结构，从而提供更多的微细水流通道。李凡修对江汉油田某联合站污泥进行了脱水性能研究，通过添加 PAC 和 CPAM 絮凝剂，可将污泥比阻从处理前的 8.9×10^{14} m/kg 分别降至 1.09×10^{12} m/kg 和 0.11×10^{12} m/kg，经絮凝剂处理的含油污泥，投加 100 mg/L CaO 助滤剂，可大大降低污泥比阻。

研究表明，调质方法的选择应在测试含油污泥性质的基础上进行。在含油量大于 10%时，宜用亲水性表面活性剂；含油量小于 4%时，则宜用亲油性表面活性剂。在用亲水性表面活性剂时，分离后水和固体在下层，而油在上层；用亲油性表面活性剂时，下层为含油固体，而上层为水（水层中均含有可活性油和微乳化油）。此外，这些固体粉末调节剂还能增加污泥粒子和水相的密度差，有利于机械脱水。采用滤饼部分回流到含油污泥调节段的工艺，可减少固体粉末调节剂的投加量。

B　分离设备

在机械分离设备上，淘汰了传统的真空转鼓过滤机，取而代之的是处理效率高的带式压滤机和离心机。离心机因其具有设备紧凑、占地面积小、调节剂消耗量少、对絮体大小和强度要求较低等优点，已得到广泛的应用。在调质完成后，离心分离效果和水质好的离心液的质量悬浮物浓度主要与离心因素有关，要求泥饼含油尽量低时，离心因数宜大，一般取 2007～2500。此外，还必须注意离心机的离心因数、泥饼层厚度及污泥停留时间的平衡和调节。带式压滤机性能优点主要有以下三个方面：操作方便，运行费用低和易于维护。

新型卧螺式离心机的优点是结构紧凑，占地少，全封闭式操作，环境卫生，不需要过滤介质，维护方便，可长期自动连续运转，具有一定的推广应用价值。但其噪声较大，脱水后污泥含水率为 65% ～ 75%，当固液密度差很小时不易分离。利用离心作用原理，当浓缩污泥通过中心进料管输入高速旋转的离心机内时，进泥中密度大的固体颗粒在离心力作用下迅速沉降、聚集到转筒的内壁上形成沉渣层，而密度小的液体则形成分离层，沉渣脱水后由出渣口甩出，分离液从溢流口排出，从而完成污泥脱水的过程。

含油污泥的机械脱水是污泥处理技术的关键，只有实现“水清、泥干、油纯”的三相分离，才能显著减少后处理费用。污水处理过程实际上是污染物的相转移，如脱水后的污水相水质差，会影响污水处理系统的正常运行，甚至发生恶性循环。因此，把好机械脱水关和改善污水相水质是最好的选择。提高固体回收率和减少泥饼含水率对降低含油污泥处理总成本意义更大，如泥饼含水从 85%降至 50%时，体积可减至前者的 30%，这样能大量节约运输及后处理费用。

机械分离法适于处理含水量高、黏度较小的油田含油污泥，通常也可作为污泥深度处理的预处理。

10.1.2.2　生物处理方法

不同来源的含油污泥，化学组分差别较大，如原油温水、含油污水处理所产生的含油污泥主要包含油类、泥沙、菌体、胶质及人工投加的化学药剂，其中泥沙等无机组分所占比例较大，而炼油厂含油污泥中油类等有机组分含量较多。但总体来说，含油污泥均含有以石油烃类为主要成分的有机物。含油污泥的生物处理与处置技术，都是基于微生物降解石油烃类从而减少含油污泥对环境的危害而研制和设计的。

A　堆肥法

堆肥法是将石油工业固体废弃物与适当的松散材料相混合并成堆放置，使天然微生物降解石油烃类从而处理石油工业废弃物的过程。堆肥法是以前国内外广泛采用的一种含油污泥处理方法，主要有堤形堆肥法、静态堆肥法、封闭堆肥法和容器堆肥法。堆肥法能保持微生物代谢过程中产生的热量，有利于石油烃类的生物降解，所采用的松散材料能增加持水性、渗透性及适当的孔隙率，可有效地加快石油废弃物中的烃类生物降解速度。堆肥法对于较高烃含量的含油污泥很适用，另外，在冬季较长的石油工业生产区不适宜采用农田法，而适宜采用堆肥法。

B 土地法农田法

许多含油污泥的处理方法都是从减少污泥体积、降低污染物含量等方面着手进行的，实质上是不彻底的处理，含油污泥的生物处理法——农田法则是最终的处理方法。含油污泥的农田法处理是通过土壤微生物对污泥中石油烃类的生物降解来实现的。但为了取得良好的处理效果，则须精心操作。

为了防止污泥中各种污染物的冲蚀和渗透，必须对农田进行慎重的选择，所选用的农田应当平坦，土壤疏松，不易污染地表和地下水。在含油污泥进入农田之前，应当修整农田使其平整疏松，并在周围修建围壕以防止可能对邻近农田的污染。

土地法的处理效果受污泥施用速率及频率，土壤的 pH 值、温度、持水量和营养平衡等的影响。因此，在土地法含油污泥处理过程中，一般要注意以下几点：（1）通过分析监测资料及模拟和现场实验结果来确定污泥施用速率及频率；（2）对土壤的 pH 值进行定期测定，土壤的 pH 值降低应随时加石灰石进行调整；（3）为了调节土壤微生物的营养平衡以获得最佳的生物降解效果，常需进行施肥，所施用的肥料包括磷肥、氮肥，甚至钾肥；（4）石油烃类的生物降解速度受土壤温度的影响很大，在 20～30℃时生物降解速度最大，5℃以下几乎不发生烃类的生物降解，而在 13℃时，生物降解速度仅为 20～30℃时的一半，因此，不同季节的处理效果差异很大。

C 高效快速的生物反应器法

生物反应器是一种能将石油工业废弃物稀释于营养介质中使之成为泥状的容器。生物反应器法既可就地使用，也可移动地使用。与其他生物处理方法一样，在用生物反应器法处理石油工业废弃物时，均需搅拌泥浆使之充氧到最佳的溶解氧浓度，并需要投加氮磷营养物质。一般说来，烃类的生物降解速度在生物反应器中较之其他生物处理过程，如土地法、堆肥法更快。生物反应器法既可以是间歇式、半间歇式操作，也可以是连续式操作，不同的操作方式采用不同的废弃物投加方式。生物反应器中的最大固体负荷为 15%～25%，若能优化工艺设计及运行条件，最大固体负荷可达 25%～40%。

经生物反应器法处理之后，液体部分可注入处置井或另作他用，如回用固体部分可用于土地。生物反应器法也可用于石油工业废弃物的预处理以减少烃类含量，然后再进行其他处理。污泥生物反应器既适用于含油污泥，也适用于油污土壤及含油钻屑。

生物法是污泥的最终处置方法，容易污染大气、土壤和地下水，处理含油量高、黏度大的油田含油污泥时，翻新充氧困难，会导致处理效果差、周期长。

10.1.2.3 热处理

高温热处理是目前国外广泛用于含油污泥无害化处理的一种工艺。含油污泥在无氧条件下加热到水的沸点以上，烃类物质裂解温度以下的温度，使烃类物质及水蒸发出来，剩余泥渣能达到 BDAT 要求，烃类物质可以回收利用。

热处理技术是 20 世纪 90 年代初国外迅速发展并获得应用的工艺。主要有 Heuer 等开发的包含低温（107～204℃）高温（357～510℃）加热—蒸发—冷凝步骤的含油污泥处理工艺（已在欧洲多个国家申请了专利）。其中，高温蒸发器出来的蒸汽可以作为低温蒸发器的热源，最后出来的泥渣满足填埋的要求。蒸汽冷凝后，与离心机出来的离心液混合，经沉降后下层水可以排回污水处理厂，上层物质含有大量的油及少量的细颗粒和水，加入药剂后再用离心机分离，泥渣返回到低温蒸发器，离心液经沉降后分离油和水。

国外报道了 Krebs、Geory 等人利用锅炉排放的热废气干燥含油泥饼的专利技术，以及热解吸工艺。该热解吸工艺是在一个装有密钢叶片转子的反应器中，把污泥从 299℃加热至 399℃，并通入蒸汽，使烃类在复杂的水合和裂化反应中分离，并冷凝回收。这种工艺能从泥饼中回收油，泥渣达到直接填埋的要求。Richard 等人研究的“低温热处理”工艺，是通过密闭的温度为 250～450℃的旋转加热器把油类物质中的有机物和水蒸发出来，并用氮气作为载气送至蒸发物处理系统，残留物做燃料用。

10.1.2.4　污泥回灌调剖技术

该技术是利用含油污水处理过程中产生的含油污泥，经添加分散剂、悬浮剂等化学药剂并进行配制得到污泥调剖剂，用于注水井调剖。其原理是利用含油污泥中的固体颗粒、油组分及添加的化学药剂封堵砂岩油藏由于长期注水冲刷产生的水流通道，从而调整吸水剖面，提高注入水的有效率，抑制油井含水上升速度，达到增油降水的目的。该调剖剂与其他的化学调剖剂相比，具有抗盐、抗高温、抗剪切，性能优异，无风险注入的特点，不受矿化度、温度影响，有效期长，可广泛用于注水井的调水增油挖潜。

污泥回灌调剖技术将含油污泥全部回灌地下，既解决了污水处理系统污泥大量淤积影响水质的问题，又解决了污泥的最终出路及二次污染问题，还能确保注入水质，并且增油效果显著。污泥回灌调剖技术已经在河南油田、胜利油田等得到了广泛的应用。与传统处理措施相比，经济效益和社会效益显著，为油田处理含油污泥找到了一条经济、有效的途径，但因费用太高而限制了其推广。

处理后的含油污泥作为调剖剂需达到的技术指标为含油污泥黏度低（不大于 0.3 Pa·s），可泵性好，加入悬浮剂后含油污泥悬浮性能好，沉降时间大于 3 h。

10.1.2.5　萃取法

萃取是某物质由一相（固相或液相）转移到另一相（液相）的相间传质过程，作为一种用以除去污泥所夹带的油和其他有机物的单元操作技术而被广泛研究，其中包括正处于开发阶段的超临界流体萃取。溶剂可分为有机溶剂和超临界溶剂，有机废物从污泥中被溶剂抽提出来后，通过蒸馏把溶剂从混合物中分离出来循环使用。萃取法处理含油污泥不但能有效去除泥中的油，也能有效去除其他微量有害物质。经萃取后，大多数泥渣都能达到 BDTA 要求，回收油则可用于回炼。

早在 1991 年，炼油厂废物溶剂萃取已被美国环保局评定为最佳已验证可用工艺。与污泥焚烧处理相比较，溶剂萃取工艺具有投资和操作费用较低、不产生烟气及容易利用炼油厂现有设备等优点。用过的溶剂可以直接返回炼油厂或者增加辅助设施回收并使之在萃取系统内循环，溶剂回收与炼油厂相结合可以大大降低费用，提高该工艺的经济效益。与其他方法相比，萃取法具有以下优越性：工艺过程简单、快速、选择性高，易于连续化和远距离操作，有利于消除污染，改善环境，节约能量等。溶剂萃取在化工、冶金、环境及综合利用方面有广阔的发展前途，近年来，我国石油化工工业的不断发展，为这项技术的推广奠定了更加稳定的基础，也开发了多种萃取剂和萃取装置，使萃取工艺能更好地应用于实际生产中。

溶剂萃取工艺的中心操作为间歇式溶剂萃取，是用烃类溶剂与脱水污泥接触脱掉滤饼中的残存油。这类溶剂是大多数炼油厂都能生产的中间产物或产品。具有专利权的萃取器能确保有效的接触、萃取液固体携带量最少和从萃取器内简单而有效地排出脱油固体。设计中还应根据实际情况制定能有效地排除干扰或异常状态的措施。溶剂萃取工艺可分为单循环萃取法和多循环萃取法两种。单循环萃取法利用一种轻烃，如丙烷作为溶剂。用丙烷作为溶剂的单循环萃取能脱除污泥中的大部分油，但对像多环芳烃那样的重有机物，脱除率比多循环法的稍低。多循环萃取法利用不同溶剂进行连续萃取，操作顺序取决于污泥性质、溶剂利用率、循环条件及处理要求等。在典型的三循环过程中，第一个循环用轻烃作为溶剂回收污泥中的大部分油，第二个循环用较重的溶剂脱掉多环芳烃，第三个循环利用一种轻烃脱除第二个循环残留的溶剂并达到最后精加工。

美国专利报道了一种溶剂萃取氧化处理污泥工艺。此工艺是在污泥中加入一种轻质烃作为萃取剂，经过第一步萃取后，基本上全部的油和大部分有机物被去除，但仍含有一些聚核芳香烃物质，残留的污泥还需用分子量比较高的烃类萃取。用湿式氧化工艺代替第二步萃取，污泥中保持一定的水分，促进氧化反应的进行。空气、氧气、硝酸盐等可作为氧化剂，但最佳氧化剂是 HNO_3，在 200～375℃和 0.1 MPa 下，经过一定时间反应，有机物氧化成二氧化碳和水等，最终残渣可以满足填埋处理要求。张绣霞等人用溶剂萃取—蒸汽蒸馏联合处理的方法处理含油污泥，可使油泥脱油率高达 90%，比单一的溶剂萃取或直接蒸馏处理效果好。溶剂比为 3∶1，油泥加水量为 0.5 mL，蒸馏时间为 45 min，蒸馏温度为 400℃是适宜的操作条件。

所谓超临界，是指物质的一种特殊流体状态。当物质的温度、压力分别高于临界温度和临界压力时，就处于超临界状态。超临界流体是指超过临界温度和临界压力状态的流体。它具有接近液体的密度和类似液体的溶解能力，具有接近气体的黏度和扩散速度，这意味着超临界流体有很高的传质速率和很快达到萃取平衡的能力。常用的超临界流体有很多，如二氧化碳、乙烯、乙烷等。超临界二氧化碳是一种无毒、无污染、不燃、易得、安全、价廉的萃取剂，临界温度为 31.7℃，故可以在较低的温度下萃取。这样的工艺条件能节约能耗，又可以较好回收石油和避免萃取剂损失。Hong Fu 等人用超临界二氧化碳萃取含油污泥，最佳反应时间约为 60 min，含油量从 22%降至 3%，去除率为 86%。

10.2 医院废水污泥的预处理

10.2.1 医院废水污泥的预处理综述

医院废水污泥根据工艺分为化粪池污泥、初沉污泥、剩余污泥、化学（混凝）沉淀污泥、消化污泥等。在医院污水处理过程中产生的泥量与原水的悬浮固体及处理工艺有关。医院废水污泥预处理工艺以污泥脱水和污泥消毒为主。在医院污水处理的过程中，会有部分污泥在处理构筑物中沉淀下来。

医院污水经沉淀后有 70%～80%的病菌病毒和 90%的蠕虫卵转移到污泥中。因此，污泥必须进行无害化处理。一般的处理方法是：将含水率高的污泥进行浓缩脱水后再作消毒灭菌处理，医院废水污泥排放时应达到《医院污水排放标准》：（1）蛔虫卵死亡率大于 95%；（2）粪大肠菌值不小于 10^{-2}；（3）每 10 g 污泥（原检样中），不得检出肠道致病菌和结核杆菌。

10.2.2　医院废水污泥的脱水及干化

10.2.2.1　医院废水污泥脱水

医院废水污泥脱水的目的是降低污泥含水率，减少医院废水污泥的量，节省空间，便于后续处理，不同的污泥其脱水性能是不同的，经过消化的污泥比较容易脱水。医院废水污泥的脱水过程必须考虑密封和气体处理，污泥脱水宜采用离心脱水机。离心分离前的污泥调质一般采用有机或无机药剂进行化学调质，脱水后的医院废水污泥应密闭封装、运输。污泥脱水和干化方法有：污泥浓缩池、污泥机械脱水和自然干化脱水等。

污泥浓缩池是一种类似于沉淀池的构筑物，因医院污泥量小，污泥浓缩池的运行方式一般按间歇流设计。在设计时，也有将污泥浓缩与储存结合在一起进行设计的，池子的容积计算，应根据清掏能力和运输及消毒等条件决定。

污泥脱水的主要设备有：离心脱水机、板框压滤机、真空转鼓脱水机和带式压滤机等，也可利用自然条件进行干化处理。机械脱水的优点是污泥脱水效果好，脱水卫生条件好，但需增加机械设备，管理较复杂。自然干化脱水占地大，干化场附近臭气大，蚊蝇多，卫生条件很差，且受气候条件影响。因此，自然干化脱水只在农村没有条件的医院污水处理中采用，城市医院不宜采用。污泥脱水方法和处理效果见表 10-1 所示。

表 10-1　污泥脱水方法及效果

处理方式	处理阶段	处理方法		处理后的含水率/%	有效作用力	单位体积污泥能耗/kW·m^{-3}
人工处理	第一阶段	浓缩	连续的、非连续的	85～90	重力	0.001～0.01
	第二阶段	脱水	真空过滤	65～85	机械	1～10
			压力过滤	55～70		
			离心分离	60～85		
			筛滤方法	60～75		
	第三阶段	干化	各种方法	1～2（可能） 20～40（经济范围）	热能	1000
天然处理	第一阶段	浓缩	连续的	85～90	重力	
			非连续的			
	第二阶段	脱水	干化场	55～75	重力和热（蒸发、冷冻）	
			堆置场			
			污泥场			
		干化	干化场	65～75	热能蒸发	

10.2.2.2　医院废水污泥干化

污泥干化池有两种形式，一种是无人工滤水层的自然滤层干化池；另一种是设置人工滤水层干化池。医院污泥的排放量不大，又必须防止渗漏污染地下水，所以医院污泥干化应防止渗漏。污泥干化池的排水管采用直径为 100～150 mm 未上釉陶土管，承插接口不用填塞，即敞开接头铺设或用盲沟排水。为了加快污泥水的渗滤，在污泥干化池内也可安装渗滤管，渗滤管由内外穿孔管和碎石层构成，竖向放置在干化池内。污泥干化后形成泥饼，可采用人工清除，每次清除会铲掉滤层上部的部分细砂，所以要随时补充一部分细砂，保持干化池的良好过滤性能。

10.2.2.3　医院废水污泥干燥技术

污泥热干燥处理技术因操作灵活，可根据污泥的最终处置要求来调节干污泥的含固率等优点，愈来愈受到人们的重视，目前，相当多的国家已在污泥处理中采用热干燥技术。按照热介质是否与污泥相接触，现行的污泥热干燥技术可分为两类：直接热干燥技术和间接热干燥技术。污泥经热干燥之后，含水率大大降低，体积明显减少，可以减少污泥处理中因含水率过高而带来的困难，污泥的最终消纳途径因此多样化，可根据污泥产地的实际情况来做出合适的选择，同时也满足减量化、稳定化、无害化和资源化的要求。

10.2.3　医院废水污泥的消毒

10.2.3.1　医院废水污泥消毒概述

医院废水污泥污染严重，含微生物量大，含致病微生物多，传染性和感染性强，不仅是医院感染的重要来源，也是环境污染的重要来源。在医院废水污泥中，肠道致病菌检出率为 100%，肠道病毒阳性率为 90%，还含有大量的寄生虫卵，所以，医院废水污泥是肝炎、痢疾的重要传播源，常因污染地面水源而导致肠道传染病暴发流行。

10.2.3.2　医院废水污泥消毒方法

医院废水污泥首先在消毒池或储泥池中进行消毒，消毒池或储泥池池容不小于处理系统 24 h 产泥量，但不宜小于 1 m^3。储泥池内需采取搅拌措施，以利于污泥加药消毒。每天湿污泥产生量小于 2 m^3 的医院污水处理系统，污泥可在消毒后排入化粪池，此时，化粪池的容积应考虑到此部分的污泥量。每天湿污泥产生量大于 2 m^3 的医院污水处理系统，污泥可在消毒后进行脱水。污泥消毒的最主要目的是杀灭致病菌，避免二次污染，可以通过物理法、化学法和生物法，如低热消毒、堆肥、氯化消毒、石灰消毒，以及辐射消毒等方式实现。

A　低热消毒

低热消毒法也称为巴式消毒法，将污泥加热至 70℃，持续 30～60 min，可以全部杀死致病微生物和寄生虫卵。医院可使用小型低热污泥消毒罐污泥消毒。消毒罐由碳钢制成，设有污泥进出口，气体出口和气体过滤器，蒸汽进口以及压力、温度控制仪。消毒罐体外加保温层。消毒罐形式如图 10-1 所示。

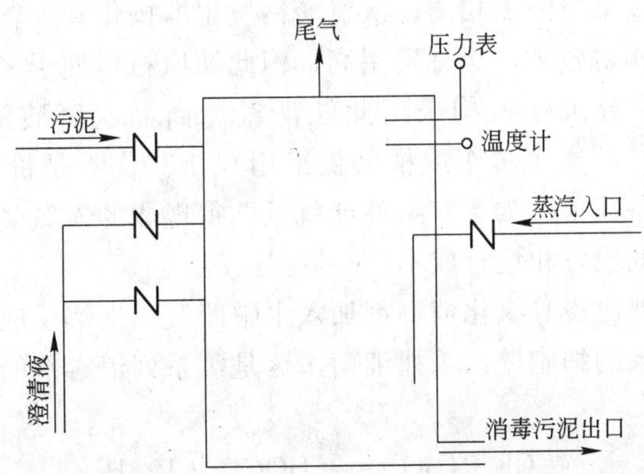

图 10-1　医院废水污泥消毒罐示意图

B　堆肥

堆肥是有机物通过好氧菌进行好氧发酵的产物。医院污泥可以和垃圾及其他有机物混合，通过堆肥处理达到消毒灭菌的目的和产出肥料。堆肥处理需要适当的温度、营养、水分、通风等条件，如果能创造出细菌的最佳环境条件，就能促进污泥的堆肥处理过程。在堆肥过程中，氧气是反应微生物活动状况的最直接参数，郑玉琪等人在 2003 年开发了堆肥氧气实时在线自动监测系统，可以实时地根据堆体中氧气的变化调节通风充氧状况，及时供给微生物活动需要的氧气，避免厌氧环境的产生，对于堆肥初期堆体温度的顺利上升有重要的现实意义，同时，根据堆肥不同时期的耗氧速率变化情况，可以判断堆肥的腐熟状况。污泥堆肥后可用于农林，但需要解决三个主要问题：污泥中重金属不对土壤与作物造成二次污染（包括长期累积）；污泥中病原体对环境不造成危害；污泥中氮、磷不构成对地下水污染。当前，随着我国经济的发展，需大规模进行生态建设，大面积植树种草，在一些贫瘠土壤区，可使用污泥有机肥，一是可以改良土壤，增加土壤有机质和养分；二是促进树木草丛的生长;三是污泥中的一些重金属和有害物质不进入食物链，同时，树木、园林、花卉对重金属及有害物质有一定的净化功能。

C　化学消毒

污泥的化学消毒法主要有氯化消毒法、石灰消毒法及臭氧消毒法。常用的氯化消毒剂有液氯、漂白粉、漂粉精和次氯酸钠、氧化氯等。为了达到消毒目的，其有效氯的投加量为 2.5%～5%。将一定量的氯化剂投加到污泥池内搅拌混合，经过一段时间接触反应，污泥中的致病菌和蠕虫卵即可被杀灭。

以下是对几种氯化消毒剂性能的一些评价及建议：

（1）液氯是 20 世纪 50 年代较为成熟的消毒剂，含 100%的有效氯，杀菌力强，费用低。但液氯法消毒时，水质、水温、接触时间、pH 值对其消毒效果均有影响，且必须定比投加，投加量不足则不能保证消毒效果，过多又会造成二次污染，通过改进投氯设备，上述缺点可被克服。

（2）漂白粉消毒在操作过程中会产生强烈的刺激性气体，不利于操作人员的健康保护，消毒液浓度不便于控制，且反应后残渣堆积于污水池内，较难洗池，极易造成下水道堵塞，但此法设备简易，操作简单，技术要求低，所以，此法暂仅用于偏远乡村的小规模医院应急使用。

（3）次氯酸钠消毒效果与液氯相同，次氯酸钠发生器操作管理较复杂，其重要部件电极易损坏，电耗、盐耗相对较大，运行费用高，但此法原材料便于采购，且可采用虹吸管投药方式，所以有一部分医疗机构采用此法消毒。商品次氯酸钠溶液有效氯含量为 10%～12%，通常由生产厂家用罐车或桶装供给用户，其优点是价格比较便宜，使用安全，贮存方便，投配设备简单。如果有条件能就近购得现成的次氯酸钠溶液，使用次氯酸钠溶液消毒则可大大降低投资和运行成本。

氯液或次氯酸钠、漂白粉等氯化消毒剂加入水中即发生水解反应，生成次氯酸，反应所生成的次氯酸渗入细菌的细胞壁，杀死细菌，这是氯系列消毒剂的主要消毒机理。其反应式为：

$$Cl_2 + H_2O = HOCl + Cl^- + H^+$$

$$NaClO + H_2O = HOCl + OH^- + Na^+$$

$$Ca(ClO)_2 + H_2O = 2HOCl + Ca(OH)_2$$

（4）氧化氯是目前国际公认的新一代广谱强力杀菌产品。由美国在 20 世纪 80 年代开发，经美国食品药物管理局（FDA）和美国环境保护署（EPA）长期实验证明，也被世界卫生组织（WHO）所确认。二氧化氯的氧化消毒机理如下：作为强氧化剂，ClO_2 在酸性条件下具有很强的氧化性：

$$ClO_2 + 4H^+ + 5e = Cl^- + 2H_2O$$

在水厂 pH 值约为 7 的中性条件下，

$$ClO_2 + e = ClO_2^-$$

$$ClO_2^- + 2H_2O + 4e = Cl^- + 4OH^-$$

ClO_2 在与微生物接触时先吸附在细胞壁上，然后透过细胞壁与微生物蛋白质中的部分氨基酸发生氧化还原反应，使氨基酸分解破坏，导致由氨基酸组成的肽链分开，致使微生物酶及其他蛋白质变性，或破坏蛋白质的合成，最终导致其死亡。

ClO_2 还能将水中少量的 S^{2-}、SO_3^{2-}、NO_2^-等还原性酸根氧化去除，还可去除水中的 Fe^{2+}、Mn^{2+}及重金属离子等。另外，对水中有机物的氧化，Cl_2 以亲电取代为主，而 ClO_2 以氯化还原为主，能将腐殖酸、富里酸等降解，且降解产物不以三氯甲烷形式存在。二氧化氯对医院废水污泥中的某些化学物质也可以有效地氧化，如酚、氰、硫及产生臭味的物质硫酸、仲胺、叔胺等，改善水质及除臭除味，所以，二氧化氯在医院废水污泥处理中运用得越来越多。

二氧化氯目前的主要产品、存在的问题及研究方向为：

1）目前，我国二氧化氯的主要产品品种主要包括稳定性二氧化氯溶液，固体二氧化氯粉剂、片剂、颗粒剂，不同工艺方法的中小型二氧化氯发生器。

2）二氧化氯消毒存在的主要问题有：①目前国内科研单位缺乏技术创新，未能在二氧化氯生产的成本、纯度、转化率等因素上形成突破，因此，研制和开发低廉的、高纯度的二氧化氯生产工艺和发生器势在必行；②科研单位一般只注重生产工艺的输出，而不注重产品使用过程中的技术开发和引导，从而造成科研与应用的脱节等问题；③对低浓度二氧化氯及其相关成分的检测手段还不够完善；④对二氧化氯消毒过程中产生的副产物（主要是亚氯酸盐和氯酸盐）的毒理性还不是很清楚，因此还需进一步的研究。

除氯化消毒剂外，采用石灰消毒医院沉淀污泥也是一种简单有效的方法，据资料报道，当水中 pH 值达到 11～12.5 时，经过一段时间接触，即可杀灭水中的细菌和病毒。每升污泥石灰的投加量约为 15 g，使 pH 值达到 11～12，充分搅拌均匀后保持接触 30～60 min，灭菌率可达 99.99%。

臭氧是 20 世纪 60 年代的产品，其消毒效率高，对降解各种有机物，除色、除味，改善水质效果较好。但其装置比较复杂，占地面积大，设备损耗高，并存在尾气处理问题，目前，对臭氧发生器的研究已经有了很大的进展，改善了以上诸多不足。另外，臭氧无持续消毒能力，这一不足可通过臭氧和其他消毒剂的联合作用来消除。因此，臭氧消毒在医院废水污泥消毒处理中也有一定的市场。

臭氧溶于水后会发生两种反应：一种是直接氧化，反应速度慢，选择性高，易与苯酚等芳香族化合物及乙酸、胺等反应；另一种是 O_3 分解产生羟基自由基，从而引发的链反应，此反应还会产生十分活泼的、具有强氧化能力的单原子氧（O），可瞬时分解水中有机物质、细菌和微生物。

$$O_3 \longrightarrow O_2 + (O)$$
$$(O) + H_2O \longrightarrow 2OH$$

羟基是强氧化剂、催化剂，引起的连锁反应可使水中有机物充分降解。当溶液 pH 值高于 7 时，O_3 自分解加剧，自由基型反应占主导地位，这种反应速度快，选择性低。由上述机理可知，O_3 在水处理中能氧化水中的多数有机物，使之降解，并能氧化酚、氨氮、铁、锰等无机还原物质。此外，由于 O_3 具有很高的氧化还原电位，能破坏或分解细菌的细胞壁，容易通过微生物细胞膜迅速扩散到细胞内并氧化其中的酶等有机物；或破坏其细胞膜、组织结构的蛋白质、核糖核酸等，从而导致细胞死亡。

因此，O_3 能够除藻杀菌，对病毒、芽孢等生命力较强的微生物也能起到很好的灭活作用。O_3 消毒有许多优点，但也有缺点：例如由于经济方面等原因，O_3 投加量不可能大到将大分子有机物全部无机化；另外，即使过量投加 O_3，也会有其他物质出现，也不可能使有机物全部矿化，因为 O_3 氧化大多数有机物产生的不完全氧化产物可能阻碍 O_3 的进一步分解，导致 O_3 不可能将这些中间产物完全氧化，如甘油、乙醇、乙酸等。O_3 处理时与有机物反应生成不饱和醛类、环氧化合物等有毒物质，对人体健康有不良影响。臭氧氧化后，水中可同化有机碳（AOC）上升，可能会造成水中细菌的再度繁殖。为了维持管网中有足量的剩余消毒剂，在臭氧处理后再加氯或氯胺处理会分别生成三氯硝基甲烷和氯化氰，成为新的消毒副产物，其毒性现尚不清楚。对某些农药，O_3 氧化后的产物可能更有害。总体上说，虽然应用 O_3 时有副产物生成，但一般情况下浓度不高，毒性问题也不严重。

D　辐照消毒

辐照消毒是利用γ射线、电子束和高能 X 射线照射污泥使之吸收射线所发出的能量，破坏微生物体内的核酸酶和蛋白质，促使微生物体新陈代谢紊乱，繁殖受阻，病原体失活，从而达到消毒的目的。

辐照消毒的优点有：（1）不需投加任何药剂，不产生二次污染；（2）可在室温下杀灭细菌、病毒、孢子、蠕虫卵，消毒稳定彻底；（3）可以改善污泥的理化性质，降低 BOD、COD 和污泥中有机物的毒性，提高污泥的沉降脱水性能；（4）能耗低，可利用核废料作为辐射源；（5）操作简单，设备安全可靠。其缺点是一次性投资较大，适合于医院污泥的集中消毒处理。国外已经建有辐照处理污泥的生产性装置。

E　微波消毒

微波是一种高频电磁波，消毒时使用的频率通常为 915 MHz 和 2450 MHz。物体在微波作用下，吸收其能量产生电磁共振效应并可加剧分子运动，微波能迅速转化为热能，使物体升温，微波加热可以穿透物体，使其外部和内部同时均匀升温，因此比一般加热方法节省能耗，速度快，效率高。微波杀菌的原理：一是热效应，二是综合效应。医院废水污泥等含水量高的物品最容易吸收微波，温升快，消毒效果好。

10.3　含放射性物质污泥的预处理

10.3.1　含放射性物质污泥预处理综述

放射性是指由于原子裂变而释放出射线的物质性质，具有这种性质的物质叫放射性物质。放射性物质衰变时可从原子核中释放出对人体有害的α射线、β射线、γ射线、X 射线等。放射性物质种类很多，常见的放射性物质有铀（U）、钛（Ti）、镭（Ra）等。

随着核能工业的不断发展，以及核能、核素在各领域的应用，放射性废物在环境中的排放量不断增加，如不妥善处理，将严重威胁人类与自然环境的安全。放射性废物主要来源于核原料生产、核电站和核反应堆、放射性产品废弃物、核试验和核废料处理产物等。

含放射性废物质污泥的资源化与处置问题早已引起了环境科学界的关注和研究，其技术也得到很大的发展，已形成一整套特殊的工程技术体系，并在不断地进行完善。

10.3.1.1 含放射性物质污泥的来源

含放射性物质污泥中放射性物质的来源大致为以下几种方式：

（1）核原料生产过程产生的含放射性物质污泥主要来自核原料开采、选冶、精制与加工过程的放射性废水、废气和废渣处理过程。例如在铀矿采选冶过程中，会产生放射性粉尘、采选冶废水、尾矿和废渣等。

（2）核电站和核反应堆产生的含放射性物质污泥主要来自核电站、核反应堆及其他核动力装置在运行过程中产生的废水、废气和废渣。例如，核电站排放的放射性污染物主要是人工放射性核束，即反应堆材料中的某些元素在电子照射下生成的放射性活化物；其次是由于元件包壳的微小破损而泄漏的裂变产物和元件包壳表面污染的铀的裂变产物。核电站排放的放射性废气中有裂变产物 ^{131}I、^{3}H 和惰性气体 ^{89}Kr、^{113}Xe，活化产物有 ^{14}N、^{41}Ar 和 ^{14}C 以及放射性气溶胶。

（3）核燃烧后处理过程产生的含放射性物质污泥是核燃料生产循环过程中对环境产生污染的重要污染源。后处理过程是指在后处理厂，将反应堆辐照元件进行长期化学处理，提取钚和铀再进行使用。后处理过程包括废燃料元件切割、脱壳、酸溶、燃料的分离与净化等。后处理过程排入环境的放射性核素为裂变产物和少量的超铀元素。

（4）放射同位素应用废弃物，由于含放射性物质污泥来源不同，其性质也有差异，如医疗放射性废物、工业放射性探头等。

（5）核试验。核爆炸瞬间能产生穿透性很强的中子和γ辐射，同时产生大量放射性核素。前者称为瞬间核辐射，后者称为剩余核辐射。核爆炸产生的核反应复杂，产生的放射性核素除了对人体产生外照射外，还会通过空气和食物产生内照射，其中危害最大的核素是 ^{89}Sr、^{90}Sr、^{137}Cs、^{131}I、^{14}C 和 ^{239}Pu 等。

在核动力装置和人工燃料的高能级裂变产物中，有十多种裂变产额较高、寿命较长的裂变同位素，它们大多不存在于自然界中，若能将含放射性物质污泥中含有的高能级裂变物合理加以利用，可以减少污泥排放量。目前，已能从核反应堆和人工核燃料 ^{239}Pu、^{233}U 生产过程的裂变产物中回收有用的同位素；回收利用最多的是 ^{90}Sr，已用它制成核能电池，广泛用于宇宙飞船、人造卫星、海上灯塔与航标等。利用核反应产物 ^{237}Np 经反应堆照射制成 ^{238}Pu，再将 ^{238}Pu 制成核电池。回收放射性 ^{137}Cs 作为辐射源，广泛用于工业、农业、医疗和科学研究，如医疗、消毒、杀虫、改良品种等。此外，还可以回收自发光物质如 ^{85}Kr、^{90}Sr、^{147}Pm，用于制作发光粉等。

10.3.1.2 含放射性物质污泥预处理技术概述

目前，含放射性物质污泥的处置方法主要是对含放射性物质污泥进行减容处理及固化处理等预处理技术。

A　减容处理

对含放射性物质污泥的减容处理主要是通过切割、压缩和焚烧等手段，尽可能地减少含放射性物质污泥的容积，便于后续处理，达到污泥处理减量化的目标。

B　固化处理

固化处理的目的是将减容后的放射性废物封闭在固化体中使其达到稳定化、无害化。常见的固化方法有水泥固化、沥青固化、塑料固化、玻璃固化等。水泥固化中，放射性废物与水泥的比例根据废物性状、固化体处置方法而定。固化过程要注意养护，一般为20～30 天。沥青固化不受废物的种类和性状影响，固化体致密、孔隙少、不易渗水，比水泥固化体有害物质浸出率低，处理后立即硬化，不需养护，对大多数酸、碱、盐有一定的耐腐蚀性和辐射稳定性。但沥青导热性差，加热蒸发效率差，当废物中残余水分高时，受热易发泡并产生飞沫随废气进入大气而污染环境，因此，沥青固化前必须脱水。另外，沥青燃点在 420℃左右，具有可燃性，需要注意防火。塑料固化使用方便，质量易保证，也适用于放射性废物的固化处理，缺点是耐老化性差。玻璃固化溶出率低、减容系数大，主要用于处理高放射性废物。

10.3.2　含放射性物质污泥预处理

含放射性物质污泥的预处理方法主要包括减容处理和固化处理两种，在这里，主要对含放射性物质污泥的固化处理方法进行介绍。

10.3.2.1　减容处理

减容处理包括切割处理、压缩减容和焚烧减容。

（1）切割处理用于减少含放射性物质污泥中大件物体的体积或按不同污染程度拆卸设备部件。切割要在专门的房间进行，小物件可在防尘柜中切割，对于玻璃器件则压碎处理。

（2）大量放射性污染物诸如纸张、塑料、织物、橡胶以及各种小件制品都是可压缩的，可通过压缩减容至原体积的 1/3～1/6。为了防止在压缩过程中产生飞散灰尘，压缩减容需在密闭室内进行，同时应在负压下操作。

（3）焚烧减容适于处理可燃性放射性污染物品，如纸、布、木材、塑料、橡胶及动物尸体等。焚烧法减容比压缩法好，可减至原体积的 1/30～1/100，而且焚烧后变成稳定的灰分也易固化处理。缺点是焚烧前需将废物分类去除不可燃物质，对燃烧产生烟尘、气溶胶和挥发性物质需进行严格净化和深度处理。

10.3.2.2　固化处理

含放射性物质污泥的固化处理是指利用物理、化学方法将含放射性物质污泥固定或包封在密实的惰性固体基材中，使其达到稳定化，其目的是使含放射性物质污泥中的所有污染组分呈现化学惰性或被包容起来，以便运输、利用或处置。该技术最早用来处理放射性污泥和蒸发浓缩液，十多年来得到迅速发展，已被广泛用于处理电镀污泥、铬渣、砷渣和汞渣等危险废物。

含放射性物质污泥的固化机理十分复杂，目前仍在研究和发展中。有的是将含放射性物质污泥通过化学转变引入到某种固体物质的晶格中去：有的是通过物理过程将含放射性物质污泥用惰性材料加以包容；有的则兼有上述两种过程。

固化所用的情性材料称为固化剂。含放射性物质污泥经过固化处理所形成的固化产物称为固化体。

已研究和应用多种固化方法处理不同种类的危险废物，但迄今为止尚无一种适于处理任何类型危险废物的最佳固化方法。目前采用的各种固化方法往往只能适于处理一种或几种类型的废物。根据固化剂及固化过程的不同，目前常用的固化技术主要包括水泥固化、沥青固化、塑料固化、玻璃固化、石灰固化等。

以下是对固化处理的基本要求及效果评价的一些简单说明。

A　固化处理的基本要求

固化处理的基本要求包括：（1）固化处理后所形成的产品应是一种密实的、具有一定几何形状和良好物理性质、化学性质稳定的固体，且最好能作为资源加以利用，如作为建筑基础和铺路材料等；（2）固化工艺简单，便于操作，且应有有效措施减少有毒有害物质的逸出，避免工作场所和环境的污染；（3）最终产品的体积尽可能小于掺入的固体废物的体积；（4）产品用水或其他指定溶剂浸提时，有毒有害物质的浸出量不能超过允许水平或浸出毒性指标；（5）固化剂来源丰富，价廉易得，处理费用低廉；（6）对于固化含放射性物质污泥产生的固化体，还应有较好的导热性和热稳定性，用适当的冷却方法就可以防止放射性衰变热使固化体温度升高而产生自熔化现象，还应具有较好的耐热辐射稳定性。当然，以上要求多为原则性的，实际上没有一种固化方法和产品可以完全满足这些要求，但若其综合比较效果尚优，在实际中就可得到应用和发展。

B　固化效果评价

固化处理效果常采用浸出率、增容比、抗压强度等物理、化学指标予以衡量。浸出率指固化体浸于水中或其他溶剂中时，有毒物质的浸出量。因为危险废物固化处理的根本目的是为了减少它在贮存或填埋处置过程中污染环境的潜在危害性，而废物污染扩散的主要途径是有毒有害物质溶解进入地表或地下水环境中。因此，浸出率是评价固化处理效果和衡量固化体性能的一项重要指标。了解浸出率有助于我们对不同固化方法和工艺条件进行比较、改进或选择；也有利于我们估计各种类型固化体在贮存或运输条件下与水接触所引起的危险大小。

增容比定义为形成的固化体体积与被固化危险废物体积的比值，它是鉴别固化处理方法好坏和衡量最终成本的一项重要指标。

抗压强度是保证固化体安全贮存的重要指标。对于一般的危险废物，经固化处理后得到的固化体，若进行处置或装桶贮存，对抗压强度要求较低，控制在 0.1～0.5 MPa 即可；若用作建筑材料，则对其抗压强度要求较高，应大于 10 MPa。对于放射性废物，其固化产品的抗压强度，苏联要求大于 5 MPa，英国要求达到 20 MPa。

a　水泥固化

水泥固化是以水泥为固化剂将含放射性物质污泥进行固化的一种处理方法。固化时，水泥与含放射性物质污泥中的水分或另外添加的水分发生水化反应生成凝胶，将废物中的有害微粒分别包容起来，并逐步硬化成水泥固化体。

用作固化剂的水泥品种有很多，如普通硅酸盐水泥、矿渣硅酸盐水泥、矾土水泥、沸石水泥、火山灰质硅酸盐水泥等。其中最常用的是普通硅酸盐水泥。它的主要成分是硅酸二钙（$2CaO{\cdot}SiO_2$）和硅酸三钙（$3CaO{\cdot}SiO_2$），固化时发生如下的水合反应：

$$3CaO\cdot SiO_2 + xH_2O \longrightarrow 2CaO\cdot SiO_2\cdot yH_2O + Ca(OH)_2$$
$$\longrightarrow CaO\cdot SiO_2\cdot mH_2O + 2Ca(OH)_2$$
$$2(3CaO\cdot SiO_2) + xH_2O \longrightarrow 3CaO\cdot 2SiO_2\cdot yH_2O + 3Ca(OH)_2$$
$$\longrightarrow 2(CaO\cdot SiO_2\cdot mH_2O) + 4Ca(OH)_2$$
$$2CaO\cdot SiO_2 + xH_2O \longrightarrow 2CaO\cdot SiO_2\cdot xH_2O$$
$$\longrightarrow 4CaO\cdot SiO_2\cdot mH_2O + Ca(OH)_2$$
$$2(2CaO\cdot SiO_2) + xH_2O \longrightarrow 3CaO\cdot 2SiO_2\cdot yH_2O + Ca(OH)_2$$
$$\longrightarrow 2(CaO\cdot SiO_2\cdot mH_2O) + 2Ca(OH)_2$$

水泥固化工艺较为简单，通常是将危险废物、水泥和其他添加剂一起与水混合，经过一定的养护时间形成坚硬的固化体。影响水泥固化的因素很多，主要包括：

（1）pH 值。pH 值对含重金属污染物的危险废物的固化处理效果有较大影响。大部分金属离子的溶解度与 pH 值有关。当 pH 值较高时，许多金属离子将形成氢氧化物沉淀，而且 pH 值高时，水中的碳酸盐浓度也会较高，有利于生成碳酸盐沉淀。但应注意的是，pH 值过高时，会形成带负电荷的羟基配合物，溶解度反而升高，不利于金属离子的固定。

（2）水、水泥和含放射性物质污泥的质量比。水分过少，无法保证水泥实现充分的水合作用；水分过多，则会出现泌水现象，影响固化体的强度。水泥与含放射性物质污泥的质量比应用试验方法确定，以便尽可能地消除含放射性物质污泥中的水分对水合作用的不利影响。

（3）凝固时间。为确保水泥含放射性物质污泥浆料能够在混合以后有足够的时间进行输送、装桶或者浇注，应适当控制初凝和终凝的时间。通常，初凝时间应大于 2h，终凝时间在 48 h 以内。

（4）添加剂的使用。在被处理的含放射性物质污泥中，往往含有妨碍水合作用的组分，仅用普通水泥进行固化处理时，固化体有时强度不大，物理化学性能也不稳定，固化体中有害组分的浸出率也较高。为了改善固化条件，提高固化体质量，固化过程中需根据含放射性物质污泥的性质掺入适量的添加剂。水泥固化所用添加剂种类繁多，作用不一。例如，活性氧化铝具有助凝作用，将其加入到普通水泥中，再加入 25%～30%的污泥混炼，在高温下，可以促进水泥迅速凝结成针状结晶；这种结晶既能够防止含放射性物质的溶出，也可以提高固化体的强度。又如，含有大量硫酸盐的废物，在使用高炉矿渣水泥作固化剂时，再加入适量的沸石或烃石，可以防止硫酸盐与水泥成分发生化学反应，生成水化硫酸铝钙而导致固化体膨胀和破裂。再如，采用蛭石作为添加剂，还可以起到骨料和吸水的作用。

水泥固化技术的最早应用，是在核工业系统处理离子交换再生废液、报废的离子交换树脂，以及废液在蒸发浓缩时产生的污泥等方面，而后发展到其他危险废物尤其是各种重金属的处理上。

该技术工艺和设备比较简单，运行费用低，水泥原料和添加剂便宜易得，对含水量较高的废物可以直接固化，固化体的强度、耐热性、耐久性均好，有的产品可作为路基或建筑物基础材料。但是，水泥固化产品一般都比最终废物原体积增大 1.5～2.0 倍，固化体中含放射性物质的浸出率也比较高，往往需作沥青涂覆处理。

一个典型的应用实例是利用该技术来固化处理电镀污泥：固化材料为 425 号普通硅酸盐水泥，水/水泥质量比为 0.47～0.88，水泥 / 废物质量比为 0.67～4.00，固化体的抗压强度可达到 6～30 MPa。固化体的浸出试验结果表明，Pb^{2+}、Cd^{2+}、Cr^{4+}的浸出浓度都远低于相应的浸出毒性鉴别标准。

b　沥青固化

沥青固化是以沥青材料作为固化剂，与含放射性物质污泥在一定的温度、配料比、碱度和搅拌作用下产生皂化反应，使含放射性物质污泥包容在沥青中并形成稳定固化体的过程。

沥青属于憎水性物质，完整的沥青固化体具有优良的防水性能。沥青还具有良好的熟结性和化学稳定性，而且对大多数酸和碱具有较高的耐腐蚀性，所以长期以来被用作含放射性物质污泥固化处理的材料之一。它一般被用来处理具有中、低放射性的蒸发残渣，废水化学处理产生的污泥，焚烧炉产生的灰分、塑料废物，以及毒性较大的电镀污泥和砷渣等。

沥青主要来源于天然的沥青矿和原油炼制行业。我国目前使用的沥青大部分为石油蒸馏残渣，其化学成分复杂，以脂肪烃和芳香烃为主，包括沥青质、油分、游离碳、胶质、沥青酸和石煤等。从固化的要求出发，较理想的沥青应含有较高的沥青质和胶质，以及较少的石蜡质。如果石蜡质组分含量过高，则固化体在环境应力作用下容易开裂。

沥青固化的工艺主要包括三个部分，即含放射性物质污泥的预处理、废物与沥青的混合以及二次蒸汽的净化处理。其中最为关键的是混合环节。根据混合方式的不同，沥青固化有如下两种基本方法：

（1）高温熔化混合蒸发法。将含放射性物质污泥加入到预先熔化的沥青中，在 150～230℃的温度下搅拌混合蒸发，待水分和其他挥发组分排出后，将混合物排至贮存器或处置容器中，见图 10-2。混合多采用间歇操作方式，在带有搅拌器的反应釜中完成。该工艺装置简单、操作方便，但由于含放射性物质污泥和沥青需要在反应装置中停留较长时间，容易导致沥青的老化。

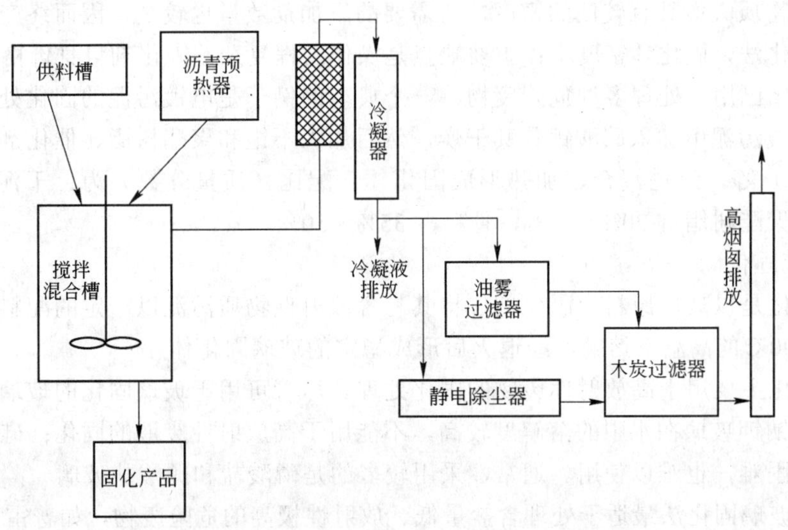

图 10-2　高炉熔化混合蒸发沥青固化流程

（2）乳化法。首先将待处理含放射性物质污泥、沥青与表面活性剂混合成乳浆状，然后加热除去大部分水分，接着进一步升温干燥，使混合物完全脱水。混合多采用连续操作方式。对于水分含量很少或完全干燥的固体废物，可以采用双螺杆挤压机实现含放射性物质污泥与沥青的混合；而当含放射性物质污泥中含有大量水分时，则大多采用带有搅拌装置的薄膜混合蒸发设备来实现。

与水泥固化技术一样，沥青固化最初也是用于放射性废物的处理，而后才发展到其他危险废物的处理上，两者处理的废物类型也基本相同。与水泥固化技术相比，沥青固化具有如下特点：1）固化体的孔隙率和固化体中污染物的浸出率均大大降低。另外，由于固化过程中干含放射性物质污泥与固化剂之间的质量比通常为 1∶1～2∶1，因而固化体的增容较小。2）固化剂具有一定的危害性，固化过程中容易造成二次污染，需采取措施加以避免。另外，对于含有大量水分的废物，由于沥青不具备水泥的水化作用和吸水性，所以有时需预先对废物进行脱水或浓缩处理。因此，沥青固化工艺流程和装置往往较为复杂，一次性投资与运行费用均高于水泥固化法。3）固化操作需在高温下完成，不宜处理在高温下易分解的废物、有机溶剂及强氧化性废物。

c　塑料固化

塑料固化是以塑料为固化剂，与含放射性物质污泥按一定的比例配料，并加入适量催化剂和填料进行搅拌混合，使其发生共聚合反应，将含放射性物质污泥包容其中并形成稳定固化体的过程。

塑料固化技术按所用塑料不同，可分为热塑性塑料固化和热固性塑料固化。

热塑性塑料有聚乙烯、聚氯乙烯树脂等，在常温下呈固态，高温时可变成熔融液体，将含放射性物质污泥掺和包容在塑料中，冷却后即形成塑料固化体。

热固性塑料包括脂醛树脂、聚酯、聚丁二烯等，对多孔性极性材料有较好的吸附力，使用方便，固化速度快，常温或加热都能很快固化，适用于含放射性物质污泥的固化处理。

热塑性塑料固化的特点与沥青固化相似。与其他方法相比，热塑性塑料固化的主要优点是引入的物质大多具有较低的密度，所需要的添加剂数量也较少，因而终产品的增容比低于其他固化法，固化体密度小；主要缺点是操作过程复杂，固化剂自身价格较高。

塑料固化已用于处理多种危险废物，一个典型的例子是电镀污泥的固化处理。该工艺过程是向电镀污泥中加入碳酸钙使其干燥，然后加入不饱和聚酯树脂、催化剂、促进剂及河沙（骨料）等，经过混合、加热形成固化体。配比（质量分数）为：干泥占 30% 左右，不饱和聚酯树脂占 20%～35%，骨料占 35%～50%。

d　玻璃固化

玻璃固化是以玻璃原料为固化剂，将其与含放射性物质污泥以一定的配料比混合后，在 1000 ~1200℃的高温下熔融，经退火后形成稳定的玻璃固化体。

玻璃固化主要用于高放射性废物的固化处理。尽管可用于玻璃固化的玻璃种类繁多，但是，普通钠钾玻璃在水中的溶解度较高，不能用于高放射性废液的固化；硅酸盐玻璃熔点高，制造困难，也难以使用。通常，采用较多的是磷酸盐和硼酸盐玻璃。

磷酸盐玻璃固化法最适于处理含盐量低、放射性极高的危险废物，如普雷克斯废液。

硼酸盐玻璃固化是半连续操作。将高放射性废液与固化剂（硼硅玻璃原料）以一定的配料比混合后，加入装有感应炉装置的金属固化罐中加热燃烧至干，然后升温至 1100～1150℃，保温数小时。熔融玻璃从玻璃固化罐流入接收容器，经退火后便得到含有高放射性废物的玻璃固化体。

玻璃固化是所有固化方法中效率最好的，固化体中有害组分的浸出率最低，固化体的增容比最小；但由于烧结过程需要在 1200℃左右的高温下进行，会有大量有害气体产生，其中不乏挥发金属元素，因此要求配备尾气处理系统。同时，由于在高温下操作，会给工艺带来一系列困难，增加处理成本。

e 自胶结固化

自胶结固化是利用含放射性物质污泥自身的胶结特性来达到固化目的的方法。主要用来处理含有大量硫酸钙和亚硫酸钙的废物，如磷石膏、烟道气脱硫废渣等。

含放射性物质污泥中的硫酸钙和亚硫酸钙均以二水合物的形式存在，即 $CaSO_4 \cdot 2H_2O$ 和 $CaSO_4 \cdot 2H_2O$。当它们加热到 107～170℃时，会脱水而逐渐生成具有自胶结作用的半水合硫酸钙和亚硫酸钙，即 $CaSO_4 \cdot \frac{1}{2}H_2O$ 和 $CaSO_3 \cdot \frac{1}{2}H_2O$，这两种物质在遇到水以后，会重新恢复为二水合物，并迅速凝固和硬化。根据这一原理，将含有大量硫酸钙和亚硫酸钙的废物在控制的温度下燃烧，然后与某些添加剂和填料混合成为稀浆，经过凝结硬化过程即可形成自胶结固化体，实现含放射性物质污泥的自胶结固化。

该技术的主要特点是工艺简单，对待处理的废物不需要完全脱水：添加剂价廉易得，可以是现场取得的石灰、水泥灰和粉煤灰等废料，添加剂量少，只有总混合物的 10%左右；固化体性质稳定，具有高的抗渗透性和抗微生物降解的能力，含放射性物质污泥中放射性物质的浸出率低。

参考文献

[1] 李国刚．我国有机污染物环境监测分析的现状与发展思路[J]．中国环境监测：特刊，1999:6～16．

[2] 李国刚，尹子超．恒电流库化滴定法测定铬渣中的铬（Ⅵ）[J]．干旱环境监测，1999，13（2）:71～73．

[3] 中国环境保护部．HJ/T 20—1998 工业固体废物采样制样技术规范[S]．北京：中国环境科学出版社，1998．

[4] 李国刚．日本废弃物的管理制度与研究现状Ⅰ．日本废弃物问题的现状与对策[J]．中国环境监测，1998，14（1）:56～58．

[5] 李国刚．日本废弃物的管理制度与研究现状Ⅱ．日本废弃物问题的法律法规与管理体系[J]．中国环境监测，1998，14（2）:54～57．

[6] 李国刚．日本废弃物的管理制度与研究现状Ⅲ．日本废弃物的试验分析方法体系[J]．中国环境监测，1998，14（3）:51～54；1998，14（4）:56～58；1998，14（5）:54～58；1998，14（6）:55～58．

[7] 国家质检总局．GB 5086.1—1997 固体废物 浸出毒性浸出方法 翻转法[S]．北京：中国环境科学出版社，1997．

[8] 中国环境科学研究院．GB 5086.2—1997 固体废物 浸出毒性浸出方法 水平振荡法[S]．北京：中国环境科学出版社，1997．

[9] 中国环境科学学会．固体废物处理技术[M]．1997．

[10] 赵华林．中国工业固体废物的环境管理[J]．环境科学进展，1997，5（1）：37～42．

[11] 国家质检总局．GB 5985.1—1996 危险废物鉴别标准 腐蚀性鉴别[S]．北京：中国环境科学出版社，1996．

[12] 国家质检总局．GB 5985.2—1996 危险废物鉴别标准 急性毒性初筛[S]．北京：中国环境科学出版社，1996．

[13] 国家质检总局．GB 5985.3—1996 危险废物鉴别标准 浸出毒性鉴别[S]．北京：中国环境科学出版社，1996．

[14] 国家质检总局．GB 16487.1—1996 进口废物环境保护控制标准——骨废料（试行）[S]．北京：中国环境科学出版社，1996．

[15] 国家质检总局．GB 16487.2—1996 进口废物环境保护控制标准——冶炼渣（试行）[S]．北京：中国环境科学出版社，1996．

[16] 国家质检总局．GB 16487.3—1996 进口废物环境保护控制标准——木、木制品废物（试行）[S]．北京：中国环境科学出版社，1996．

[17] 国家质检总局．GB 16487.4—1996 进口废物环境保护控制标准——废纸或纸板（试行）[S]．北京：中国环境科学出版社，1996．

[18] 国家质检总局．GB 16487.5—1996 进口废物环境保护控制标准——纺织品废物（试行）[S]．北京：中国环境科学出版社，1996．

[19] 国家质检总局．GB 16487.6—1996 进口废物环境保护控制标准——废钢铁（试行）[S]．北京：中国环境科学出版社，1996．

[20] 国家质检总局．GB 16487.7—1996 进口废物环境保护控制标准——废有色金属（试行）[S]．北京：中国环境科学出版社，1996.

[21] 国家质检总局．GB 16487.8—1996 进口废物环境保护控制标准——废电机（试行）[S]．北京：中国环境科学出版社，1996.

[22] 国家质检总局．GB 16487.9—1996 进口废物环境保护控制标准——废电红电缆（试行）[S]．北京：中国环境科学出版社，1996.

[23] 国家质检总局．GB 16487.10—1996 进口废物环境保护控制标准——废五金电器（试行）[S]．北京：中国环境科学出版社，1996.

[24] 国家质检总局．GB 16487.11—1996 进口废物环境保护控制标准——供拆卸的船舶及其他浮动结构体（试行）[S]．北京：中国环境科学出版社，1996.

[25] 国家质检总局．GB 16487.12—1996 进口废物环境保护控制标准——废塑料（试行）[S]．北京：中国环境科学出版社，1996.

[26] 李国刚，齐文启，王素芳．固体废物评价试验方法的新进展[J]．中国环境监测．1996，12（1）:5～64；12（2）:61～64；12（3）:58～60；12（4）:60～63；12（5）:57～59.

[27] 李国刚，齐文启．城市垃圾及其他有害废物的焚烧处理技术现状与展望[J]．中国环境监测，1996，12（1）:41～44.

[28] 国家质检总局．GB/T 15440—1995 环境中有机污染物 遗传毒性检测的样品前处理规范[S]．北京：中国标准出版社，1995.

[29] 国家质检总局．GB/T 15555.12—1995 固体废物 腐蚀性测定 玻璃电极法[S]．北京：中国标准出版社，1995.

[30] 国家质检总局．GB/T 15555.1—1995 固体废物 总汞的测定 原子吸收分光光度法[S]．北京：中国标准出版社，1995.

[31] 国家质检总局．GB/T 15555.2—1995 固体废物 铜、锌、铅、镉的测定 原子吸收分光光度法[S]．北京：中国标准出版社，1995.

[32] 国家质检总局．GB/T 15555.3—1995 固体废物 砷的测定 二乙基二硫代氨基甲酸银分光光度法[S]．北京：中国标准出版社，1995.

[33] 国家质检总局．GB/T 15555.4—1995 固体废物 六价铬的测定 二苯碳酰二肼分光光度法[S]．北京：中国标准出版社，1995.

[34] 国家质检总局．GB/T 15555.7—1995 固体废物 六价铬的测定 硫酸亚铁铵滴定法[S]．北京：中国标准出版社，1995.

[35] 国家质检总局．GB/T 15555.5—1995 固体废物 总铬的测定 二苯碳酰二肼分光光度法[S]．北京：中国标准出版社，1995.

[36] 国家质检总局．GB/T 15555.6—1995 固体废物 总铬的测定 直接吸入火焰原子吸收分光光度法[S]．1995.

[37] 国家质检总局．GB/T 15555.8—1995 固体废物 总铬的测定 硫酸亚铁铵滴定法[S]．北京：中国标准出版社，1995.

[38] 国家质检总局．GB/T 15555.9—1995 固体废物 镍的测定 直接吸入火焰原子吸收分光光度法[S]．北京：中国标准出版社，1995.

[39] 国家质检总局．GB/T 15555.10—1995 固体废物 镍的测定 丁二酮肟分光光度法[S]．北

京：中国标准出版社，1995.

[40] 国家质检总局. GB/T 15555.11—1995 固体废物 氟化物的测定 离子选择性电极法[S]. 北京：中国标准出版社，1995.

[41] 国家环境分析测试中心，中国环境监测总站. 有害废物分析测试方法与标准物质研究:上、下[M]. 1995.

[42] 中国环境监测总站. 有害废物无机分析测试方法研究:上、下[M]. 1995.

[43] 齐斐，李春兰，李国刚. 流动注射-在线富集-火焰原子吸收光谱法测定固体废物浸出液中的痕量银[J]. 中国环境监测，1995，11（1）:26～28，79.

[44] 曹杰山，李国刚，齐文启. 火焰原子吸收光谱法测定固体废物浸出液中的微量锰[J]. 中国环境监测，1995，11（5）:38～39.

[45] 曹杰山，李国刚，齐文启. 氢化物发生-原子吸收光谱法测定固体废物浸出液中的砷（Ⅲ）和砷（Ⅴ）[J]. 中国环境监测，1995，11（6）:23～25.

[46] 李国刚，齐文启，刘新宇. 微波消化-ICP-AES 法测定固体废物中的多种元素[J]. 上海环境，1995，14（7）:18～21.

[47] 曹杰山，李国刚，齐文启. 氢化物发生-原子吸收光谱法测定固体废物中的 Se[J]. 上海环境科学，1995，14（7）:32～33，42.

[48] 刘京，李国刚，齐文启. 固体废物浸出液中铅、镉的流动注射-原子吸收光谱法测定[J]. 上海环境科学，1995，14（8）:27～28，46.

[49] 齐文启，李国刚，齐斐. 固体废物浸出液毒性试验研究的现状[J]. 上海环境科学，1995，14（10）:1～4.

[50] 李国刚， 刘京，齐文启. 固体废物浸出液毒性试验方法的研究[J]. 上海环境科学，1995，14（10）:4～6.

[51] 李国刚， 刘京，齐文启. 利用超声波进行固体废物浸出液毒性试验的研究[J]. 上海环境科学，1995，14（10）:7～9.

[52] 农业部环境保护科研所. GB/T 14550—1993 土壤质量 六六六和滴滴涕的测定 气象色谱法[S]. 北京：中国标准出版社，1993.

[53] 农业部环境保护科研检测所. GB/T 14553—1993 粮食和果蔬质量 有机磷农药的测定 气象色谱法[S]. 北京：中国标准出版社，1993.

[54] 中国环境监测总站. 固体废物采样及监测方法的研究[R]. 1991.

[55] 沈阳环卫科研所，等. 固体废物样品采取和制备方法的研究[R]. 1991.

[56] 沈阳环卫科研所. 生活垃圾样品采取和制备方法的研究[R]. 1991.

[57] 北京市环境保护监测中心. 工业固体废物排放现场污泥样品的采集方法和实验室样品制备方法[R]. 1991.

[58] 徐谦. 试论固体废物样本的采集[J]. 中国环境监测. 1990，6（5）:6～9.

[59] 中国环境保护局. GB 8172—1987 城镇垃圾农用控制标准[S]. 北京：中国标准出版社，1987.

[60] 中国农牧渔业部. GB 8172—1987 农用粉煤灰中污染物控制标准[S]. 北京：中国标准出版社，1987.

[61] 上海进出口商品检验局. GB 2007,1—1987 散装矿产品取样、制样通则 手工取样方法

[S]．北京：中国标准出版社，1987．

[62] 上海进出口商品检验局．GB 2007,2—1987 散装矿产品取样、制样通则 手工取样方法[S]．北京：中国标准出版社，1987．

[63] 中国化工部标准化研究所．GB 6678—1986 化工产品采样总则[S]．北京：中国标准出版社，1986．

[64] 国家质检总局．GB 6679—1986 固体化工产品采样通则[S]．北京：中国标准出版社，1986．

[65] 国家质检总局．GB 6680—1986 液体化工产品采样通则[S]．北京：中国标准出版社，1986．

[66] 国家质检总局．GB 5087—1985 有色金属工业固体废物腐蚀性试验方法标准[S]．北京：中国标准出版社，1985．

[67] 国家质检总局．GB 5086—1985 有色金属工业固体废物浸出毒性 试验方法标准[S]．北京：中国标准出版社，1985．

[68] 国家质检总局．GB 4284—1984 农用污泥中污染物控制标准[S]．北京：中国标准出版社，1984．

[69] 国家质检总局．GB 3723—1983 工业用化学产品采样安全通则[S]．北京：中国标准出版社，1983．

[70] 《工业固体废物有害特性试验与监测分析方法》编写组．工业固体废物有害物试验与监测分析（试行）[M]．北京:中国环境科学出版社，1986．

[71] 国家环境保护局污染控制司．固体废物申报登记指南．

[72] 刘凤枝，刘潇威．土壤和固体废弃物监测分析技术[M]．北京：化学工业出版社，2007．

[73] 孙玉焕，杨志海．我国城市污水污泥的产生及研究概况[J]．广西轻工业，2007（4）：16～21．

[74] 周少奇，李瑞．污泥堆肥过程中氮素损失机理及保氮技术[J]．土壤，2003，35（6）：481～484．

[75] 林云琴，周少奇．我国污泥处理、处置与利用现状[J]．能源环境保护，2004，18（6）：15～18．

[76] 于勇，王淑惠，潘循哲．低温等离子体降解芳烃类物质中的竞争反应[J]．环境科学，2000，21（3）：60～63．

[77] 何晓龙．催化燃烧在控制废气污染排放方面应用进展[J]．广东化工，2000（5）：6～8．

[78] 莫测辉，蔡全英，吴启堂，等．城市污泥与稻草堆肥中多环芳烃的研究[J]．环境化学，2002，21（2）：132～138．

[79] 瞿福平，等．氯苯类有机物生物降解性及共代谢作用研究[J]．中国环境科学，1997，17（2）：142～144．

[80] 莫测辉，吴启堂，蔡全英，等．论城市污泥农用资源化与可持续发展[J]．应用生态学报，2000，11（1）：157～160．

[81] 杨晓奕，蒋展鹏．湿式氧化处理剩余污泥反应动力学研究[J]．上海环境科学，2004，23（6）：231～235．

[82] 姚郡，赵野，何苗．共代谢对难降解有机物生物降解性能的影响[J]．环境科学与技术，

2006，29（3）：11～13.

[83] 姜栋，牛世全．氯酚类化合物的微生物降解研究进展[J]．应用生态学报，2003，14（6）：1003～1006.

[84] 陈同斌，黄启飞，高定，等．中国城市污泥的重金属含量及其变化趋势[J]．环境科学学报，2003，23（5）：561～569.

[85] 隆茜，张经．陆架区沉积物中重金属研究的基本方法及应用[J]．海洋湖沼通报，2002（3）：25～31.

[86] 乔显亮，骆永明．我国部分城市污泥化学组分及其农用标准初探[J]．土壤，2001（4）：205～209.

[87] 刘文新，栾兆昆，汤鸿宵．乐安江沉积物中金属污染物的潜在生态风险评价[J]．生态学报，1999，19（2）：206～211.

[88] 蒋成爱，黄国峰，吴启堂．城市污水污泥处理利用研究进展[J]．农业环境与发展，1999，16（1）：13～17.

[89] 汪洪生．国外污泥处理技术研究进展[J]．污染防治技术，1998，11（1）：32～33.

[90] 李季，吴为中．污泥处理处置技术及装置[M]．北京：化学工业出版社，2003，7：1～11.

[91] 周立祥，沈其荣，陈同斌，等．重金属及养分元素在城市污泥主要组分中的分配及其化学形态[J]．环境科学学报，2000，20（3）：269～274.

[92] 梁延华，刘娜．HG-AFS 法测定城市污泥中汞及其化合物的方法研究[J]．水工业市场，2007，1:44～46.

[93] 张英敏，施建忠，陈晓青，等．氢化物发生-冷原子吸收光谱法测定污泥中微量汞[J]．浙江化工，2007，38（5）:22～236.

[94] 南海涛，曾杰．微波消解原子荧光法测定活性污泥中汞[J]．理化检验-化学分册，2003，39（5）:276～282.

[95] 徐永利，刘莉，李海静．城市污水处理厂污泥中镉的标准测定方法研究[J]．山东化工，2007，36：32～33.

[96] 杨稚娟，郝景昊，姚健，等．ICP-AES 法分析污泥中铅、镉、铬[J]．河南化工，2006，23：43～44.

[97] 田冬梅，李延升，赵琨，等．石墨炉原子吸收光谱法直接测定城市污泥中有机态镉[J]．光谱实验室，2006，23（4）:699～701.

[98] 杨丽芳，王宜明，李理，等．厌氧污泥处理含铬废物的研究[J]．云南化工，2007，35（5）：1～9.

[99] 肖新峰，罗娅君，王照丽，等．反向流动注射分光光度法测定电镀废水和污泥中铬（Ⅵ）[J]．冶金分析，2008，28（4）:47～50.

[100] 丁绍兰，李桂菊，马宏瑞，等．制革污泥及施含铬污泥土壤铬含量测定方法的研究[J]．中国皮革，2000，29（3）：22～24.

[101] 杨海霞，于卫荣，孙翌，等．氢化物发生原子荧光光谱法测定污泥中的砷[J]．化学分析计量，2005，14（3）:15～17.

[102] 陈雨艳，张金生，李丽华．微波消解-火焰原子吸收光谱法测定污泥中铅[J]．理化检验-化学分册，2006，42（10）:839～840.

[103] 张福贵，单玉萍，周岩枫．应用法测定污泥中铅[J]．北方环境，2004，29（2）：64～65．

[104] 骆丽君．电镀污泥中重金属铜和镍含量的分析研究[J]．天津化工，2009，23（5）：52～54．

[105] 裴海燕，等．活性污泥与消化污泥的脱水特性及粒径分布[J]．环境科学，2007，28（10）：2236～2242．

[106] 浅谈我国污泥处理处置技术，http://blog．h2o-china．com/html/73/285373-9475．html，2009-11-17．

[107] 全国勘察设计注册公用设备专业管理委员会秘书处．全国勘察设计注册公用设备工程师考试教材给水排水专业考试复习教材:第二版[M]．北京：中国建筑工业出版社，2007．

[108] 新一代污泥脱水技术：http://bbs．co188．com/content/0_1006311_1．html；2009-11-15．

[109] 徐志毅．环境保护技术和设备[M]．上海:上海交通大学出版社，1999．

[110] 万耀强．城市污水处理厂污泥过滤脱水性能的实验研究[D]．郑州：郑州大学，2007．

[111] 金儒霖，刘永龄．污泥处置[M]．北京:中国建筑工业出版社，1988．

[112] 赵扬．滤饼微观结构与压榨过滤理论的研究[D]．杭州：浙江大学，2006．

[113] 陈树章．非均相物系分离[M]．北京:化学工业出版社，1993．

[114] 《机械工程手册》，《电机工程手册》编委会．机械工程手册:第 2 版[M]//通用设备卷第九篇:分离机械．北京：机械工业出版社，1997．

[115] 李宝东，杨跃，张金松．梅林水厂污泥脱水特性与强化试验研究[J]．给水排水，2008，34（1）:29～33．

[116] 陈敏恒，丛德滋，方图南，等．化工原理[M]．北京：化学工业出版社，1999．

[117] 中建平．含油污泥的处理与利用[J]．油气田环境保护，1994，4（3：16～20．

[118] 赵虎仁，苏燕京，叶艳，等．石油炼厂含油污泥无害化处理初步研究[J]．石油与天然气化工，2003，32（6）：396～400．

[119] 黄松芝，刘真凯，赖小雪．孤东油田含油污泥现状及处理技术[J]．油气田环境保护，2001，12（2）：25～27．

[120] 金一中，等．含油污泥处理技术进展[J]．环境污染与防治，1998，20（4）：30 ～ 32．

[121] 王毓仁，等．炼油厂含油污泥离心脱水技术的探索[J]．石油炼制与化工，2003，34（1）：49 ～55．

[122] 张瑜瑾，等．含油污泥固液分离技术的实验研究[J]．石油机械，2002，30（6）：4 ～ 5，11．

[123] 李凡修，等．含油污泥脱水性能实验[J]．环境污染与防治，2001，23（3）：105 ～111．

[124] 周高华，等．含油污泥脱水设备与技术[J]．化工机械，2003，30（6）：306 ～ 311．

[125] 李杰，等．用带式压滤机处理含油污泥[J]．化工环保，2002，22（3）：176 ～ 179．

[126] 陈俊．带式压滤机在含油污泥脱水中的应用[J]．扬子石油化工，1992，7（2）：52 ～ 54．

[127] 刘长星，等．卧螺离心机含油污泥脱水实验研究[J]．过滤与分离，2004，14（2）：28 ～31．

[128] Hahn W J．含油污泥的高温再处理工艺[J]．采油工艺情报，1996（2）：22 ～ 28．

[129] 唐金龙，等．含油污泥调剖技术研究及应用[J]．钻采工艺，2004，27（3）：86 ～ 87．

[130] 李丹梅，等．含油污泥调剖技术的研究与应用[J]．石油钻采工艺，2003，25（3）：74 ～ 76．

[131] 尚朝辉，等．含油污泥调剖技术研究与应用[J]．江汉石油学院学报，2002，24（3）：66 ～67．

[132] 沈光伟．含油污泥深度调剖剂的研制及应用[J]．石油与天然气化工，2003，32（6）：381 ～383．

[133] 赵虎仁，等．石油炼厂含油污泥无害化处理初步研究[J]．石油与天然气化工，2003，32（6）：396 ～ 398．

[134] 李丹梅，等．河南油田含油污泥调剖技术研究及应用[J]．油气田环境保护，2003，13（3）：30 ～ 32．

[135] 张绣霞，等．溶剂萃取-蒸馏法处理含油污泥[J]．上海环境科学，2000， 5（5）：77 ～ 80．

[136] 王红卫．溶剂萃取过程中产生乳化的原因及处理方法[J]．有色冶炼，1991，20（2）：21 ～ 23．

[137] 刘晓荣，等．萃取界面乳液的固体微粒稳定机理[J]．中南大学学报：自然科学版，2004，35（1）：6 ～ 10．

[138] 曾海鳌．萃取法处理含油污泥研究[D]．成都：成都理工大学，2005．

[139] 陈忠喜．大庆油田含油污水及含油污泥生化/物化处理技术研究[D]．哈尔滨：哈尔滨工业大学，2006．

[140] 高养军．含油污泥深度调剖技术研究[D]．大连：大连海事大学，2005．

[141] 唐昊渊．含油污泥热处置资源化实验研究[D]．杭州：浙江大学，2008．

[142] 杨海军．含油污泥热裂解技术研究[D]．北京：中国石油大学，2008．

[143] 李君．油田油泥的处理及资源化利用技术研究[D]．武汉：武汉理工大学，2007．

[144] 医院污水处理技术指南．http://baike．baidu．com/view/2691320．htm．

[145] 陈鸣．城市污水处理厂污泥最终处置方式的探讨[J]．中国给水排水，2000（16）：23～24．

[146] 郑玉琪，陈同斌，高定，等．堆肥氧气实时、在线自动监测系统的开发[J]．环境工程，2003，21（4）：55 ～ 57．

[147] 冯建社．利用二氧化氯复合消毒剂处理医院污水[J]．中国环境监测，1998，14（6）:54 ～ 55．

[148] 程太平，章家海．医院污水消毒方案分析[J]．安徽化工，2000（5）:30．

[149] 黄君礼，唐玉兰，王丽，等．ClO:和 Cl:混合消毒剂对氯仿形成的影响[J]．环境科学，2003，24（2）:102～107．

[150] 杨春伟．医院污水氯化消毒处理的相关因素及探讨[J]．云南环境科学，1997，16（3）:47．

[151] 战威，梁增辉，李君文．氯胺和二氧化氯协同对 f2 噬菌体灭活作用的研究[J]．中国消毒杂志，2000，17（1）:5 ～ 8．

[152] 张蔚萍．医院废水消毒处理与废物处置研究[D]．昆明：昆明理工大学，2004．

[153] 杨华明，易滨．现代医院消毒学[M]．北京：人民军医出版社，2002．

[154] 李秀金．固体废物工程[M]．北京：中国环境科学出版社，2003．

[155] 萧正辉，王世聪．医院污水处理[M]．北京：人民卫生出版社，1982．

[156] 尹国勋．煤矿环境地质灾害与防治[M]．北京：煤炭工业出版社，1997．

[157] 徐晓军，管锡君，羊依金．固体废物污染控制原理与资源化技术[M]．北京：冶金工业出版

社，2007.

[158] 陈静生，陈昌笃，周振惠，等．环境污染与保护简明原理[M]．北京：商务印书馆，1981.

[159] 吕殿录．环境保护简明教程[M]．北京：中国环境科学出版社，2000.

[160] 王兆熊，郭崇涛，张瑛，等．化工环境保护和三废治理技术[M]．北京：化学工业出版社，1984.

[161] 赵庆祥．污泥资源化技术[M]．北京：化学工业出版社，2002.

[162] 徐强．污泥处理处置技术及装置[M]．北京：化学工业出版社，2003.

[163] 袁圆．污泥化学调理和机械脱水方面的研究进展[J]．上海环境科学，2003，22（7）：499～503.

[164] 赵由才．危险废物处理技术[M]．北京：化学工业出版社，2003.

[165] 赵庆祥．污泥资源化技术[M]．北京：化学工业出版社，2002.

[166] 杨震，刘俊来．城市污泥处理与利用[M]．北京：科学出版社，2003.

[167] 胡伟，边靖，周玉文．德国某污水厂浓缩工艺选型案例分析[J]．中国给水排水，2009，25（8）: 43～45.

[168] 胡锋平．低浓度剩余活性污泥涡凹气浮浓缩工艺研究[D]．重庆：重庆大学，2004.

[169] 曾科，等．城市污水厂污泥浓缩新技术的应用[J]．安全与环境学报，2002，2（1）: 57～58.

[170] 赵维强．城市污泥机械浓缩与离心脱水工艺研究[D]．济南：山东大学，2006.

[171] 张辰．污泥处理处置技术与工程实例[J]．北京：化学工业出版社，2006.

[172] 李国刚．固体废物试验与监测分析方法[J]．北京：化学工业出版社，2003.

[173] 源亮君，汤兵，薛嘉韵．联合调理技术在生化污泥调理中的应用[J]．广东化工，2006，10（33）:60～62.

[174] 蒋波，傅佳骏，蔡伟民．污泥化学调理研究现状[J]．上海化工，2007，31（1）:4～7.

[175] 章继龙，陈泽智，等．粉煤灰在精对苯二甲酸废水剩余污泥调理中的作用[J]．工业用水与废水，2005，36（3）62～64.

[176] 郝红艳，单爱琴，纪振，等．三氯化铝对污泥调理效果的试验研究[J]．山东煤炭科技，2007，1:65～66.

[177] 源亮君，汤兵，薛嘉韵．生化污泥调理技术研究进展[J]．工业安全与环保，2007，33（1）:27～29.

[178] 周立祥，周顺桂，王世梅，等．制革污泥中铬的生物脱除及其对污泥的调理作用[J]．环境科学学报，2004，24（6）:1014～1020.

[179] 刘宏．CPAM 污泥脱水絮凝剂的制备、性能及机理研究[D]．重庆：重庆大学，2007.

[180] 周少奇．城市污泥处理处置与资源化[M]．广州：华南理工大学出版社，2002.

[181] 王绍文，秦华．城市污泥资源利用与污水土地处理技术[M]．北京：中国建筑工业出版社，2007.

[182] 王永霞，樊建军，莫卫松．超声波技术在污泥处理中的应用[J]．重庆：重庆建筑大学学报，2007，29，（3）:91～94.

[183] 杨金美，张光明，王伟．超声波强化一次污泥沉降与脱水性能的研究[J]．应用声学，2006，25（4）:206～211.

[184] 张婵，郑爽英．超声空化效应及其应用[J]．水资源与水工程学报，2009，20（1）:136～138.

[185] 张娜，尹华，秦华明，等．微生物絮凝剂改善城市污水厂浓缩污泥脱水性能的研究[J]．环境工程学报， 2009，3（3）：525～528.

[186] 郑丽娜，马放，南军，等．微生物和化学絮凝剂复配形成絮体的分形特征[J]．中国给水排水， 2008，24（1）:44～47.

[187] 赵继红，杨劲峰，王清宁，等．微生物絮凝剂改善污泥脱水性能的研究[J]．环境科学与技术．2009， 32（11）:88～90.

[188] 宋宪强，雷恒毅，余光伟，等．新型复合混凝剂改善污泥脱水性能的研究[J]．中国给水排水，2007，23（13）:87～90.

[189] 申迎华，王斌，王志忠．有机高分子絮凝剂在污泥脱水中的应用[J]．高分子材料科学与工程，2004，20（5）:55～59.

[190] 吕斌，王弘宇，杨小俊．污泥脱水性能调理技术研究进展[J]．山西建筑，2009，35（9）:180～182.

[191] Optimization of Liquid-Liquid Extraction Methods for Analysis of Organicsin Water ，EPA-600/S4-83-052，1984

[192] Glaser J A，et al．Environmental science and Technology [M]．1981.

[193] Draft Method for the Analysis of Acetonitrile in a Water Matrix．U．S．Environmental Protection Agency ， AREAL/RTP， April 3，1990.

[194] Bellar T A， Lichtenberg J J．Determining Volatile Organics at Microgram-per-Liter Levels by Gas Chroma-tography[J]．J．Amer．Water Works Assoc.，1974，66（12）：739～744.

[195] Tsang S F， Chau N， Marsden P J， et al．Evaluation of the Ensys PETRO RISc kit for TPH[C]．Report for Ensys， Inc.，Research Triangle Park ，NC，27709，1992.

[196] Goerlitz D F， Law L M．Removal of Elemental Sulfur Interferences from Sediment Extracts for Pesticide Analysis[J]．Bull．Environ．Contam．Toxicol.， 1971，6，9.

[197] Pionke H B， Chesters G.， Armstrong D E．Extraction of Chlorinated Hydrocarbon Insecticides from Soil[J]．Agron．J.，1968，60，289.

[198] Glazer J A ， et al．Trace Analyses for Wastewaters[J]．Environ．Sci．and Technol.，1981，15，1426Ⅱ.

[199] Bellar T A， Lichtenberg J J J．Amer．Water Works Assoc.， 1974， 66（12）: 739～744.

[200] Olynyk P， Budde W L， Eichelberger J W．Method Detection Limit for Methods 624 and 625[R]．Unpublished report ，October 1980.

[201] Methods for the Determination of Organic Compounds in Drinking Water， Supplement ⅡMethod 524．2；U．S．Environmental Protection Agency ，Office of Research and Development ，Environmental Monitoring System Laboratory， Cincinnati ，OH，1992.

[202] Validation of the Volatile Organic Sampling Train （VOST） Protocol．Volumes Ⅰand Ⅱ．EPA/600/4-86-014A，January，1986.

[203] Ahnoff M， Josefsson B．Cleanup Procedures for PCB Analysis on River Water Extracts [J]．Bull．Environ，Contam．Toxicol.，1975，13，159.

[204] Marsden P J．Analysis of PCBs．U．S．Environmental Protection Agency， EMSL-Las Vegas， NV， EPA/600/8～90/004.

[205] Chau A S Y， Afghan B K. Analysis of Pesticides in Water; Chlorine and Phosphorus-Containing Pestidides[M]. CRC: Boca Raton，FL，1982，2:91～113，238.

[206] Sherma J， Berzoa M. Analysis of Pesticide Residues in Human and Environmental Samples. U. S. Environmental Protection Agency， Research Triangle Park， NC; EPA-600/8-80-038.

[207] Munch D J， Frebis C P. Analyte Stability Studies Conducted during the National Pesticide Survey. ES&T， 1992，26:921～925.

[208] Wittorf F， Klein J， Unterlohner O， et al. Biocatalytic treatment of waste air [J]. Chem. Eng. Technol.， 1993， 16: 40～45.

[209] Snyder H R， Fleddermann C B， Gahl J M. Destruction of acetone using a small-scale arc jet plasma torch [J]. Waste Management， 1996， 16（4）: 289～294.

[210] Wang L， Peng J， Wang B， et al. Design and operation of an eco-system for municipal wastewater treatment and utilization [J]. Water Science and Technology， 2006， 54（11/12）: 429～436.

[211] Francke K P， Miessner H， Rudolph R. Cleaning of air streams from organic pollutants by plasma catalytic oxidation [J]. Paasma Chemistry and Plasma Processing， 2000， 20（3）: 393～403.

[212] Liu Y H， Che D F， Xu T M. Catalytic Reduction of SO_2 during Combustion of Typical Chinese Coals [J]. Fuel Processing Technology， 2002， 79（2）: 157～169.

[213] Wang M J， Jones K C. Analysis of Chlorobenzenes in Sewage Sludge by Capillary Gas Chromatography[J]. Chemosphere， 1991， 23: 677～691.

[214] Smith S R. Agricultural Recycling of Sewage Sludge and the Environment[J]. Wallingford: CAB International. 1996: 207～236.

[215] Sammaiah P，Robert P H. Reactor Development for Biodegradation of Pentachlorophenol [J]. Catalysis Today，1998， 40: 103～111.

[216] Erkan S， Filiz B D. Effect of Feeding Time on the Performance of a Sequencing Batch Reactor Treating a Mixture of 4-CP and 2，4-DCP [J]. Journal of Environmental Management， 2007， 83: 427～436.

[217] Kropp K G.， Andersson J T， Fedorak P M. Biotransformation of Three Dimethyldiben zothiophenes by Pure and Mixed Bacteria [J]. Environmental Science and Technology， 1997， 31（5）: 1547～1554.

[218] Snyman H G.， Dejone J M， Aveling T. Stabilization of Sewage Sludge Appiled to Agriculture Land and the Effects on Maiza Seeding [J]. Water Science and Technology， 1998， 38（2）: 87～95.

[219] Houghton J I， Quarmby J， Stephenson T. Municipal Wastewater Sludge Dewaterability and the Presence of Microbial Extracellular[J]. Water Science & Technology， 2001， 44（2～3）: 373～379.

[220] Jia X S， Furumai H， Fang H H P. Yields of Biomass and Extracellular Polymers in Four Anaerobic Sludges[J]. Environmental Technology， 1996， 17（3）: 283～291.

[221] Bruns J H， Nielsen P H， Keiding K. On the Stability of Activated Sludge Flocs with Implications to Dewatering[J]. Water research， 1992， 26（12）:1597～1604.

[222] Wilen B M， Keiding K， Nielsen P H. Anaerobic Deflocculation and Aerobic Reflocculation of Activated Sludge[J]. Water Research，2000，34（16）:3933～3942.

[223] Yu G H， He P J， Shao L M. Characteristics of Extracellular Polymeric Substances （EPS） Fractions from Excess Sludges and Their Effects on Bioflocculability[J]. Bioresource Technology， 2009，100:3193～3198.

[224] Shao L M， He P P， Yu G H， et al. Effect of Proteins， Polysaccharides， and Particle Sizes on Sludge Dewaterability[J]. Journal of Environmental Sciences，2009，21:83～88.

[225] Paspek C Pascek ， et al， Novel Technique for Rendering Oily Sludges Environmentally Acceptable， USA， US4842715.

[226] Hong Fu， et al. Comparison between Supercritical Carbon Dioxide Extraction and Aqueous Surfactant Washing of an Oily Machining Waste[J]. Journal of Hazardous Materials B67， 1999 197 ～ 213.

[227] Hall J E . Sewage Sludge Production Treatment and Disposal in the European Union[J]. J. CIWEM. 1995， 19（8）:335～343.

[228] Mihoubi D. Mechanical and Thermal Dewatering of Residual Sludge [J]. Desalination 167， 2004:135～139.

[229] Shao Liming，He Peipei， Yu Guanghui，et al. Effect of Proteins， Polysaccharides，and Particle Sizes on Sludge Dewaterability[J]. Journal of Environmental Sciences，2009，21:83～88.

[230] Thapa K B， Qi Y， Clayton S A， et al. Lignite Aided Dewatering of Digested Sewage Sludge [J]. Water Research， 2009， 43: 623～634.

[231] Mohammed Reza Salsabil， Audrey Prorot， Magali Casellas， et al. Pre-treatment of Activated Sludge: Effect of Sonication on Aerobic and Anaerobic Digestibility[J]. Chemical Engineering Journal，2009，148:327～335.

[232] Watanabe Y， Kubo K， Sato S. Application of Amphoteric Polyelectrolytes for Sludge Dewatering[J]. Langmuir，1999，15:4157～4164.

[233] Xin Feng， Jinchuan Deng， Hengyi Lei， et al. Dewaterability of Waste Activated Sludge with Ultrasound Conditioning[J]. Bioresource Technology， 2009，100:1074～1081.

[234] Yin X， Lu X P， Han P F， et al. Ultrasonic Treatment on Activated Sewage Sludge from Petro-plant for Reduction[J]. Ultrason，2006，44:397～399.

[235] Maha A Tony， Zhao Y Q， Aghareed M Tayeb. Exploitation of Fenton and Fenton-like Reagents as Alternative Conditioners for Alum Sludge Conditioning[J] . Journal of Environmental Sciences， 2009，21:101～105.

[236] Chul Park， John T Novak. Characterization of Activated Sludge Exocellular Polymers Using Several Cation-associated Extraction Methods[J]. WATER RESEARCH， 2007，41:1679～1688.

[237] Bo Frolund， Rikke Palmgren， Kristian Keiding， et al. Extraction of Extracellular

Polymers from Activated Sewage Sludge Using a Cation Exchange Resin [J]. Water Research, 1996, 30:1749～1758.

[238] Hong Liu, Herbert H P Fang. Extraction of Extracellular Polymeric Substances （EPS） of Sludges[J]. Journal of Biotechnology, 2002, 95:249～256.

[239] Li X Y, Yang S F. Influence of Loosely Bound Extracellular Polymeric Substances （EPS） on the Focculation, Sedimentation and Dewaterability of Activated Sludge [J]. WATER RESEARCH, 2007, 41:1022～1030.

[240] Guang Hui Yu, Pin Jing He, Li Ming Shao, et al. Stratification Structure of Sludge Flocs with Implications to Dewaterability[J] . Environmental science technology , 2008 , 42:7944～7949.

[241] Ewa W. Application of microwaves for sewage sludge conditioning[J]. Water Research, 2005, 39（19）:4749～4754.

[242] Tiehm A, Nekle K, Neis U. Ultrasonic Waste Activated Sludge Disintegration for Improving Anaerobic Stabilization[J]. Water Research, 2001, 35（8）:2003～2009.

[243] Cai Z, Yan H, Tao Y. U. S., 5990216, 1999211223.

[244] Toshihiko K. J P, 09085013, 1997203231.

冶金工业出版社部分图书推荐